> 华为ICT认证系列丛书

华为技术认证 HCIA-5G 学习指南

华为技术有限公司 主编

人民邮电出版社
北京

图书在版编目（CIP）数据

HCIA-5G学习指南 / 华为技术有限公司主编.
北京 : 人民邮电出版社, 2025. -- (华为ICT认证系列丛书). -- ISBN 978-7-115-65098-6

Ⅰ. TN929.538-62

中国国家版本馆CIP数据核字第2024E9J097号

内 容 提 要

本书是华为HCIA-5G认证的官方教材，依据华为HCIA-5G认证考试大纲进行编写，系统讲述5G技术的核心知识，其中包括绪论、5G移动通信空口关键技术、5G+新技术融合创新应用、5G移动通信基础业务能力、5G行业应用等内容。

本书内容全面，设置合理，不仅介绍5G的发展、关键技术、基础业务能力，还介绍5G+新技术的融合创新，以及5G典型的行业应用，做到了深入浅出，难度适中，利教易学。对于读者来说，本书是一本学习和掌握5G技术的必备图书。

本书不仅适合华为HCIA-5G认证的备考人员使用，还适合作为高等院校通信相关专业师生的参考教材，也适合从事5G工作的专业人员阅读。

◆ 主　　编　华为技术有限公司
　责任编辑　李　静
　责任印制　马振武

◆ 人民邮电出版社出版发行　　北京市丰台区成寿寺路11号
　邮编　100164　　电子邮件　315@ptpress.com.cn
　网址　https://www.ptpress.com.cn
　三河市祥达印刷包装有限公司印刷

◆ 开本：787×1092　1/16
　印张：17.25　　　　2025年1月第1版
　字数：328千字　　　2025年1月河北第1次印刷

定价：99.80元

读者服务热线：(010)53913866　印装质量热线：(010)81055316
反盗版热线：(010)81055315

编 委 会

序　言

乘“数”破浪　智驭未来

当前，数字化、智能化已成为经济社会发展的关键驱动力，引领新一轮产业变革。以 5G、云、AI 为代表的数字技术，不断突破边界，实现跨越式发展，数字化、智能化的世界正在加速到来。

数字化的快速发展，带来了数字化人才需求的激增。《中国 ICT 人才生态白皮书》预计，到 2025 年，中国 ICT（信息通信技术）人才缺口将超过 2000 万人。此外，社会急迫需要大批云计算、人工智能、大数据等领域的新兴技术人才；伴随技术融入场景，兼具 ICT 技能和行业知识的复合型人才将备受企业追捧。

在日新月异的数字化时代中，技能成为匹配人才与岗位的最基本元素，终身学习逐渐成为全民共识及职场人保持与社会同频共振的必要途径。联合国教科文组织发布的《教育 2030 行动框架》指出，全球教育需迈向全纳、公平、有质量的教育和终身学习。

如何为大众提供多元化、普适性的数字技术教程，形成方式更灵活、资源更丰富、学习更便捷的终身学习推进机制？如何提升全民的数字素养和 ICT 从业者的数字能力？这些已成为社会关注的重点。

作为全球 ICT 领域的领导者，华为积极构建良性的 ICT 人才生态，将多年来在 ICT 行业中积累的经验、技术、人才培养标准贡献出来，联合教育主管部门、高等院校、教育机构和合作伙伴等各方生态角色，通过建设人才联盟、融入人才标准、提升人才能力、传播人才价值，构建教师与学生人才生态、终身教育人才生态、行业从业者人才生态，加速数字化人才培养，持续推进数字包容，实现技术普惠，缩小数字鸿沟。

为满足公众终身学习、提升数字化技能的需求，华为公司推出了“华为职业认证”，这是围绕“云–管–端”协同的新 ICT 架构打造的覆盖 ICT 领域、符合 ICT 融合发展趋势的人才培养体系和认证标准。目前，华为职业认证内容已融入全国计算机等级考试。

教材是教学内容的主要载体、人才培养的重要保障，华为公司汇聚技术专家、高校教师、培训名师等，倾心打造“华为 ICT 认证系列丛书”，丛书内容匹配华为公司相关技术方向认证考试大纲，涵盖云、大数据、5G 等前沿技术方向；包含大量基于真实工作场景的行业案例和实操案例，注重动手能力和实际问题解决能力的培养，实操性强；巧妙串联各知识点，并按照由浅入深的顺序进行知识扩充，使读者思路清晰地掌握知识；配备丰富的学习资源，如 PPT 课件、练习题等，便于读者学习，巩固提升。

在丛书编写过程中，编委会成员、作者、出版社付出了大量心血和智慧，对此表示诚挚的敬意和感谢！

千里之行，始于足下，行胜于言，行而致远。让我们一起从“华为 ICT 认证系列丛书”出发，探索日新月异的信息与通信技术，乘“数”破浪，奔赴前景广阔的美好未来！

前 言

华为技术有限公司（简称华为公司）凭借其强大的研发实力和创新能力，成为 5G 领域的重要参与者。华为公司凭借着对 5G 技术的深耕，包揽了包括 5G 演进杰出贡献奖、最佳基础设施奖、5G 研发杰出贡献奖、世界互联网领先科技成果奖、最佳行业解决方案奖、技术创新奖、全球电信大奖在内的行业诸多关键奖项。

基于“平台+生态”战略，围绕“云–管–端”协同的新 ICT 架构，华为公司打造了覆盖 ICT 全领域的认证体系，HCIA 是华为认证中的工程师级别认证。HCIA-5G 定位于培训与认证具备 5G 行业解决方案设计及业务营销能力的工程师。相较前一个版本，HCIA-5G V2.0 增加了 5G+新技术融合创新应用等内容，并在 5G 发展演进、5G 网络架构及关键技术与 5G 行业应用与解决方案等内容方面进行了优化升级。

本书是面向华为 HCIA-5G 认证的官方教材，由华为技术有限公司联合北京信息科技大学，参照 HCIA-5G 认证考试大纲精心编写并详细校对，最终创作而成，旨在帮助读者迅速掌握华为 HCIA-5G 认证考试所要求的知识与技能。

由于编者水平有限，加之 5G 技术发展快速，书中有疏漏之处在所难免，敬请读者批评指正。

本书配套资源可通过扫描封底的“信通社区”二维码，回复数字“650986”获取。

关于华为认证的更多精彩内容，请扫码进入华为人才在线官网了解。

华为人才在线

编者

2024 年 11 月

目 录

5G

第1章 绪论

本章主要内容

1.1　通信发展史

1.2　5G 移动通信

1.3　5G 移动通信标准协议

1.4　本章小结

1.1 通信发展史

1.1.1 什么是通信

从广义上来说，通信是指人与人之间或者人与物之间按照一定的协议，通过某种媒介实现信息的交流与传递，让信息从一点传递到另一点，或从一点传递到多点。信息是通信传播的内容，反映了客观世界中各种事物的内部属性和相互联系，其具体形式可以是语言、文字、图像、声音、视频等。通信传播的内容丰富多彩，通信的主体也多种多样，每个人或者物体都可以作为通信的主体，都可以发起通信。另外，通信手段层出不穷，例如大家所熟知的微信、电话、电子邮件、短信等。信息交流方式仍在不断更新，人们在寻找更为高效的通信手段的道路上不断前行。

人类进行通信的历史已很悠久。早在远古时期，人们就通过采用简单的语言、壁画、钟鼓、竹简、纸张等载体交换与传递信息。西周时期，我们的祖先就在长城上修筑了烽火台，白天用狼烟传递信息，晚上用烽火传递信息，把敌情迅速从烽火台传送到远方。春秋时期，我国建立了完善的驿站体系，根据送信人选择的交通工具分别建立了陆驿（站）、水驿（站）等，专供送信人休整。楚汉相争时，韩信曾使用风筝来传递和获取信息。在现代社会中，交通警察通过手势指挥交通，航海人员使用旗语交换信息。这些通信方式虽然多种多样，但行之有效。

通信技术的发展为社会发展提供了源源不断的动力。20 世纪中期以来，通信技术如雨后春笋般涌现，如 5G 等。如今，远程办公、远程医疗、网络购物、远程教育、智能交通、智慧电网、数字孪生、虚拟现实/增强现实（VR/AR）等，为人民的生活提供了很多便利。

1.1.2 近现代通信方式

1．近代通信方式

生产力需求的日益增长，寻找更加有效的通信方式成为人们通信生活中的重中之重。传统的通信方式已经远远不能满足人类经济社会的发展需求，近代通信技术应运而生，它利用电磁技术进行通信。继电磁技术应用于通信领域之后，模拟通信和数字通信时代来临，自此，通信技术发展迅猛。

电报是人类历史上第一种用“电”进行信息传递的通信方式，电磁学相关理论促进了电报的产生和发展。1753 年 2 月 17 日，《苏格兰人》杂志上刊登了一封署名为“C·M”的信。在这封信中，作者提出了一种大胆的假设：使用电流进行通信。虽然在当时这个想法看起来有些“异想天开”，并且没有合适的经济环境，但这为后来电信时代的蓬勃发展带来了启发。1820年，丹麦哥本哈根大学的物理学教授奥斯特发表了一篇题为《关于磁针上电冲突作用的实验》的论文，揭示了电与磁的内在联系，证实了通电的导体周围存在着磁场，由此物理学中一个全新的领域诞生了，即电磁学。基于此，法国物理学家安培发现了电流方向与磁场方向之间的联系，归纳出了安培定则。1832年，俄国外交家希林利用电磁感应理论将磁针和线圈组合在一起，研制出了电报的原型机。但是，因为指针式电报机对精度要求极高，同时需要复杂度较高的表征字母，所以该原型机并没有实际投入商用。1837年，英国人惠特斯通和库克对希林研制的电报原型机进行了改良，研制出了五针式电报机，获得了英国的专利权并第一次应用在铁路上。这种电报机只能传输20个字母，因此并未得到普及。

莫尔斯电码的发明推进了电报的迅速发展。塞缪尔·莫尔斯于1837年在美国制作出了全球首台电磁式电报机，并取得了美国的专利认证。莫尔斯发明的电码能够使电报机成功地将信息通过一串长短、频率不同的电磁脉冲传输到指定地点，指定地点接收到电磁脉冲后会将其恢复为原始信息。莫尔斯电码的原理是根据电路接通和断开时间的不同，描绘出各不相同的点、横线或保持空白，将它们搭配后表示不同的字母及数字。1843年，莫尔斯铺设了一条长为64km的电报线路，用来传输华盛顿和巴尔的摩之间的信息。1844年5月24日，莫尔斯从华盛顿哥伦比亚特区的美国国会大厅向巴尔的摩发出了全球第一封电报，这标志着电作为信息传输介质的时代来临，人类通信史迎来了一次伟大的跨越。通信技术也因此迎来了革故鼎新，信息的传播不再只依赖常规的听觉和视觉方式，人类信息传输的区域范围得到了质的改变，使神话故事中的“千里眼”“顺风耳”走入了现实世界。

为了使电报收发的距离增大，人们想到了广泛铺设电缆的方法。1851年，全球首条横跨英吉利海峡的海底电缆成功铺设，用于英、法两国之间的电报通信。1864年，英国物理学家麦克斯韦建立了完善的电磁场理论，预言了电磁波的存在，并且推理出电磁波的传输速度与光速相等。同时，麦克斯韦还验证了光是一种电磁波，将电磁现象与光现象紧密地联系了起来。

人类通信历史上的另一个伟大发明是电话。1876年是通信发展历史上活跃的一年，苏格兰裔亚历山大·贝尔在青年时期发明了全球首台电话，并且利用它传输了人类历史上第一句电话信息：“沃森先生，我需要你，请到我这里来。”该发明震惊了全世界。1876年，贝尔得到了第一台可用电话机的发明专利。1878年，在纽约和波士顿之间的第一次长途电话通信公开展示，语音信息在被转换后成功地传输到了300km之外的地点。贝尔也在不久之后成立了赫赫有名的贝尔电话公司。我国电信网的前身也是电话网，它来自丹麦人在19世纪80年代于上海设立的首个电话局。

电磁场理论的提出拉开了无线通信时代的帷幕。1887年，德国青年物理学家赫兹通过使用电波环开展了一系列实验，验证了电磁波的存在，同时也让麦克斯韦的电磁场理论得到了证实，进而促进了无线电技术的产生，让电子信息技术的发展得以繁荣和兴盛。电磁波的发现就像引起风暴的一只蝴蝶，它让无线电技术逐渐应用在信息传输领域中，拉开了无线通信时代的帷幕。这期间有关无线电技术的发明数不胜数。1890 年，特斯拉等科学家开始探索如何通过无线电传输电报；1893 年，特斯拉在美国第一次在公共场合展示无线电通信；1896 年，意大利电气工程师马可尼第一次借助无线电技术发送电报并成功接收；1899 年，马可尼实现了英国、法国之间横跨英吉利海峡的无线电通信；1901 年，马可尼第一次利用无线电技术实现了横跨大西洋的通信。无线电报的出现使移动通信不再遥不可及，通信的范围不断扩大，通信距离不断增加，并且在航海、商业、军事等多个领域中表现出良好的发展前景。1904 年，英国的电气工程师弗莱明创造了真空二极管，不久后真空三极管等也陆续问世；1909 年，马可尼作为“无线电之父”研发了无线电报技术并荣获了诺贝尔物理学奖；1920 年，美国人康拉德在匹兹堡创立了全球首个商业属性的无线电广播电台，此后广播行业在全球范围内迎来了鼎盛时代，人们获取信息最快捷的方式由阅读报纸变成了收听收音机；1924 年，通信史上首条短波通信线路在布宜诺斯艾利斯和瑙恩之间搭设；1933 年，法国人克拉维尔搭设了首条英国和法国之间的商业微波无线电路，无线电的商业潜力被充分发掘，进而激励了无线电技术的进一步发展。

在近代通信发展的 100 多年中，受当时科学理论体系的限制，通信行业并没有进行系统化、专业化的整合。因此，在近代，通信技术的进展都是杂乱无序的，各通信技术之间的关联并不密切，其发展顺序也有些模糊不清。近代通信发展过程中的标志性事件的总结见表 1-1。

表 1-1　近代通信大事件

时间	事件
1837 年	莫尔斯发明有线电磁电报
1876 年	贝尔发明电话
1878 年	磁石式电话和人工电话交换机问世
1880 年	供电式电话机诞生
1885 年	步进制交换机诞生
1892 年	史瑞乔发明步进式自动电话交换机
1901 年	马可尼发明火花隙无线电发报机，成功发射长波无线电信号
1919 年	发明纵横式自动交换机
1930 年	发明传真、超短波通信
20 世纪 30 年代	信息论、调制论、预测论、统计论获得突破性进展

续表

时间	事件
1935 年	频率复用技术问世，模拟黑白广播电视诞生
1947 年	发明大容量微波接力
1956 年	发明欧美长途海底电话电缆传输系统
1957 年	发明电话线数据传输
1958 年	发明集成电路
20 世纪 50 年代	数字通信业大发展
1963 年	发射第一颗地球同步通信卫星
1969 年	形成模拟彩色电视标准：NTSC 制、PAL 制和 SECAM 制[1]

2. 现代通信方式

微电子技术的问世掀起了新的革命浪潮，集成电路成为主流趋势，促进了数字通信的诞生。1946 年，全球首台通用电子计算机 ENIAC 在美国宾夕法尼亚大学问世，它在 1s 内能够完成 5000 次加法运算。ENIAC 的出现证明了电子计算机卓越的高速计算能力，特别是对二进制的大规模使用，使数字通信开始走进人们的视野。1947 年，美国贝尔实验室的肖克利、巴丁和布拉顿发明了晶体三极管，从此真空电子管被替代，电子计算机以小型化、精密化、安全化为目标进行演变，这在一定程度上促进了通信技术的更新换代。

随着集成电路的发展，电信网络开始朝着数字化的方向发展。从 1972 年到 1980 年，全球电信领域开展了数字化的电信设备的研发，例如模拟公用交换电话网（PSTN）在原有的基础上转变为综合数字网（DN），语音信号采用数字编码标准的规范，信号系统由模拟系统转变为数字系统，数字复用器取代载波机，电子交换机由模拟系统转变为数字系统，以及分组交换机面世。光纤的出现和国际电报电话咨询委员会（CCITT）对 6711 建议书和 6712 建议书的通过，标志着电信网络逐渐步入数字化转型道路。这些成果不仅大幅增强了电信终端的性能指标，还令电信终端设备的造价得到降低，电信服务的质量也获得了很大程度的提升。

移动通信指通信双方都处于位置移动状态，或者一方位置固定、另一方位置移动的通信。移动通信可以使用的频段有低频、中频、高频、甚高频和特高频。移动通信网络中的终端包括基站、移动台及移动交换局，这些终端进行连接后，就可以实现移动通信。例如，一个移动台需要与另一个移动台进行通信，则移动交换局会命令每个基站均进行全网通话，被通话的移动台接收命令后发送响应信号，移动交换局接收响应信号后划分一个话路信道给该移动台，同时在信道中传输一个叫作终端振铃的信令。

1 NTSC 制，由美国全国电视制式委员会（National Television System Committee system，NTSC）提出的一种彩色电视制式。PAL 制，一种彩色电视制式。SECAM，Sequential Color and Memory。SECAM 制也是一种彩色电视制式。

1.1.3 当代移动通信发展

1．第一代移动通信技术（1G）

1G 是一种模拟移动通信系统，主要用于提供模拟语音通信业务。美国的贝尔实验室在 1978 年成功研制了全球第一个蜂窝移动电话系统——高级移动电话系统（AMPS），并在芝加哥投入使用。同时，瑞典等北欧四国在 1980 年成功研制了 NMT-450 移动通信系统，英国于 1985 年开通了全接入通信系统（TACS），我国在 1987 年投入建设了 TACS。1G 获得了广泛的商用，其中最广为人知的典型的设备是“大哥大”便携式手机。

1G 主要使用了频分多址（FDMA）技术和模拟调制技术，它的传输速率最高可达 2.4kbit/s。但是，1G 的使用受限，其原因是通信带宽较窄，带宽利用率较低，服务种类匮乏、高速数据传输服务缺乏、存在大量制式种类导致系统没有良好的兼容性，不可以实现长途漫游，同时安全性低，用户通话容易被窃听，且设备造价高、体积大、重量大。

2．第二代移动通信技术（2G）

2G 是一种数字移动通信系统，在 1990 年左右诞生，其接入技术包括码分多址（CDMA）和时分多址（TDMA）。2G 的数据传输速度范围为 9.6～28.8kbit/s，全世界得到普遍应用的 3 种标准主要是北美的 CDMA、欧洲的全球移动通信系统（GSM）和日本的公用数字蜂窝（PDC）系统。我国采取的 2G 标准是窄带 CDMA 和 GSM。2G 的数字移动通信系统弥补了模拟移动通信系统的不足，提供用于数字语音通话的数字化低速数据传输服务。

时至今日，2G 的生命力依然顽强。2G 为移动通信技术的发展作出了卓越贡献，和它相关的技术发明占了移动通信技术发明的 80%左右。除了 CDMA 与 GSM，2G 也在不断的升级发展中衍生出了通用分组无线业务（GPRS）与增强型数据速率 GSM 演进技术（EDGE）。下面将对 2G 的相关技术进行简单介绍。

（1）GSM

GSM 最初于 1982 年在欧洲提出，并且在全世界获得了普遍使用，成为全球移动通信系统的代表性技术。

GSM 使用的接入技术是 FDMA+TDMA，其频率区间为 900～1800MHz，它可以提供 9.6kbit/s 的数据传输速率。GSM 可以提供的服务包括短消息服务、语音通话服务、紧急呼叫服务、可视图文服务、传真及电报收/发服务。

（2）CDMA

CDMA 是一种扩频多址数字式通信技术，基于扩频通信，因此具备通信隐蔽性、保密性、抗干扰等优点。IS-95A 是 CDMA 移动通信系统（下文中的系统亦是移动通信系统）的一个技术规范标准，让系统能够提供数据传输速率为 8kbit/s 的编码语音业务。为了解决移动通信系统中数据业务不断增多的问题，美国于 1998 年发布了窄带 CDMA 移动通信系统的技术规范标准 IS-95B，该标准提高了系统的传输速率（达到了 64kbit/s）。

（3）GPRS

GPRS 是一种以 GSM 为基础的无线包交换技术，能提供远距离、端到端的无线网络连接。这种连接仅当网络存在需求时才通过 GPRS 实施分配，当没有需求时就通过 GPRS 将其释放。GPRS 的传输速率能达到 150kbit/s，是 GSM 的 9.6kbit/s 传输速率的 15 倍左右。同时，GPRS 能够灵活使用带宽，可以提高带宽的利用效率。GPRS 是 2G 迈向 3G 的一个中间阶段，所以被人们称作 2.5G 移动通信技术。

（4）EDGE

EDGE 是以 GSM/GPRS 为基础的一种数据增强型移动通信技术。EDGE 不仅可以使用现有的无线网络来提供宽频带的多媒体业务，还能够将 GPRS 的功能发挥到极致。EDGE 的理论最高数据传输速率为 473.6kbit/s。在 3G 诞生以前，EDGE 是基于 GSM/GPRS 的数据传输速率最高的无线通信技术。

与 1G 系统相比，2G 系统的安全性更强，带宽利用率更高，能提供种类更多样的服务，而且标准化水平更高，能够实施跨省漫游。但由于 2G 使用的制式不一样，没有统一的技术标准，用户之间的漫游仅仅局限于使用相同制式的区域或国家内，因此，2G 的国际漫游能力不能满足人们的需要。另外，虽然 2G 拥有比 1G 更大的频率范围，但其频率范围仍然不够用，这限制了数据的传输，不能提供高速率移动多媒体服务。

3. 第三代移动通信技术（3G）

随着通信服务的不断更新和通信数据量的飞速增加，移动通信系统需要在容量和规模上进一步提升，同时还要能够在广泛的服务范围内提供有效数据传输，如语音服务、图片服务、多媒体服务等。2G 系统的性能无法满足上述通信需要，所以 3G 应运而生。3G 在国际范围内统一称作国际移动电信 2000（IMT-2000），它是国际电信联盟（ITU）于 1985 年规定的可以在 2000 MHz 频率范围内使用的通信技术。与 1G 和 2G 不同，3G 在互联网、远程监控、多媒体业务、承载业务、商业用途探索等领域中的使用十分广泛，为人们提供了移动多媒体服务。3 种代表性 3G 技术分别为 TD-SCDMA、WCDMA 和 cdma2000。

（1）WCDMA

宽带码分多址（WCDMA）在 CDMA 的基础上进行了改进，和窄带 CDMA 的区别在于窄带 CDMA 的工作带宽为 200kHz，而 WCDMA 的工作带宽能够达到 5MHz。这是一个质的飞跃，因此，WCDMA 的数据传输更快，局域网中的数据传输速率可达 2Mbit/s，宽带网中的数据传输速率可达 384kbit/s。WCDMA 的核心网仍然采用 GSM 的核心网架构，辅以 GPRS 的分组交换实体技术，这样 WCDMA 可以提供 GSM 的全部服务。基于上述特点，中国联合网络通信有限公司（简称中国联通）采用了 WCDMA 作为 3G 标准。

（2）cdma2000

中国电信集团有限公司（简称中国电信）采用的 3G 标准就是 cdma2000。cdma2000 系统提供的数据传输速率能够满足 IMT-2000 的性能需求，在车辆行驶状态下数据传输速率可达 144kbit/s，在行走状态下数据传输速率可达 384kbit/s，在静止状态下数据传输速率可达 2048kbit/s。cdma2000 是从以 IS-95 为标准的 CDMA 技术的集合 CDMAOne 中演变而来的，可以实现从 2G 到 3G 的平滑过渡，这不仅有利于技术的延续，还保证了技术的成熟和可靠。

（3）TD-SCDMA

时分同步码分多址（TD-SCDMA）由中国大唐集团有限公司提出，是 ITU 批准的三大国际 3G 标准之一，也是我国首次在国际通信领域中作出的重大贡献。中国移动通信集团有限公司（简称中国移动）便采用 TD-SCDMA 作为 3G 标准。

TD-SCDMA 的时分复用使接收端和发送端能够在相同的频带上进行通信，在确定频带的同时将时域切割为大小不同的时隙，分别提供上下行通信，并且能够自由切换上下行链路，从而保证通信的有效性。TD-SCDMA 系统能提供数据传输速率在 8kbit/s～2Mbit/s 的视频通话、语音、上网等服务。TD-SCDMA 的优点是频带利用率高，造价低，可承载的用户数量大，能够充分满足 3G 的性能要求。

4．第四代移动通信技术（4G）

4G 网络能够以 100Mbit/s 的速率下载文件，上传速率也能达到 20Mbit/s，可以满足绝大多数用户对无线网络服务的需求。在用户最为关注的价格方面，4G 网络与固定宽带网络的收费标准相差不多，而且 4G 的计费方式更加灵活，用户完全可以根据自身的需求确定所需的服务。此外，4G 网络可以在数字用户线（DSL）和有线电视网没有覆盖的地方进行部署，然后扩展到整个地区。很明显，相较于以往的通信技术，4G 有着不可比拟的优越性。

4G 采用了很多的先进技术，如多输入多输出（MIMO）、正交频分复用（OFDM）、基于 IP 的核心网等。

MIMO 技术通过在基站和移动设备上放置多根天线来建立多条通信链路，利用多径传播的方式提高数据吞吐量，同时扩大信号的覆盖范围并提高传输可靠性。MIMO 技术解决了传输速率不足和覆盖范围不足这两个无线电技术面临的大问题，使信道容量能够随着天线数量的增加而线性增大，从而在不占用额外无线电频率的情况下成倍地提高无线信道容量和频谱利用率。

MIMO 技术能获得的增益包括空间复用增益和空间分集增益两种。空间复用增益通过使用多根天线，在同一频带上使用多个子信道发射信号，从而提升系统容量。空间分集增益则通过发射分集（发送端采用多根天线发送相同数据）和接收分集（接收端采用多根天线接收数据）两种方式来获得较高的编码增益和分集增益。

4G 核心网独立于各种无线接入方案，能够提供端到端的 IP 业务，并与现有的核心网和公用电话交换网（PSTN）相兼容。4G 核心网采用开放式结构，允许各种空中接口接入，同时将业务、控制和传输进行分离。由于 IP 与多种无线接入协议兼容，因此核心网在设计时非常灵活，无须考虑无线接入采用何种方式和协议。

1.2 5G 移动通信

1.2.1 5G 的驱动力

（1）运营要求

运营问题是移动通信系统发展过程中的一个重大问题，它将影响运营商的人力、物力和财力的投入和产出。从 1G 到 4G，移动通信系统运营在向智能化的方向发展，表现在 4G 网络采用了扁平化的网络架构、全 IP 网络、业务和控制分离的策略。扁平化的网络架构可以让信令流经历的节点更少，使运营商在核心网向接入网发送指令时，能够实现更低的时延；使信令能更快地到达接入网，让接入网可以快速进行相应的调整，响应核心网的要求。这种扁平化的网络架构可以让运营商的硬件购置成本降低，节约运营商的资金投入。除了采用扁平化的网络架构，4G 网络也是全 IP 化的网络。全 IP 化的网络取消了电路交换（CS）域，使运营商在维护与管理 4G 网络时只需专注于分组交换（PS）域的业务与设备，不需要分散精力去处理 CS 域的相关事宜，这使网络维护简单化，使资金投入最小化。此外，4G 网络还采用了业务与控制分离的策略。控制与业务相分离一般是通过软件定义网络（SDN）来实现的。4G 网络在控制面采用集中管理的方式，由一个或多个 SDN 控制器来产生和分发数据流，交换机只负责执行相关指令来转发数据。业务与控制相分离使网络维护与管理具备了逻辑上的简单性与操作上的便利性，在下发指令时不需要大规模配置，只需要从中心控制器下发相关指令即可，从而节省了时间与成本。

4G 网络的运营存在一些不足，主要表现在以下方面。

①“重”部署：4G 网络采用的是广域覆盖、热点增强等传统部署思路，这会造成对网络的层层加码。另外，泾渭分明的双工方式，以及不同双工方式与频谱间严格的绑定，加剧了网络负担（频谱难以得到高效利用、双工方式难以有效融合）。

②“重”投入：当前的无线网络越来越复杂，使网络建设投入加大，从而导致投资回收期长。随着城市化进程的加快，移动通信网络站址的选择越来越难。另外，很多关键技术的引入对现有标准的影响较大，实现起来十分复杂，从而使系统达到目标性能的代价变高。

③“重”维护：多种接入方式并存及新型设备或新技术形态的引入导致运营难度加大、维护成本增加。此外，无线网络一旦配置则难以改动，不能很好地满足快速发展的业务需求和用户需求。

5G 网络采用服务微架构以及虚拟化的方式，天生具有部署灵活、方便运营和管理的特点。具体来说，5G 网络主要包括以下特性。

① 部署轻便：5G 网络的研究特别考虑了降低对部署站址的选取要求，希望 5G 网络以一种灵活的组网形态出现，同时还应具备即插即用的组网能力。5G 网络这种部署灵活的特点可以对运营商未来的网络建设起到重要的促进作用。

② 投资少：从既有网络投入方面考虑，在运营商关于无线网络建设、运营、维护等支出中，运营性支出（OPEX）和资本性支出（CAPEX）是非常重要的两部分，其中的设备复杂度、运营复杂度对网络支出的影响显著。随着网络容量的大幅提升，运营商的成本控制面临巨大挑战，因此，未来的网络必须要有更低的部署和维护成本，在选择技术时应注重降低上述两方面的复杂度。

③ 维护轻松：随着 3G 的成熟和 4G 网络的商用，网络运营存在网络管理和协调方面的需求，多网络共存和统一管理是网络运营面临的巨大挑战。为了降低网络维护管理成本，实现统一管理，提升用户体验，5G 网络采用智能的网络管理优化平台将是未来网络运营的重要技术手段。

④ 体验轻快：网络容量数量级的提升是每一代网络最鲜明的标志和用户最直观的体验。然而，5G 网络不应只关注用户峰值数据传输速率和总体的网络容量，还需要关注用户的体验速率，而小区去边缘化为用户提供了连续一致的体验。此外，不同的场景和业务对时延、接入数、能耗、可靠性等性能指标有不同的需求，不可一概而论。运营商在运营网络时，应因地制宜，全面评价和权衡。总体来讲，5G 应能够满足用户个性化、智能化、低功耗的需求，并且具备灵活的频谱利用方式、灵活的干扰协调/抑制能力，以及进一步提升的移动性。

网络运营中遇到的问题是网络设计更新与发展的动力，一个好的网络要有利于网络的运营。前几代网络在网络运营方面表现出的一些问题，需要在 5G 网络运营中得到相应的解决。

（2）业务要求

移动通信网络的发展在一定程度上是由业务推动的。多媒体业务的产生推动了 4G 网络的发展，4G 网络的架构、性能更适合提供多媒体服务。多媒体业务主要包括语音、视频、文本、图片等业务，这些业务对网络的容量、数据传输速率、安全性和稳定性的要求都不是很高。以语音业务为例，虽然要求实时性，即两个人之间的通话时延不能过高，但是语音业务的数据传输速率低，只要网络的数据传输速率能达到 56kbit/s，两个人通话就不会受到影响。可以看出，对于这些业务来说，4G 网络能够很好地满足需求。

随着移动互联网与物联网的发展，移动通信网络的业务日益增多。移动互联网以提供更好的用户体验为目标，能够为人们提供增强现实（AR）、虚拟现实（VR）、超高清视频、云端办公、移动休闲娱乐等业务。为了满足超密集场景和高速移动环境下的业务需求，移动通信网络需要更高的上/下行传输速率和更低的时延，同时应对超高用户密度和超高移动速度带来的挑战。物联网业务进一步扩大了移动通信的服务范围，将移动通信渗透到工业、农业、医疗、教育、交通、金融、能源、智能家居、环境监测等领域中。未来，物联网应用将助力具备各种差异化特征的物联网业务的爆发增长。数百亿的物联网设备将接入网络，实现"万物互联"的美好愿景。为了更好地支持物联网业务的推广，移动通信网络需要实现海量终端连接和满足各类业务的差异化需求，提供光纤级的接入速率、接近零时延的使用体验、连接百亿设备、超高流量密度、超高连接数密度和超高移动性等多种个性化服务。同时，对业务和用户感知的优化，可以为网络带来超百倍的能效提升和比特成本降低。4G 网络在上述新型业务面前表现得有些"捉襟见肘"。

5G 网络定义了增强移动宽带（eMBB）、大规模机器通信（mMTC）和超可靠低时延通信（URLLC）三大应用场景，这些场景能够满足大部分移动互联网与物联网的需求。例如物联网领域中可能需要大规模的机器连接，mMTC 场景就是为这种业务定制的。mMTC 场景能够提供海量连接，并保证这些连接的稳定性、安全性。对于 AR 或 VR 等对实时性要求比较高的业务，URLLC 可以满足此类业务的要求。总之，5G 网络的诞生能够为移动互联网和物联网赋能，使移动互联网与物联网应用真正落地。

（3）用户要求

网络用户的需求是网络发展的动力，用户总是希望网速更快、连接量更大、传输更安全。4G 网络采用的先进技术可以提高系统速率，支持视频软件、语音软件、聊天软件等在内的多媒体应用。相较于 3G 网络，4G 网络所提供的数据传输速率足以满足多媒体业务的传输需求。但是，随着移动互联网和物联网应用的兴起，网络被要求具有海量连接能力，还要具有保持高速率、低时延的能力。4G 网络传输能力的理论上限为 100Mbit/s，这远远不能满足 AR、VR 等业务的数据传输速率要求。另外，4G 网络的容量也远远没有达到实现海量连接的标准。移动互联网与物联网应用种类多、场景多，4G 网络不能满足这些场景或应用的需求，这要求网络必须升级，以解决用户需求与网络能力不足之间的矛盾。

5G 网络采用网络切片技术，可以很好地满足多类型互联网和物联网应用的需求、多互联网和物联网业务的需求。网络切片技术采用定制化的方法，对于不同的业务类型采用不同的服务方式，这样一方面可以满足各种业务的个性化需求，另一方面还可以根据需求调用资源，不至于造成资源浪费。总之，网络最终是服务用户的，用户的需求是否得到满足及用户是否满意是衡量网络性能的重要标准。用户体验不好，就必须对网络进行升级以满足用户需求，否则网络便失去了它存在的意义。

（4）网络要求

移动通信网络建立在通信资源的基础之上，前几代网络使用的频谱资源处于低频段，一方面是因为移动通信网络刚刚发展，低频段频谱尚未使用，另一方面是因为移动通信技术并不具备开发高频段频谱的能力。但是，随着网络的发展，一方面，新型业务的增加导致现有网速无法满足用户需求；另一方面，网络自身存在不好部署、管理难度大、建设费用高、能耗大等诸多缺点，促使网络必须进行变革。例如，4G 网络的低性能与高能耗带来的需求和能耗之间的矛盾必须通过升级到 5G 网络才能得到缓解。另外，4G 网络使用低频段电磁波，而此时低频段资源基本上已经被分配完毕，没有新的频段来满足新型业务需求，这也要求在升级至 5G 网络的过程中，必须对高频段资源进行开发。这样做有两个好处：一是可以缓解频谱资源短缺的情况；二是高频段带宽大，有利于传输大量的数据，可以更好地适应物联网和移动互联网产生的新型业务。

在 5G 前，长期演进技术（LTE）已经采取了很多措施来提高频谱利用率，如 LTE 采用了正交频分多址（OFDMA）接入，与 2G 和 3G 相比，它在容量上有了新的突破。另外，为了达到系统需求的峰值速率，LTE 采用了 MIMO 和高阶调制技术来提升频谱利用率。在 LTE-Advanced 演进过程中引入了载波聚合（CA）技术，CA 将多个连续或不连续的离散频谱聚合使用，从而满足高带宽需求，提高了频谱利用率。

总之，移动通信系统本身存在的局限性与系统使用资源的有限性导致现有网络系统不能满足新型业务需求，必须对网络本身进行升级，通过引入新技术与架构和开发新的资源来解决这些问题。从这方面来说，5G 网络的到来是必然的。

（5）效率要求

移动通信系统的效率影响着系统的建设成本、容量和规模。移动通信系统发展的过程也是系统运行效率提升的过程，人们主要关注系统的频谱效率、能量效率、成本效率、建设部署效率、业务开发效率、管理与维护效率等。移动通信网络从 1G 发展到 4G，网络协议与网络架构在持续改变，相应的技术体系也在不断升级。升级的总体原则与方向是提高系统的运行效率和灵活性，例如，对于频谱资源来说，前几代网络使用的是低频段且对频谱的利用相对较低，而 5G 网络采用高频段且频谱使用方式动态可扩展，这不仅提高了频谱资源的利用率，而且在使用方式上也具备了更大的灵活性。从系统建设角度来看，5G 核心网采用微架构，组网方式有独立组网（SA）和非独立组网（NSA）两种。非独立组网又采用了多种形式，包括 Option3 系列、Option4 系列、Option7 系列[2]等。这些网络架构与组网方式对网络系统部署是非常有利的。5G 网络建设前期可以采用非独

2 Option3、Option4、Option7 是指 TCP/IP 中的不同选项。Option3 是指“Selective Acknowledgements”（SACK）选项，用于提高 TCP 性能。Option4 是指“Timestamps”选项，用于测量网络时延。Option7 是指“User Timeout”选项，用于设置 TCP 连接的超时时间。

立组网方式，这样做一方面能够减少建设费用，另一方面能够给从 4G 到 5G 的过渡提供缓冲空间，在很大程度上提高系统建设效率。

5G 网络采用的网络切片技术能够针对不同的业务采用不同的方式，为业务分配适合它的系统资源，这在很大程度上提升了业务的开发效率。5G 提出的三大应用场景（eMBB、mMTC 和 URLLC）应用了 3 种不同的网络切片技术，例如 mMTC 业务需要很大的网络容量，URLLC 业务则要求超低时延。网络切片为不同类型业务提供的个性化定制服务加速了网络业务的开发，从而更高效地利用网络资源，提高网络效率。

在安全与管理效率上，5G 网络采用了微架构、SDN、虚拟化技术和自组织网络（SON）等技术，这给 5G 网络的管理带来了很大的便利性。利用这些技术，5G 网元可以得到灵活部署与拆除。特别是虚拟化技术，它将每个网元抽象为一段代码。底层硬件采用通用服务器，这使 5G 网络有了更灵活与更高效的管理方式。在前几代网络中，在进行网络升级和维护系统时是软件和硬件一起进行的，而 5G 网络采用了虚拟化技术，软、硬件解耦的特点使其在增加与修改网元时可以不进行整体修改，只需要针对具体的部分进行修改。

（6）终端需求

新型业务的出现导致了终端类型增多，而能力等级不同的终端对网络的需求不同，因此，5G 定义了多种终端类型，以满足业务的多样性。无论是硬件方面还是软件方面，智能终端在 5G 时代都将面临功能复杂度显著提升这一挑战，尤其是操作系统，它会持续革新。另外，5G 终端除了基本的端到端通信，还会具备其他功能，如成为连接其他智能设备的中继设备，或者支持设备间的直接通信。从 5G 终端的发展趋势及 5G 网络的特点来看，5G 终端将具备以下特性。

① 具备网络侧高度的可编程性和可配置性，如更强终端能力、使用的接入技术及传输协议更优等。

② 运营商能通过空口确认终端的软/硬件平台、操作系统等配置，保证终端获得更高质量的服务。

③ 运营商可以通过获取终端的相关数据（如掉话率、切换失败率、实时吞吐量等）来优化服务体验和提升服务质量。

5G 网络时代将是全球漫游的多网络共存时代，这就对终端提出了多频段、多模式的要求。此外，为了实现更高的数据传输速率，5G 终端需要支持多频带聚合技术，这与 LTE-Advanced 系统的要求是一致的。

5G 终端对供电保障也有较高的要求，如大部分用户的智能手机充电周期不超过 1 天，低成本 MTC 终端则需要达到 15 年。这要求终端在资源利用率和信令效率方面应有所突破，如在进行系统设计时考虑在网络侧加入更灵活的终端控制机制，或者有针对性地发送信令信息等。同时，为满足以人为本、以用户体验为中心的 5G 网络要求，用户可以按照个人偏好选择个性化的终端形态、定制业务服务和资费方案。在5G 网络中，形态各异的终端设备将大量涌现并实现商用，如内置在衣服中用于健康管理的便携式终端、3D 眼镜终端等。此外，因为部分终端需要与人长时间紧密接触，所以终端的电磁辐射量需要进一步降低，以保证长时间使用不会对人的身体造成伤害。

综上所述，终端类型的增加迫使网络必须升级，以满足终端对数据传输速率、节能和电磁辐射等方面的需求。

1.2.2 5G 三大类业务场景

5G 网络具有更高的数据传输速率和更低的时延，可为人们的生活和工作带来更多便利。我国在 2013 年启动了 5G 愿景需求和关键性能指标的研究，通过对 5G 典型场景的分析和不同典型场景下的业务需求预测，IMT-2020（5G）推进组最终提出了 5G 关键性能指标的建议。2015 年，ITU 确定了 5G 的八大关键性能指标，其中包括传统的移动性、峰值速率、频谱效率和时延，以及新增的能效、用户体验速率、流量密度和连接数密度这 4 个关键性能指标，以适应更多的 5G 场景和满足业务需求。图 1-1 展示了 5G 关键能力要求。为了更清晰地展示 5G 网络的优势，图 1-1 用深灰色表示 4G 性能指标，浅灰色表示 5G 性能指标，可以看出，5G 在各个性能指标上都已远远超过 4G。

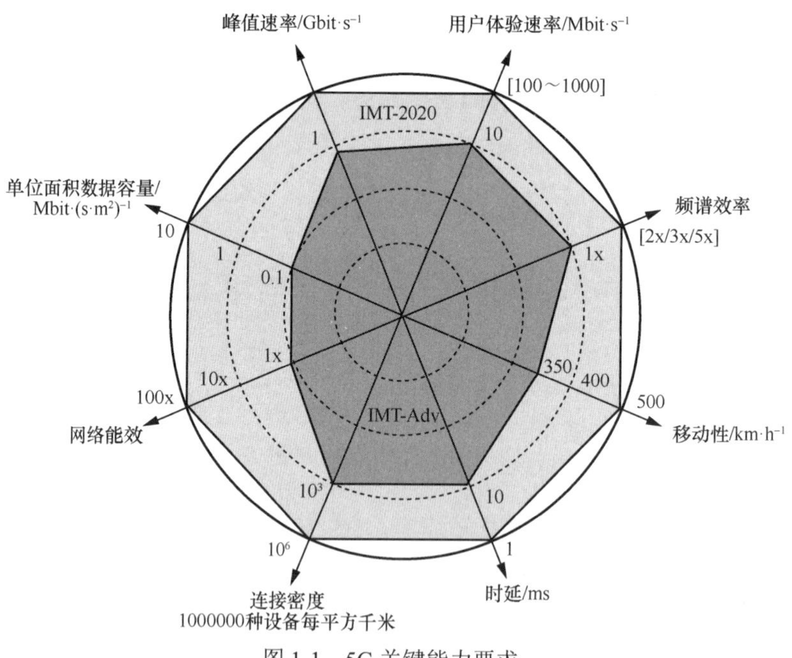

图 1-1 5G 关键能力要求

高速率是 5G 的一大亮点，也是区别于 4G 的最基本特点之一。相比于 4G 技术的最高传输速率 100Mbit/s，5G 技术的最高传输速率可达到上行 10Gbit/s，下行 20Gbit/s。这种极高的数据传输速率可以让用户在更短的时间内完成更多的任务。例如，用户可快速下载大文件（如高清视频），可更流畅地在线观看视频或玩游戏。同时，高速率也为更多应用场景的实现提供了可能。例如，5G 可实现 4K/8K 高清视频、3D 视频、VR/AR、全息视频等的传输，为用户带来更加丰富和多元的体验。另外，高速率的优势还为一些新型应用提供基础，如自动驾驶、远程医疗等需要实时传输数据的应用。由此可知，高速率是 5G 为用户带来的最基本、最显著的变革，它将深刻地改变人们的生活方式和工作方式。

低时延是 5G 的另一个重要特点。传输时延指从数据发送到数据接收所需的时间。随着新应用的增多，业务对数据传输时延的要求也越来越高。5G 的空口时延可以降低为 1ms 以下，这意味着从数据发送到数据接收的时间理论上不超过 1ms，是 4G 时延标准的 1/50～1/30，从而大大提高了用户的交互体验和应用的响应速度。在低时延的环境下，各种实时应用将能够实现更精细的控制和更快速的响应。例如，智能工厂中的机器人、自动驾驶汽车、远程医疗及远程手术、VR/AR 等应用都将受益于 5G 的低时延特性。可以看出，低时延对 5G 的应用范围扩大和用户体验的提升有着非常重要的意义。

大连接数是 5G 的又一特点，这是 5G 区别于 4G 的重要特点之一。相比于 4G，5G 的连接数密度可以达到每平方千米连接 1000000 种设备，是 4G 连接数密度的 100 倍之多，这种广泛连接的能力将为 5G 带来更加广阔的应用前景。随着物联网、智慧城市等应用的不断发展，大量设备需要互联，设备之间实现智能连接和信息共享，从而使数据的采集、处理和应用变得更加高效、精准。大连接数的特点可以为设备提供更加丰富的服务，也可以使大量设备之间的协同更加高效，从而加速数字化转型进程。在智慧城市应用中，基于 5G 的大连接数特点，5G 能够支持城市中的传感器、监控摄像头、交通信号灯等设备之间的联动，实现对城市的智能化管理。例如，智能交通系统是 5G 的重要应用，能够实现车辆互联、交通流量控制和自动驾驶等功能，为城市交通带来了改善和创新。在工业自动化中，基于 5G 的大连接数特点，5G 可以支持大规模的设备联网，实现设备之间的智能互联和信息共享，从而提高工业生产的效率和质量。

5G 将通过支持 eMBB、MMTC 和 URLLC 三大业务场景，满足网络能力极端化、网络能力差异化及网络融合的多样化的业务需求，开启一个万物互联的新时代。

1．eMBB

eMBB 的目的是通过提高带宽和数据传输速率，以及降低时延和误码率等来进一步提升用户体验，为用户提供更加稳定、高效和便捷的通信服务。与 4G 相比，5G 在这方面最显著的变化是网络速度的大幅提升。用户在观看 4K 高清视频时，5G 网络的峰值速率可以达到 10Gbit/s。从用户的角度来看，eMBB 的特点体现在超高的数据传输速率和移动性保证等方面，是最直接的提高移动通信网络速度的手段。随着 5G 网络的普及，未来更多的应用对移动通信网络速度的需求都将得到满足。5G 网络相较于以往的移动通信网络，可以使人们享受到更高的网络速度，因此，eMBB 是 5G 发展初期的核心应用场景之一，尤其是在个人消费市场上。

3GPP 将 eMBB 列为其新服务和市场技术推动的重要应用场景。eMBB 主要针对大流量移动宽带应用业务，例如，AR/VR、超清视频、高速移动上网等业务。上述业务具有带宽大、时延不敏感、动态突发性强等特点。相较于 LTE 系统，eMBB 的接入速率需要提高数十倍，系统容量需要提高近百倍，这让当前无线网络的性能面临极大的挑战。为了解决现有技术无法满足 eMBB 场景性能要求的问题，人们引入毫米波、大规模 MIMO 等技术，并结合异构网络来实现性能提升的目标。

ITU 对 eMBB 场景下的系统频谱效率、边缘用户频谱效率和峰值速率进行了自评估，并提出了相应的要求。在室内热点、密集城区、乡村场景中，基站端配备 128 根天线，能够支持系统频谱效率分别超过 9bit/(s·Hz)$^{-1}$、7.8bit/(s·Hz)$^{-1}$、3.3bit/(s·Hz)$^{-1}$，边缘用户频谱效率分别超过 0.3bit/(s·Hz)$^{-1}$、0.225bit/(s·Hz)$^{-1}$、0.12bit/(s·Hz)$^{-1}$。实物仿真结果表明，单用户 MIMO 小区平均速率可达 18.9Gbit/s。针对毫米波技术，3GPP 在 3GPP TR 38.900 v14.3.1 中提供了毫米波频段的信道模型，并给出了链路级仿真和系统级仿真的校准方案和结果。此外，各标准化组织对 eMBB 场景的用户接入策略、移动性管理、调度与反馈设计、上行功率分配等方面也进行了深入研究。

2．mMTC

随着移动互联网的蓬勃发展，以及智能家居、智能制造、智能交通等应用的快速演进，无线终端设备的数量和数据流量不断攀升，mMTC 应运而生，成为 5G 的三大业务场景之一，并成为当前无线通信领域中的研究热点。它能够应对大规模设备连接的需求，并为物联网、车联网等应用场景提供支持。mMTC 是一种典型的物联网应用场景，这种应用场景的特点是需要同时连接大量的终端设备，并且需要保证这些终端设备可以同时接入网络，获得高效稳定的通信效果。如前所述，mMTC 是当前无线通信领域中的一个研究热点，研究人员正在探索如何提高系统的容量和性能，以满足这些应用场景的需求。

相较于传统的通信系统，mMTC 系统具有以下 4 个显著特点。

① mMTC 系统需要同时支持海量机器设备的接入和广覆盖。随着设备连接规模的扩大，设备连接数量成为 mMTC 系统最为重要的性能指标要求。据 ITU 和 3GPP 规划，mMTC 系统需要支持每平方千米连接 1000000 种设备的连接数密度，而基站或接入点一般以 0.11km^2 的面积进行覆盖。

② mMTC 系统中的终端主要为传感器和作动器等机器设备，这些设备传输的信息一般由短数据包构成。

③ mMTC 系统中终端的功耗较低。ITU 报告指出，终端应能在不更换电池的情况下工作 15 年。

④ mMTC 系统一般为零星传输，传感器或作动器通常间歇突发性地进行数据传

输，而且以上行通信为主。在一段时间内，只有少量设备被激活并进行数据传输，大部分设备则处于非激活的睡眠状态。

mMTC 切片可用于人们生活的诸多方面，如智能家居设备、家庭监控和室内定位，满足海量连接等需求。在工业互联网建设中，mMTC 切片的部署能够充分发挥工业互联网海量连接的优势。相较于其他设备，物联网设备对网络隔离性的要求较低，因此在进行实际部署时，成本相对较低。另外，mMTC 切片可以同时支持多种物联网业务，并且集中管理相关数据，这种特性使其在物联网管理和成本控制方面具有一定的优势。

3．URLLC

URLLC 针对需要极高可靠性、低时延和高可用性的应用场景，旨在支持需要高可靠性的机器与机器间的通信或人与机器之间的通信，如自动驾驶、工厂自动化和远程控制等场景。这些场景的业务数据包往往较短，对时延、时延抖动、丢包率等性能非常敏感，因此需要建立低时延、高可靠性的连接。

随着移动数据业务的不断丰富，出现了各种不同的服务质量（QoS）需求，其中包括高速率、高可靠性和低时延等需求。然而，4G 无法满足这些不同的 QoS 需求。为了解决这一问题，5G 网络使用超高可靠性和超低时延作为重要的性能指标，指向 URLLC。URLLC 对于未来基于触感互联网的智能制造、远程医疗及频谱受限情况下的大规模机器通信等关键应用至关重要。在传统无线通信系统中，对于长数据包（长度约为 1500 B）和长度无穷的信道编码分组，通常使用香农容量（香农极限）来衡量系统的最大数据传输速率。然而，在 URLLC 应用中，如智能交通、远程医疗等工业自动化场景，需要传输大量机器产生的数据，这对数据传输的可靠性和端到端（E2E）传输时延有着极其严格的要求。具体而言，传输的解码错误率需控制在 10^{-9}～10^{-4}，端到端传输时延需要控制在 1～10ms，甚至更低。

3GPP 规定，URLLC 控制面时延小于 10ms，环回时延小于 1ms，32B 大小的数据包的可靠性需要达到 99.999%。但在实际应用中，不同业务对 URLLC 服务的要求有所不同。根据项目交付经验，在机械远程控制场景中，通常要求达到 99.99%的可靠性，时延范围为 20～50ms。在自动导引车（AGV）远程控制场景中，一般要求时延为 50～100ms，多个 AGV 协同场景中要求时延小于 20ms，并且需要在移动时仍能达到上述要求。而可编程序逻辑控制器（PLC）无线化场景对时延和可靠性的要求更高，其中，PLC 北向（PLC 到上位机）要求时延小于 20ms 且具有 99.99%的可靠性，PLC 东西向（PLC 到 PLC）要求时延在 4～20ms 且具有 99.999%的可靠性，PLC 南向（PLC 到伺服驱动器和 I/O 接口）要求时延在 1～4ms 且具有 99.999%的可靠性。

URLLC 的关键特点在于实现低时延和高可靠性。除此之外，URLLC 还需要支持时间敏感网络（TSN），具有提供低时延低抖动的能力，这是 URLLC 发展的重要方向之一。在构建 5G 网络的 URLLC 能力时，需要考虑 5G 网络的基础能力和能力提升。为了实现低时延，URLLC 在无线接入网、核心网和传输网上进行了技术设计。对于无线接入网，URLLC 空口时延包括信号传输时延、处理时延和信令交互时延。在核心网的部署策略上，URLLC 采用了网元下沉的方案，将用户平面功能（UPF）、会话管理功能（SMF）、认证管理功能（AMF）等网元下沉部署在距离基站更近的位置上，以降低传输时延。

为了提升网络的可靠性，URLLC 采用了多种方案，如在无线接入网中采用更低的码率和重复传输的方式，在核心网中采用冗余传输的方式。这些方案通过牺牲网络资源利用率来提升网络的可靠性。从无线接入网的角度来说，控制信道采用低码率传输、数据信道采用低码率的调制和编码方案（MCS）来提高数据信道的可靠性，物理信道采用重复传输的方式来获得分集增益，分组数据汇聚协议（PDCP）层数据包通过复制不同的空口资源来传输以获得分集增益。从核心网的角度来说，URLLC 采用分组数据单元（PDU）会话冗余、N3 隧道冗余、RAN 和 UPF 之间的传输路径冗余这 3 种冗余传输方案来提高网络的可靠性。

1.2.3 5G 移动通信产业链

1．5G 终端进展

5G 网络速率远超 3G 网络速率和 4G 网络速率，5G 商用的主要目标是推出更多终端并吸引更多用户。例如，2018 年 6 月 Rel-15 标准冻结后，仅用了半年，LG U+就发布了首个商用网络。终端产业链的成熟度也在不断提高。例如，从 2019 年华为公司推出的首个 5G 折叠屏手机 Mate X，到千元 5G 手机的出现，仅用了 1 年时间。从用户发展的角度来看，3G 用了 10 年时间才发展了 5 亿用户，4G 用了 5 年时间积累了 5 亿用户，与此相比，5G 仅用了 3 年时间。我国是 5G 市场的主导者和全球最大的 5G 用户市场，我国的加入使 5G 得到了快速的发展。5G 商用进展如图 1-2 所示。

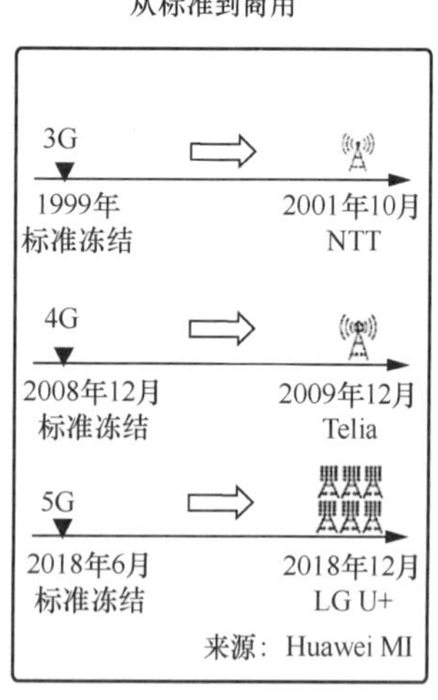

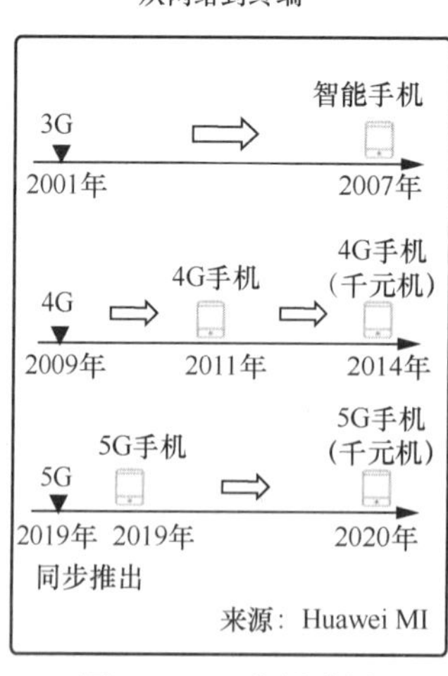

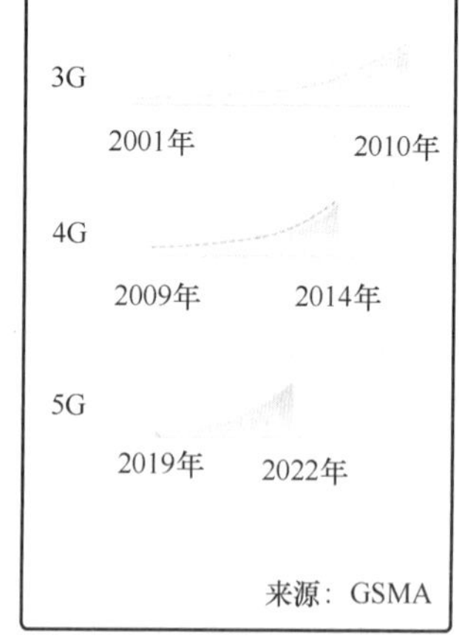

图 1-2 5G 商用进展

终端是 5G 产业链中的一个重要环节，包括智能手机、移动热点设备、头戴式显示器和模组等。5G 终端设备如图 1-3 所示。在智能手机领域中，2019 年我国仅有几十款支持 5G 的终端，但到了 2020 年，这个数量已经超过百款。主流的 5G 终端供应商推出了旗舰版 5G 手机，如 OPPO、vivo、小米、中兴等我国企业，苹果公司也推出了 5G 手机。此外，红米、真我、爱酷和小牛也加入 5G 手机市场。5G 手机的发展如图 1-4 所示。

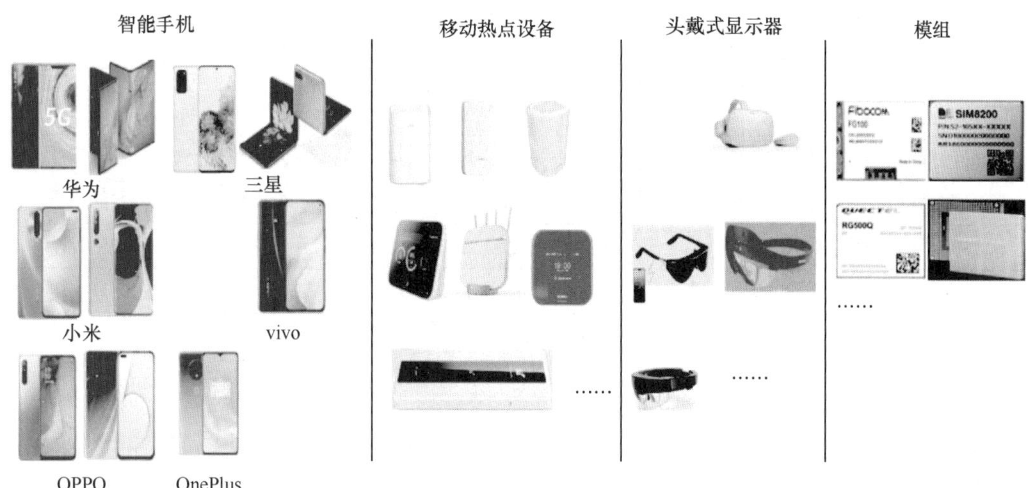

图 1-3　5G 终端设备

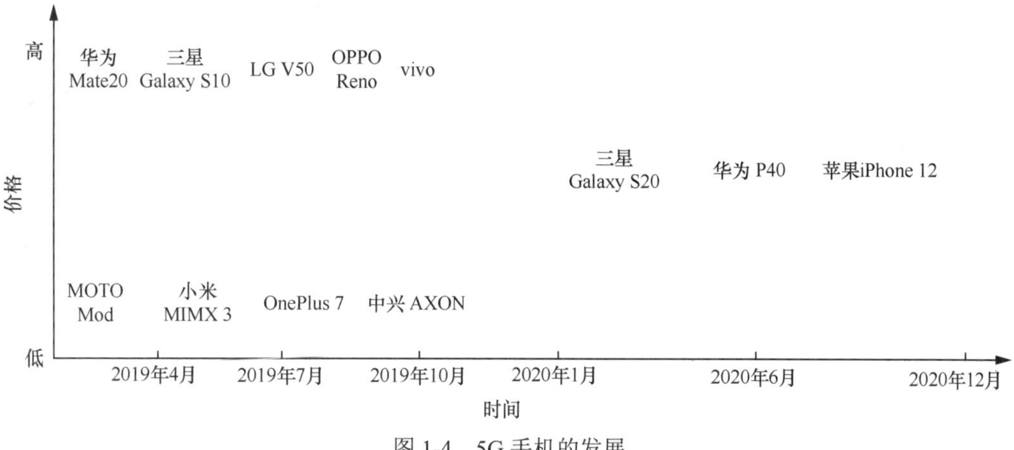

图 1-4　5G 手机的发展

5G 网络的服务对象分布在各个行业。在 5G 产业链中，芯片是上游，种类繁多的垂直行业应用是下游，而模组处于中间环节。可以看出，模组对于 5G 产业的发展至关重要。2020 年 7 月 3 日，3GPP 宣布 Rel-16 标准冻结，这标志着 5G 已经拥有了成熟版本的技术标准，也将加速 5G 产业链下游各垂直行业应用的发展，推动 5G 模组技术的成熟。目前，国内已有多家厂商推出了 5G 模组产品，见表 1-2。

表 1-2 国内 5G 模组产品

厂商	模组型号	所用芯片
华为公司	MH5000	巴龙 5000
上海移远通信技术有限公司	RG5000Q/RG510Q	骁龙 X55
	RG800H	海思 5G 模组中间件
深圳市广和通无线股份有限公司	FG150/FB101	骁龙 X55
芯通讯无线科技（上海）有限公司	SIM8200EA	骁龙 X55
中国移动	CMCC M5	海思 5G 模组中间件
美格智能技术股份有限公司	SRM815/SRM825	骁龙 X55
闻泰科技股份有限公司	WM518	骁龙 X55
四川爱联科技股份有限公司	AI-NR10	海思 5G 模组中间件
龙尚科技（上海）有限公司	EX510	骁龙 X55
中移物联网有限公司	OneMO F02X/OneMO F03X	骁龙 X55
高新兴物联科技股份有限公司	GM800/GM801	骁龙 X55

2．5G 频谱分配

（1）5G 频谱资源

为了满足 5G 更大容量、更高数据传输速率和海量设备连接的要求，5G 网络需要更多无线电频谱资源的支持。

国际电信联盟的定义对频率的划分如下。3～30kHz 称为甚低频（VLF），这个频段的波长动辄数十千米，具有极强的绕射能力，可以轻易覆盖整个地球，因此应用于航空、航海的导航中。

300kHz～3MHz 称为中频（MF），可以用来传输语音等信息，是区域电台的首选频段，同时还可以用于导航系统。

3～30MHz 称为高频（HF），也称为短波。由于高频可以通过电离层反射实现超远距离的传输，不需要发射站具有极高的功率，因此在高频区间，人们首次实现了覆盖全球的广播电台及覆盖全球的通信电台。

3GPP TS—38.101 版本把 5G 新无线（NR）的频率范围（FR）划分为两个频段，分别是 FR1 和 FR2。FR1 的频率范围是 450MHz～6GHz，FR2 的频率范围是 24.25～52.6GHz。

综合考虑覆盖和容量这 2 个因素，主流手机终端首选适配 C-Band。C-Band 的全球生态布局相对比较完善，毫米波则作为热点补充频段。当 C-Band 不可用时，可选择 2.6GHz 作为 5G 首频，还可通过 LTE 2.1GHz+1.81GHz 双频段，提升 5G 用户体验。

（2）各国（地区）的 5G 频谱分配

① 中国的 5G 频谱分配

为了促进我国 5G 网络的应用和发展，工信部在 2017 年 11 月 9 日发布了 5G 系统在中频段（3000～5000MHz）内的频率使用规划《工业和信息化部关于第五代移动通信系统使用 3300—3600MHz 和 4800—5000MHz 频段相关事宜的通知》（简称《通知》），这使我国成为世界上第一个发布 5G 系统在中频段内的频率使用规划的国家。《通知》明确指出将 3300～3600MHz 和 4800～5000MHz 作为 5G 系统的工作频段（3300～3400MHz 原则上限室内使用）；规定 5G 系统在使用这些频段时不得对同频段或邻频段内的合法射电天文业务和其他无线电业务产生有害干扰。同时规定，自《通知》发布之日起，不再接受和审批 3400～4200MHz 和 4800～5000MHz 频段内新的地面固定业务频率、3400～3700MHz 频段内的空间无线电台业务频率和 3400～3600MHz 频段内的空间无线电台测控频率的使用许可申请。我国工信部于 2022 年 10 月发布了《中低频段 5G 系统设备射频技术要求》，于 2022 年 12 月发布了《地面无线电台（站）管理规定》。

回顾起来，上述规划之所以能够成功，一个非常重要的因素是我国无线电主管部门提前做好了规划，与相关部门进行了广泛的协调，并在国际电信联盟层面进行了前瞻性的工作，为这个频段的相关频率最终被规划为 5G 系统使用的频率奠定了基础。

② 美国的 5G 频谱分配

2016 年，美国联邦通信委员会（FCC）发布了一项规则，允许将 24GHz 以上的频段用于 5G 移动宽带运营。该规则为 5G 网络分配了 4 个新的毫米波频段，其中包括 28GHz、37GHz 和 39GHz 这 3 个授权频段，以及一个未授权频段 64～71GHz。此外，共享频段 6GHz 将由 11GHz 的高频段供移动和固定无线宽带使用，其中授权频谱带宽为 3.85GHz，未授权频谱带宽为 7GHz。FCC 在平衡新一代无线宽带服务、卫星和政府的频谱使用的同时，也考虑了不同频谱接入方式间的平衡，其中包括独家使用许可、共享接入和未授权接入间的平衡，以满足各种不同的需求。该规则还对超微波柔性应用在 28GHz、37GHz 和 39GHz 频段上的新应用进行了指导，并给出了 64～71GHz 等未授权频段的使用说明。此外，该规则还定义了 5G 高频段基站设备的一些技术规范，包括基站收发功率、传输功率等相关技术指标。

③ 欧盟的 5G 频谱分配

欧盟委员会无线频谱政策组（RSPG）在 2016 年 11 月和 2018 年 1 月两次发布欧洲 5G 频谱分配报告，明确将分配的频段限制在 WRC-15 的候选频段内，1GHz 频段以下的 700MHz 频段用于 5G 广域覆盖，3400～3800MHz 作为 2020 年前欧盟 5G 部署的主要频段，24.25～27.5GHz、31.8～33.4GHz、40.5～43.5GHz 这些频段用于高频毫米波段频谱规划。

④日本的 5G 频谱分配

2019 年 3 月，日本分配了 3.6～4.2GHz、4.4～4.9GHz、27～29.5GHz 频段的 5G 频谱资源，并于 2020 年前在 43.5GHz 以下毫米波频段为 5G 争取了更多频谱资源。

（3）5G 组网演进

我国网络供应商在 5G 组网的演进过程中扮演着重要的角色，为 5G 的商用作出了巨大的贡献，这也使我国的 5G 产业在市场竞争中体现明显的优势。2019 年 6 月 6 日，工业和信息化部向中国电信、中国联通、中国移动和中国广电颁发了 5G 营业执照，这标志着我国正式进入 5G 商业化的时代。然而，三大网络运营商在 5G 组网方式的选择上有所不同。我国在第九届移动通信峰会上正式宣布，将稳步推动 5G 非独立组网（NSA）架构和 5G 独立组网（SA）架构的发展。在 5G 组网方式的选择上，运营商以 5G SA 为目标，但在过渡期会采用 5G NSA 进行控制性部署，以推动 5G SA 的发展和成熟，构建相对竞争优势。5G 组网演进规划如图 1-5 所示。

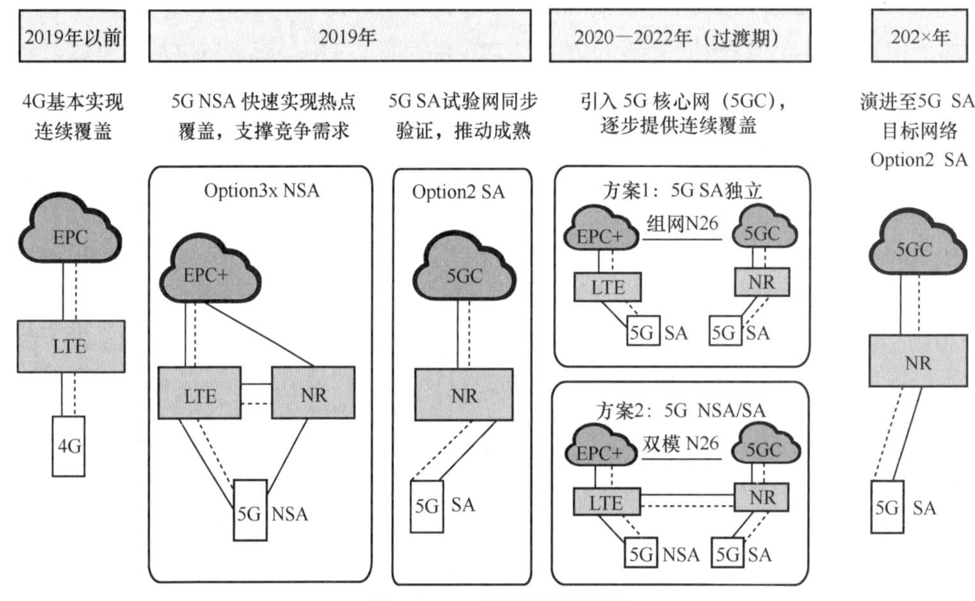

图 1-5 5G 组网演进规划

2019 年，我国的 5G NSA 规模部署与 5G SA 部署同步启动，并加速推动 5G SA 端到端产业链成熟，以实现基于 5G SA 的短期目标网络。我国三大运营商关于 5G 网络的部署有着不同的方案。中国电信主要倾向于采用 5G SA 解决方案进行联网，并且着力实现网络互操作的核心点。完整的 5G SA 解决方案将确保所有普通用户的体验，并能够完美保障提供专业服务，从而实现真正的 5G。中国移动表示，自 2020 年 1 月 1 日起，我国不允许 NSA 手机入网，从而全力实现 5G 网络向 SA 架构的过渡。

1.2.4 全球 5G 商用发展

1．欧盟

欧盟各成员国均制定了相应的 5G 商用政策，以支持 5G 发展。欧盟于 2013 年便拨款支持 5G 研发，在 5G 方面有着较早的布局和积极的投入；于 2014 年启动的“5G 公私合作伙伴关系”项目，进一步为私营企业研发提供了技术支持。2015 年，欧盟公布了 5G 公司合作愿景，力求主导在 5G 标准中的全球话语权，并在 2016 年发布的《欧洲 5G：

行动计划》中明确了欧盟 5G 发展的整体方向。2017 年，欧盟确立了 5G 发展路线图。2018 年，欧盟委员会发布了《投资未来：欧洲 2021—2027 数字化转型》，欧盟推出“数字欧洲”计划。2019 年，欧盟发布了《5G 挑战、部署进展及竞争格局》，就欧洲提升 5G 竞争力提出了建议，并发布《5G 网络安全建议》，用来明确 5G 网络的安全要求。2020 年，欧盟发布“5G 网络安全工具箱”，要求检测网络，并对供应商设限。尽管欧洲运营商众多，并且都重视 5G 的发展，但截至 2020 年 10 月，全欧洲范围内的 5G 基站数量不足 4 万，这一方面与欧洲各国运营商间的竞争性不足有关，另一方面与 20 年前欧洲 3G 频谱天价拍卖，导致运营商元气大伤有关系。

根据《欧洲 5G：行动计划》的设想，欧盟将重点推进以下几个领域的 5G 应用。

连接自动驾驶汽车：利用 5G 高速率、低时延、高可靠性等特点，在跨境走廊中实现车辆之间及车辆与基础设施之间的通信与协同。

支持智能电网：利用 5G 高容量、高可靠性等特点，在电力系统中实现大规模分布式能源资源（DER）的接入与管理。

促进远程医疗：利用 5G 高速率、低时延等特点，在医疗机构之间实现远程诊断、远程手术等服务。

提升 AR 体验：利用 5G 高速率的特点，在娱乐或教育等领域中提供更加逼真和为用户带来沉浸式体验的虚拟场景。

改善工业互联网：利用 5G 低时延、高可靠性、大连接数等特点，在制造业中实现智能化、自动化和柔性化的生产过程。

根据欧盟数字战略委员会的相关报告，欧盟在实现《欧洲 5G：行动计划》中的目标方面取得了一定的进展，但仍面临不少挑战，具体如下。

在频谱资源方面，欧盟已经完成了 700MHz、3.6GHz 和 26GHz 这 3 个关键频段的协调工作，并制定了相关的授权条件。然而，各成员国在分配这些频段时仍有不同的工作方式，因此导致了市场碎片化和不确定性。

在投资环境方面，欧盟已经采取了一系列措施，如简化规则、提供资金支持、鼓励共享网络等，以降低运营商部署 5G 网络的成本和风险。然而，由于存在市场竞争激烈、收入增长缓慢、用户需求不明确等因素，网络运营商仍缺乏足够的动力和信心投资 5G 网络。

在实（试）验和创新方面，欧盟已经启动了多个项目和平台，如欧洲 5G 联合实验室、欧洲 5G 走廊等，以支持各种应用场景的验证和演示。然而，在将这些实（试）验成果转化为商业产品或服务方面仍存在困难。

在标准化和国际合作方面，欧盟已经积极参与了全球性组织和论坛，如 3GPP、ITU、全球移动通信系统协会（GSMA）等，并与其他地区或国家建立了双边或多边的合作机制。然而，在推动统一且开放的标准方面仍有阻力。

总体来说，欧盟在 5G 商用方面的发展速度较慢，但它在政策、技术和产业等方面的投入和提供的支持，为 5G 商用提供了坚实的基础和保障。欧盟将继续加大对 5G 的投入和支持，以加速 5G 的商用进程，并促进欧洲各国在 5G 产业领域中的发展和竞争力提升。

2．中国

我国是 5G 技术领先全球的国家之一。我国政府积极参与国际标准组织的 5G 标准制定工作，并在国内推出了 5G 研发和产业化工作指南。如前所述，我国于 2019 年 6 月 6 日正式向中国电信、中国联通、中国移动发放 5G 牌照，之后，工业和信息化部联合中央网络安全和信息化委员会办公室等 9 个部门印发《5G 应用“扬帆”行动计划（2021—2023 年）》，结合 5G 的应用现状和未来趋势，确立了未来我国 5G 发展目标。自 2019 年批准推出 5G 商用服务以来，截至 2023 年底，我国已经建设了 337.7 万个 5G 基站，拥有超 8.5 亿户 5G 移动电话用户。根据 IPLytics 在 2020 年 1 月发布的专利分析报告，34%的全球 5G 核心专利被我国企业掌握，位居全球首位。我国在新型基础设施建设中也广泛应用了 5G，包括智慧城市、智能交通、远程医疗、工业互联网等领域。我国的 5G 商用发展具有以下特点。

速度快：我国在 5G 网络建设方面保持了积极主动的态度，加快频谱分配、基站部署、终端推广等工作，在 2022 年就实现了全国所有地级市和县城城区的 5G 网络覆盖。根据 ITU 的标准，我国 5G 网络的峰值下载速率为 1.16Gbit/s，峰值上传速率为 79Mbit/s。

规模大：我国在 5G 用户规模方面存在明显优势。到了 2023 年底，我国已经拥有 13.74 亿户 5G 套餐用户。同时，我国也拥有全球最大的 5G 手机市场，2020 年共出货 1.63 亿部 5G 手机，并且保持了良好发展势头，在 2021 年上半年出货 1.28 亿部 5G 手机。

应用广：我国的 5G 应用丰富多样，不仅涵盖了传统的视频、游戏、社交等消费领域中的应用，还延伸到了教育、医疗、交通、工业等领域。在教育方面，通过利用 5G 网络和 VR/AR 技术，实现远程互动式教学和虚拟实验室。在医疗方面，通过利用 5G 网络和机器人手臂或可穿戴设备，实现远程诊断和远程手术。在交通方面，通过利用 5G 网络、车联网及无人驾驶技术，实现智能驾驶和智能道路管理。在工业方面，通过利用 5G 网络、物联网和机器人技术，实现智能制造和柔性生产。

质量高：我国在保障 5G 网络质量方面进行了不懈的努力，并采取了多种措施来提升用户体验。例如，在频谱资源分配方面，我国均衡考虑了覆盖范围和传输速率两个因素，并同时使用低频段（700MHz）、中频段（2.6GHz）和高频段（4.9GHz），形成了一个完整的“三层蛋糕”结构。在 5G 基站建设方面，我国充分利用了既有资源，并与网络运营商合作共建共享 5G 基站，降低建设成本并提高建设效率。在终端发展方面，我国加强了 5G 芯片、模组、天线等核心部件的研发和生产，提高了自主创新能力和供应链安全性。在网络安全方面，我国建立了 5G 网络安全保障体系，并制定了一系列相关标准和规范，保护用户的隐私和数据安全。

综上所述，我国的 5G 商用发展取得了举世瞩目的成就，为经济社会发展和人民生活改善提供了强大的动力和支撑。未来，我国将继续推进 5G 创新和 5G 应用拓展，与国际社会共同构建一个开放、合作、共赢的 5G 时代。

3．日本

日本通过政府、企业和学术机构之间的密切合作，共同推进 5G 的研发和商用。日本主要的移动网络运营商在 2020 年 3 月开始提供 5G 的商用服务，其中包括 NTT DOCOMO、KDDI au、SoftBank 和 Rakuten Mobile。这些运营商使用了中频段和毫米波频段的频谱，能够为用户提供高速、低时延和大容量的 5G 网络服务。截至 2021 年 6 月底，日本共有约 2600 万户 5G 用户。但由于多方面因素的影响，日本的 5G 商用发展后劲不足。目前，日本企业对技术 5G 标准制定参与程度及话语权不足，5G 专利积累不足，在全球通信基站市场占比、5G 标准提案数量、5G 已授权标准数量和 5G 专利授权数量等指标上均落后于其他主要国家。以下是日本在 5G 商用发展方面的一些具体举措和成果。

技术研发：日本政府已经为 5G 研发投入了大量的资金和资源。例如，日本科技厅在为 5G 研发项目提供资金支持的同时，还积极参与国际 5G 标准的制定工作。此外，日本的企业和学术机构也在积极开展 5G 研究和开发工作。

基础设施建设：日本三大运营商（日本电极电话公司、软件银行集团和 KDDI）已于 2020 年正式对外推出 5G 网络商用服务，已建设 5G 基础设施，并已在全国范围内修建了近 1 万个 5G 基站。此外，日本政府还通过提供支持 5G 基础设施建设的资金和政策，促进 5G 网络的快速建设和普及。

5G 产业发展：日本政府和企业积极推进 5G 产业的发展和商用。例如，日本政府在 2018 年成立了 5G 推进联合会，为 5G 产业的发展提供了一系列支持。此外，日本的企业也在积极开展对 5G 应用和 5G 商业化的探索。

5G 应用推广：日本政府鼓励各个行业和领域对 5G 的应用进行积极探索和尝试。例如，在智能交通领域中，日本政府正在推动 5G 在自动驾驶、智能交通等方面的应用。

总体来说，日本在 5G 商用方面取得了一定的进展和成果。政府、企业和学术机构之间密切合作，共同推动 5G 的发展和商用。未来，日本将继续加大对 5G 研发的投入和支持，促进 5G 的普及和应用，提高日本在 5G 产业领域中的竞争力和国际地位。

4．韩国

韩国是全球 5G 商用的样板地区。自 2019 年上半年获得 5G 商用牌照以后，韩国主要的移动网络运营商在 2019 年 4 月开始了 5G 商用服务，包括 SK Telecom、KT 和 LG Uplus。这些运营商使用了中频段和毫米波频段的频谱，能够为用户提供高速、低时延和大容量的 5G 网络服务。截至 2021 年 6 月底，韩国共有约 1746 万户 5G 套餐用户。韩国有着丰富的 5G 专利资源，其企业在 5G 标准化过程中发挥了重要作用。同时，韩国有着庞大的移动用户市场，2020 年，其 5G 用户数量在全球排名第二，仅次于中国。

在 5G 网络建设方面，韩国移动网络运营商已经在全韩国范围内部署了超 20 万个 5G 基站，并且计划在未来几年内进一步扩大 5G 网络的覆盖范围和提升 5G 网络质量。

在技术创新方面，韩国运营商也在积极开发和推广各种 5G 应用场景，如自动驾驶、智慧城市、远程医疗、VR 等。同时，韩国政府投入了巨额资金，发布了许多支持政策来促进 5G 的跨行业转化和升级。

1.3 5G 移动通信标准协议

1.3.1 标准协议的重要性

标准指对重复性事物和概念所进行的统一规定。它以科学、技术和实践经验的综合成果为基础，经有关方面协商一致，由主管机构批准，以特定的形式发布，作为需要共同遵守的准则和依据。对于复杂的事物和概念，只有通过制定、发布和实施标准达到统一，它才能获得最佳的秩序和社会效益。所以，标准的产生在各个领域中都起着关键的作用，在通信行业中，标准规定了通信双方的通信准则，是通信系统构建过程中十分重要的部分。

标准协议的出现，对全球通信起到了决定性的作用，让各个国家之间的互联互通得到了保障。标准协议是移动通信网络完整性、统一性、先进性的重要保证。通信标准协议是保证通信网络的建设、运营、维护、管理的技术依据。通信标准协议可以帮助运营商和设备提供商提供有效的电信服务，合理地使用频谱、码号等资源，保证网络的安全可靠。同时，通信标准协议也是维护用户利益、规范市场、保护企业和消费者权益的重要手段。通信标准协议定义了产品的范围，所有产品都需要在这个范围内。当协议发生较小改动时，设备需要通过升级软件去进行相应的适配；当协议发生大程度的演进时，则需要重新设计设备的硬件，同时要进行相应的软件开发。标准协议在移动通信系统中具有基础而关键的作用，贯穿了通信系统的整个周期。

目前，参与 5G 标准制定的国际组织的主要有 ITU、3GPP、ETSI、GSMA、下一代移动通信网络（NGMN）运营商组织等。中国通信标准化协会（CCSA）也在 5G 标准制定中发挥着关键的作用。国际标准组织在 5G 标准的制定过程中，对 5G 的产业链环境、系统架构设计、基础平台等进行了统一的技术规范、要求和引导。中国通信标准化协会根据国内的实际情况制定了相应的策略和方案，实现了与国际标准的对接，为国内 5G 网络标准的制定和 5G 在国内的应用打下了坚实的基础。

1.3.2　移动通信常见标准化组织

1．ITU

ITU 是联合国的专门机构之一，由无线电通信部门（ITU-R）、电信标准化部门（ITU-T）和电信发展部门（ITU-D）3 个主要部门组成，主要负责管理信息通信技术相关事务。ITU 包括 193 个成员国、900 多家私营部门实体和学术机构组成的部门成员及准成员。

ITU 的作用是促进国际通信网络的互联互通，主要负责分配和管理全球无线电频谱资源，制定全球电信标准。ITU-R 由 6 个研究组（SG）组成，主要负责无线电频谱与卫星轨道的管理工作，为世界无线电通信大会（WRC）的决策提供技术基础，并制定有关无线电通信事项的全球标准（建议书）、报告和手册。ITU-T 由 11 个研究组组成，主要负责 ITU 建议书相关国际标准的制定。ITU-D 由 2 个研究组组成，主要负责与 ITU 专门机构和项目执行机构相关的工作。5G 标准就是由 ITU 制定的第五代移动通信标准，正式名称为 IMT-2020，全球所有的电信设备制造商、手机终端厂家都要按照 ITU 制定的标准来组织生产，所有运营商都要按照 ITU 制定的标准来运营网络。

ITU 的每个研究组负责的领域不同，包括传输、交换、话音网、非话音网等。同时，ITU 允许其他国际组织、科技协会和技术公司派电信领域相关专家来参与标准制定工作。

1988 年以前，ITU 每 4 年组织一次代表大会，研究组会在大会上提交标准的草案，获得一致通过后草案正式成为标准。1993 年 3 月，ITU 组织的会议上决定采取“加速批准新建议的程序和修改建议的程序”的相关方案。按会议上通过的方案，标准的草案仅需在研究组会议上通过，就可以通过信函的方法来征求其他代表的意见，如果 80% 的回函表示同意，那么这项标准通过，不需要再发行成套的建议书。这样可以缩短标准的制定周期，研究组制定相关标准的效率也得到了提高。由 ITU-T 制定的标准称作“建议书”，这样的叫法强调“建议书”的非强制性和自愿性。“建议书”由于保障了各国电信网的互联和运营，所以被全世界越来越多的国家和地区所采纳。

2．3GPP

3GPP 于 1988 年 12 月成立，最初的目标是在 ITU 的 IMT-2000 计划范围内制定和实现全球性的 3G 电话系统技术规范和宽带标准，主要负责 GSM 到通用移动通信业务（UMTS）和 WCDMA 的演进。同期成立的 3GPP2 主要负责制定 cdma2000 标准，维护 cdma2000 标准体系。随着科技和产业的发展，3GPP 逐渐成为制定 4G、5G 标准的权威性组织。

3GPP 的“合作伙伴”主要由组织合作伙伴（OP）、市场代表合作伙伴（MRP）和观察员组成。OP 为签署合作协议的标准开发组织（SDO），包括 ETSI、美国电信行业解决方案联盟（ATIS）、日本无线工业及商贸联合会（ARIB）、日本电信技术委员会（TTC）、CCSA、印度电信标准开发协会（TSDSI）及韩国电信技术协会（TTA）。每个 SDO 都拥有自己的个体成员，这些成员由运营商、设备制造商、终端制造商、芯片制造商、研究机构及政府机构等的专家及学术界专家组成。这些专家要加入 SDO，需要先通过相应的考核，才能成为 3GPP 会员。MRP 可以提供市场建议并为 3GPP 带来市场需求的共识，任何组织均可申请成为 MRP。观察员针对的是潜在合作伙伴，即未来可能成为 OP 的 SDO。例如，1999 年，中国无线通信标准研究组（CWTS）正式加入了 3GPP，成为 OP，在此之前，CWTS 以观察员的身份参与 3GPP 活动。2002 年 CCSA 建立以后，CWTS 并入 CCSA，因此在 2003 年，CCSA 取代 CWTS 成为 OP。

在 3GPP 的组织结构中，项目协调组（PCG）是最高管理机构，代表 OP 负责全面协调工作，负责总体项目时间表制定和技术工作管理，以保证根据项目参考中包含的原理和规则按照市场要求及时生成 3GPP 规范。技术规范组（TSG）主要负责技术方面的相关工作，TSG 设立了多个工作组（WG），每个工作组都需要承担相关任务。在完成项目的过程中，TSG 需要向 PCG 报告，同时需要安排工作组的工作，并与其他小组沟通，TSG 的主席和副主席从 3GPP 的成员中选出。每 6 个月正式举行一次 PCG 会议，主要目的是采纳并推进 TSG 的工作项目、批准选举结果并协调 3GPP 的资源。

3GPP 目前拥有三大 TSG 业务，分别为 TSG 无线接入电网（TSG RAN）、TSG 服务和系统（TSG SA）及 TSG 核心网与终端（TSG CT）。TSG CT 主要负责指定终端接口（逻辑接口和物理接口）、终端能力（执行环境）及 3GPP 系统的核心网部分技术规范的制定。核心网部分主要包括 L3 的无线电协议移动性管理（MM）、呼叫控制（CC）、会话管理（SM），与外部网络的互联、网络实体之间的各类协议、智能卡应用及与移动终端的接口。

3GPP 主要以项目的形式对工作进行管理和推进，常见的项目是研究项目（SI）和工作项目（WI）。SI 主要输出技术报告（TR），WI 则输出技术规范（TS）。所有 3GPP 的规范均使用一个由 4 位或 5 位数字组成的规范编号，如 09.02，29.002。

3．3GPP2

3GPP2 成立于 1999 年 1 月，由 ATIS、ARIB、TTC、TTA 这 4 个标准化组织发起。

3GPP2 的主要工作是负责制定以 ANSI/IS-41 为核心网、以 cdma2000 为无线接口的 3G 标准。ANSI 是美国国家标准研究所，IS-41 协议是 CDMA 第二代数字蜂窝移动通信系统的核心网移动性管理协议。拥有多项 CDMA 关键技术专利的高通公司支持 3GPP2 的标准化工作。3GPP2 的标准化演进采取和 3GPP 类似的标准演进路径，向数据通信的方向演进。3GPP2 已经于 2000 年制定了 cdma2000 标准，已经发表了 R0、RA、RB、RC、RD 等标准。LTE 提供了与 3GPP2 开发系统的互操作功能，允许使用

3GPP2 系统的运营商推动 CDMA 网络向 LTE 演进。

3GPP2 主要拥有 4 个技术规范工作组，包括 TSG-A、TSG-C、TSG-S 及 TSG-X。这 4 个技术规范工作组分别负责制定各自的相关领域的标准。TSG-A 负责制定接入网部分的标准。TSG-C 主要负责采用 cdma2000 技术的空中接口的标准化工作，标准涉及物理层、媒体接入控制层、信令链路接入控制层及高层信令部分。TSG-C 制定的标准与技术规范主要和无线专业相关，其中，高层信令部分涉及较多的网络侧技术。TSG-S 负责业务能力的开发，以及协调不同 TSG 之间的系统要求，如网络安全保障、网络管理等方面的要求。TSG-X 负责核心网相关标准的制定，标准主要内容包括支持语音及多媒体的 IP 技术、核心网的传输承载、核心网内部接口的信令、核心网的演进等。

3GPP2 的 4 个技术规范工作组在分别负责制定各自相关领域标准的基础上，分别负责发布各自相关领域的标准，各个领域的标准独立编号。TSG-A 颁布的标准有 2 种类型——技术报告和技术规范，目前已发表的技术报告一般会使用 A.Rxxxx 的格式表示，已经发布的技术规范一般使用 A.Sxxxx 的格式表示，一般会为未颁布的标准分配一个项目号 A.Pxxxx。TSG-C 目前颁布了 2 种类型的标准，其中包括技术要求和技术规范，目前已经颁布的技术要求一般表示为 C.Rxxxx，已经发布的技术规范一般表示为 C.Sxxxx，一般会为未颁布的标准分配一个项目号 C.Pxxxx。TSG-S 目前也颁布了 2 种类型的标准——技术要求和技术规范，已经发布的技术要求一般表示为 S.Rxxxx，已经发布的技术规范一般表示为 S.Sxxxx，一般会为未发表的标准分配一个项目号 S.Pxxxx。除此之外，3GPP2 的一些管理规程性质的文件也用 S.Rxxxx 进行编号。TSG-X 发布的标准只有 1 种类型——技术规范，目前已经颁布的技术规范一般表示为 X.Sxxxx，一般会为未发表的标准分配一个项目号 X.Pxxxx。这里的 xxxx 表示具体的编号，这个编号一般按照项目顺序排列。

1.3.3 5G 标准发展进程

严格上来讲，5G 包含 LTE 的演进和 5G 新技术。LTE 从 3GPP Rel-8 版本开始引入，LTE-A 从 Rel-10 版本开始引入，4.5G（LTE-A Pro）从 Rel-12 版本开始引入，5G 是从 3GPP Rel-15 版本开始定义的。

2016 年世界移动通信大会期间，Verizon、KT、SKT、DCM 4 家运营商宣布成立 OTSA（5G 开放试验规范联盟），共同制定 5G 试验的统一规格，推动 28GHz 频谱的发放，开发和讨论 5G Use Cases，推动 5G 产业发展。2017 年，DCM、KT、SKT、Vodafone、AT&T、BT、DT、高通、英特尔、诺基亚、爱立信、华为等多家运营商和设备制造商共同宣布支持 3GPP 5G 提速，防止 OTSA 破坏 5G 全球统一标准，导致 5G 产业链割裂。Verizon 基于 OTSA 规范，进行了 28GHz 固定无线接入关键技术验证，但 Verizon 后续转向了 3GPP 阵营，其 3 家供应商也表示不再提供基于 OTSA 规范的产品，OTSA 事实上已经被瓦解。

5G 持续不断地演进、发展，目前 5G 已经经历了 Rel-15、Rel-16、Rel-17 这 3 个版本标准的冻结，这 3 个版本的标准又称为 5G 标准制定的第 1 阶段～第 3 阶段，根据规划，后续还有 Rel-18、Rel-20 3 个版本的标准。3GPP Rel-15 重点确定了 eMBB 场景的相关技术标准，用于满足对带宽的要求。2019 年上半年，R15 最后版本正式交付，这标志着 Rel-5 标准工作已经完成并正式发布。3GPP Rel-16 版本即完整的 5G 标准，包括 URLLC 和 mMTC 场景相关的技术规范。Rel-16 于 2020 年 7 月冻结。2019 年 6 月，3GPP 开始了 Rel-17 的讨论并于 9 月对其内容进行了调整。3GPP 于 2019 年 12 月决定了 Rel-17 标准范围，并于 2020 年正式启动对 Rel-17 相关工作的推进。Rel-17 于 2021 年 9 月完成标准的制定。2022 年 6 月，3GPP 宣布 Rel-17 标准冻结。5G 标准发展进程如图 1-6 所示。

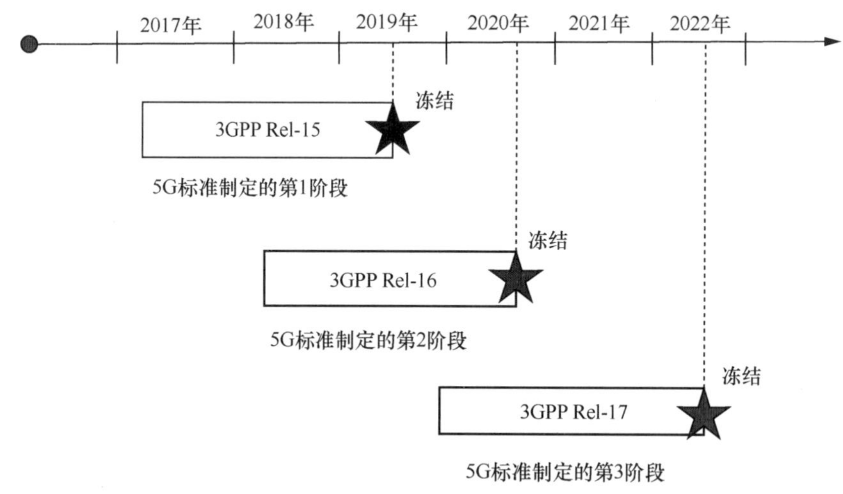

图 1-6　5G 标准发展进程

1．3GPP Rel-15

Rel-15 是 5G 第一版成型的商用化标准。Rel-15 于 2018 年 6 月完成，该阶段完成了 SA 5G 标准的制定，标准支持 eMBB、URLLC 并规定了网络接口协议。Rel-15 重点关注新空口（波形、编码、参数集、帧结构、大规模阵列天线等）、网络架构（NSA、SA、CU/DU 切分等），并聚焦于 eMBB 场景。Rel-15 标准的演进经历了 3 个时期——“early drop”“main drop”“late drop”。“early drop”包含 NSA 5G 标准（Option3 系列），它的 ASN.1 于 2018 年 3 月冻结。“main drop”包含 SA 5G 标准（Option2 系列），于 2018 年 6 月完成制定，它的 ASN.1 于 2018 年 9 月冻结。“late drop”包含了其他迁移体系结构，它的 ASN.1 于 2019 年 6 月冻结。

3GPP Rel-15 是 5G 初始阶段的标准，Rel-15 引入最初的 5G 功能。Rel-15 的关键内容除了 5G 架构，还包含整套 5G 功能，其中包括 5G 的核心网架构。该标准规范了 NR、被称为下一代无线接入网的新无线网架构、被称为下一代核心网（NGC）或 5G 核心网（5GC）的新核心网架构、基于服务的架构（SBA）及网络切片和边缘计算等。

NR 协议层的总体设计基于 LTE 进行升级和优化。用户面在 PDCP 层上新增了服务数据适配协议（SDAP）层，并在 PDCP 层和无线链路控制协议（RLC）层上进行优化设计，用于降低时延和提升可靠性。在控制面无线资源控制（RRC）层上新增终端节点、降低时延的功能。在物理层方面，NR 优化了参考信号设计，采用了更灵活的波形和帧结构参数，降低了空口开销，有利于实现前向兼容和满足多种不同应用场景的需求。

在无线接入网方面，Rel-15 标准支持 5G NR。为了适配 5G NR，Rel-15 还全新设计了无线接入网架构，支持控制面与用户面分离，支持连接 4G 核心网（EPC）及 5G 核心网（5GC）。

Rel-15 版的主要特性包括：①工作频段扩展到毫米波频段，最初高达 52GHz 左右，在未来的版本中可能会达到更高的频率；②在毫米波频段中信道带宽更宽，高达 400MHz，并且通过信道聚合可以进一步扩大；③拥有可扩展的参数集和灵活分配资源的能力，可以同时支持众多不同的业务场景；④通过动态时分双工更好地利用频谱，提高频谱利用率。

2．3GPP Rel-16

3GPP 于 2018 年 6 月确定了 Rel-16 标准的内容范围。Rel-16 标准的冻结日期也从原计划的 2019 年 12 月延后到 2020 年 7 月。Rel-16 标准是 5G 标准演进的第 2 阶段，能满足 ITU 的所有要求，主要支持面向垂直行业的应用和整体系统性能的提升，能够支持 mMTC 和 URLLC 两大典型场景。此外，Rel-16 引入网络切片、增强定位、MIMO 增强、功耗改进等技术，有力地提升了 5G 性能。Rel-16 引入新功能的原则是优先考虑满足 ITU-R5G 提交的需求及 5G 网络部署中比较急迫的功能。同时综合考虑 3GPP 各工作组现有的工作负载及整个 ITU 的规划，从而确定每个工作组能够开展的新功能研究立项。在 NR 部分，5G Rel-16 考虑的新功能包括非正交多址接入（NOMA）、TSN、集成接入和回程（IAB）、免许可频段空口（NR-U）、远程干扰管理（RIM）、定位增强、UE 节能等。

在基本功能增强方面，RAN 侧增强主要包括 MIMO 增强、移动性增强、IAB、两步随机接入、双连接和载波聚合、用户设备节能等功能。在业务流程和核心网架构方面，主要包括 eSBA、增强 SMF 和 UPF 拓扑 ETSUN（ETSUN 组网架构如图 1-7 所示）、网络切片增强（eNS）、5G 核心网接口负载和过载控制、基于服务的接口协议改进等。

在 5G 垂直行业应用能力扩展方面，Rel-16 标准主要增强了支持垂直行业组网和专网建设的 TSN、5G LAN、5G NPN 等，完善了 5G 能力三角，提升了可靠性和降低了时延，5G V2X 逐渐完善，增强了无线定位技术，此外还对非授权频谱部署 5G 进行了研究。

3GPP Rel-16 版本扩大了 FR1 的无线频率范围，其范围为 410～7125MHz。设备制造商可以在毫米波频段和中波段之间实现载波聚合。而基于 Rel-15 标准，载波聚合只能在 Sub-6G 或者毫米波频段内部进行。

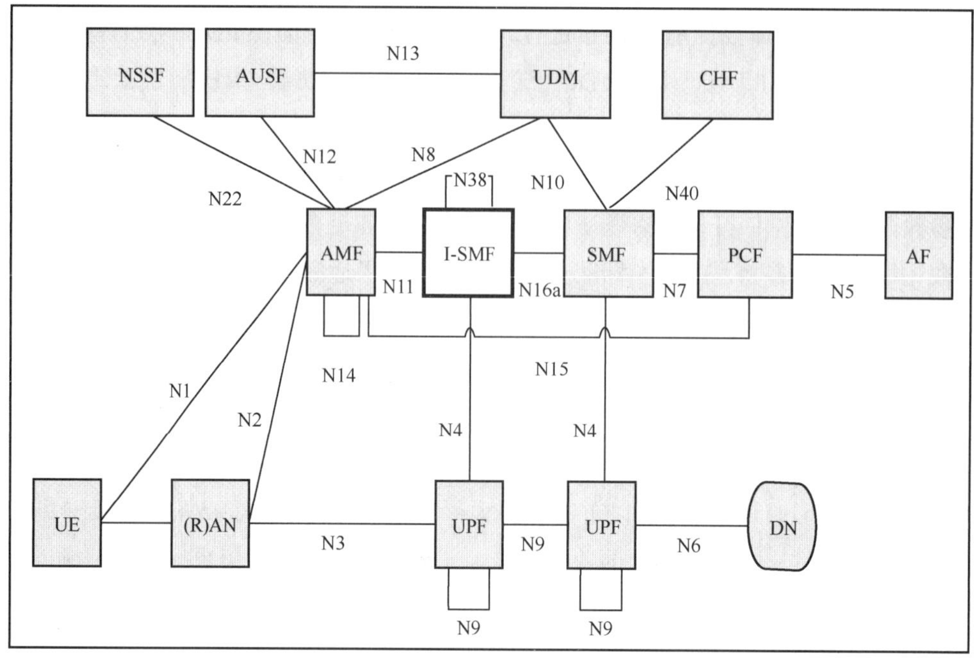

图 1-7 ETSUN 组网架构

在网络自动化运维和智能化方面，Rel-16 主要通过最小化路测（MDT）和层二测量的增强，强化自组织网络对系统的自优化；针对在 TDD 模式下部署 5G 网络普遍存在的远端干扰，Rel-16 提出了解决方案；Rel-16 重点规定了网络数据分析功能（NWDAF）的框架和扩展应用范围，为大数据和人工智能在网络智能化中的应用构建了良好的基础。

总体来说，Rel-15 版本是 5G 的第一个可用标准版本，已由 3GPP 宣布于 2019 年冻结。在制定 Rel-15 的过程中，主要以尽快产出"能用"的标准，实现 5G 网络多方面的基本功能为制定目的。而 Rel-16 是 3GPP 史上第一个通过非面对面会议审议完成的技术标准，是全球通信产业团队协作的结晶，实现了从"能用"到"好用"的转变，增强了 5G 垂直行业应用的能力，提高了 5G 网络的利用效率。

3．3GPP Rel-17

作为全球 5G NR 标准的第 3 个主要版本，Rel-17 进一步从网络覆盖能力、移动性、功耗和可靠性等方面优化了 5G 性能，增加 5G 全新用例、更新 5G 网络部署方式和优化网络拓扑结构。Rel-17 版本带来了 5G 系统的容量、覆盖能力、时延、能效和移动性等多项基础能力的优化，包括大规模 MIMO 增强、覆盖能力增强、VE 节能、频谱扩展、URLLC 增强等。

在频谱扩展方面，Rel-17 对 5G 毫米波频段进行了频谱扩展，定义了一个被称为 FR2-2 的全新独特频率范围，将毫米波的频谱上限推到了 7125MHz。这意味着 5G 毫米波的网络容量将变得更大，更多的用例和部署方式将得以实现。例如，智能制造行业中的支持通信和定位功能的毫米波企业专网。

在 VE 节能方面，在 Rel-16 基础之上，Rel-17 持续增强了 VE 节能技术，包括连接态终端支持 PDCCH skipping 和搜索空间组切换技术，进一步选择更合适的终端监听 PDCCH 的时机，并降低终端的 PDCCH 监听密度，支持 RLM/BFD 放松测量，从而实现 VE 节能；对于空闲态终端，支持寻呼提前指示（PEI）、临时 TRS 辅助同步等技术，以降低终端检测寻呼信息的功耗。

Rel-17 针对基于物联网（IoT）、低时延场景进行定位增强，如工厂/校园定位、V2X 定位、空间立体（3D）定位，定位精度达到厘米级。终端可以向网络上报其支持的定位技术，如 OTDOA（可观察到达时间差）、A-GNSS（辅助全球导航卫星系统）、E-CID、WLAN 和蓝牙等，网络侧根据终端的能力和所处的无线环境，选择合适的定位技术。Rel-17 版本对无线侧（RAN）数据收集能力进行增强。基于大量的无线环境中的现网采集数据，可以增强自组织网络功能和 MDT，进一步促进人工智能在优化维护领域中的应用。

总体来说，作为第 3 个标准版本，5G Rel-17 引入了全新的特性，将网络覆盖场景从地面网络拓展到了非地面网络（NTN），与卫星网络融合，打造立体式的广覆盖。5G R17 在 eMBB 和 5G 垂直行业应用能力上，进一步提升了业务数据传输速率、网络覆盖能力、频谱效率、移动性，降低了功耗、时延等，并引入对多播广播（MBS）新型业务的支持，引入 RedCap 新技术，丰富了 5G 终端类型，商业能力提升、新特性引入和新方向探索三大特点交织汇成了 Rel-17 标准全貌，为 5G 的更多应用场景提供了强大的支撑，加快全球 5G 发展进程。

5G 标准各版本特征如图 1-8 所示。

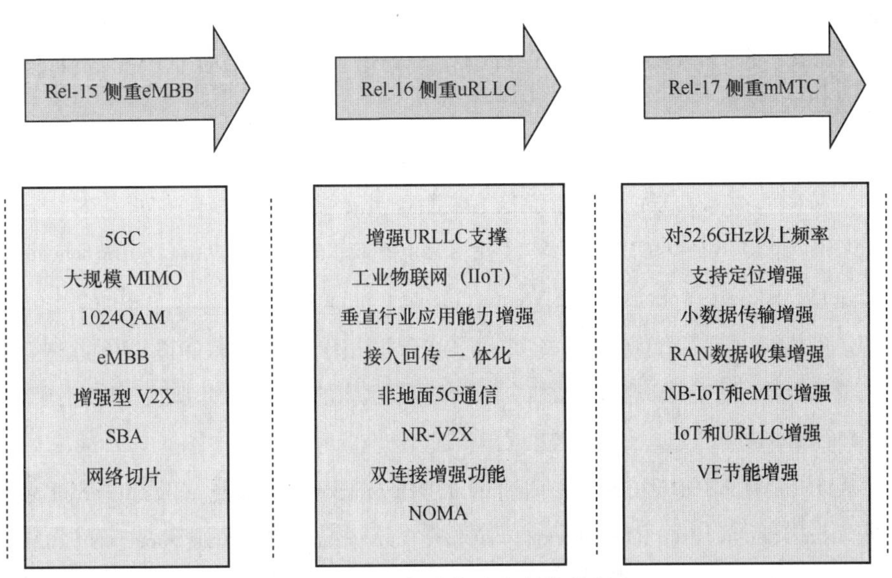

图 1-8　5G 标准协议各版本特征

1.4 本章小结

本章主要对通信发展史、5G 移动通信及其标准进行了详细介绍。首先介绍了通信的基本概念及起源、近现代通信方式，并对 1G 到 4G 的发展进行了详细梳理。随后介绍了 5G，分别从 5G 的驱动力、5G 三大业务场景、5G 移动通信产业链及全球 5G 商用 4 个方面全方位地介绍了 5G 相关内容。最后从标准的重要性、移动通信常见标准化组织及 5G 标准发展进程 3 个方面，对移动通信标准进行了说明。移动通信技术使社会发展出现巨大变革。相较于 1G 到 4G，5G 对人类社会和经济发展的影响更为深刻和广泛，并且发挥着重要的作用。

参考文献

[1] 党鹏, 罗辑. 手机简史[M]. 北京: 中国经济出版社, 2020.
[2] 谢永顺, 王成金. 全球海底光缆网络空间格局与战略支点及通道的识别[J]. 地理学报, 2023, 78(2): 386-402.
[3] 王建宙. 从 1G 到 5G：移动通信如何改变世界[M]. 北京: 中信出版集团, 2021.
[4] 张超, 王元赫. 论涡旋电磁波轨道角动量传输新维度[J]. 通信学报, 2022, 43(6): 211-222.
[5] 陶亚雄. 现代通信原理与技术（第 2 版）[M]. 北京: 电子工业出版社, 2012.
[6] 欧阳曼, 刘江, 廖新悦, 等. 新型网络架构发展研究[J]. 中国工程科学, 2022, 24(4): 12-21.
[7] 高明明, 王俊, 南敬昌. 面向 5G 应用的四元 MIMO 毫米波天线[J]. 传感器与微系统, 2023, 42(8): 111-113, 118.
[8] 艾明, 李正民. 基于最大吞吐量目标的 WiMax 网状网络的公平调度[J]. 国外电子测量技术, 2021, 40(11): 122-129.
[9] 陈亮, 李峰, 任保全, 等. 软件定义物联网研究综述[J]. 电子学报, 2021, 49(5): 1019-1032.
[10] 许辰人, 马翔天, 徐昊天, 等. 5G 抗干扰技术综述[J]. 电子学报, 2023, 51(3): 765-778.
[11] ALMEKHLAFI M, ARFAOUI M A, ASSI C, et al. Superposition-based URLLC traffic scheduling in 5G and beyond wireless networks[J]. IEEE Transactions on Communications, 2022, 70(9): 6295-6309.
[12] 王再见, 谷慧敏. 基于联合优化的网络切片资源分配策略[J]. 通信学报, 2023, 44(5): 234-245.
[13] 张雨亭, 徐少毅. 面向 5G 毫米波通信中基于深度图搜索的波束干扰协调[J]. 北京交通大学学报, 2023, 47(2): 36-44.
[14] KHORAMNEJAD F, JODA R, SEDIQ A B, et al. Delay-aware and energy-efficient carrier aggregation in 5G using double deep Q-networks[J]. IEEE Transactions on Communications, 2022, 70(10): 6615-6629.

[15] 陈俊杰, 李洪均, 朱晓军. 采用 Benders 分解的 5G 核心网用户面动态部署算法[J]. 浙江大学学报（工学版）, 2023, 57(3): 625-631.

[16] 柴浩轩, 金曦, 许驰, 等. 面向工业物联网的 5G 机器学习研究综述[J]. 信息与控制, 2023, 52(3): 257-276.

[17] 朱晓荣, 高健. 基于 SDN 和 NFV 融合的网络切片资源分配优化算法[J]. 南京邮电大学学报（自然科学版）, 2021, 41(3): 30-38.

[18] 伏玉笋, 杨根科. 无线超可靠低时延通信: 关键设计分析与挑战[J]. 通信学报, 2020, 41(8): 187-203.

[19] 姜海洋, 曾剑秋, 韩可, 等. 5G 环境下移动用户位置隐私保护方法研究[J]. 北京理工大学学报, 2021, 41(1): 84-92.

[20] RODRIGUEZ-CANO R, ZIOLKOWSKI R W. Single-layer, unidirectional, broadside-radiating planar quadrupole antenna for 5G IoT applications[J]. IEEE Transactions on Antennas and Propagation, 2021, 69(9): 5224-5233.

[21] AZIMI Y, YOUSEFI S, KALBKHANI H, et al. Energy-efficient deep reinforcement learning assisted resource allocation for 5G-RAN slicing[J]. IEEE Transactions on Vehicular Technology, 2022, 71(1): 856-871.

[22] 邓爱林, 冯钢, 刘梦婕. 5G+工业互联网的关键技术与发展趋势[J]. 重庆邮电大学学报（自然科学版）, 2022, 34(6): 967-975.

[23] 薛珍, 艾渤, 马国玉, 等. 面向 5G-R 大规模物联网的新型多址方案[J]. 铁道学报, 2022, 44(2): 56-63.

[24] 李廷立, 王耀天, 付永明. 高速移动场景 5G 应用问题研究[J]. 电讯技术, 2022, 62(3): 292-298.

[25] ALSENWI M, TRAN N H, BENNIS M, et al. Intelligent resource slicing for eMBB and URLLC coexistence in 5G and beyond: a deep reinforcement learning based approach[J]. IEEE Transactions on Wireless Communications, 2021, 20(7): 4585-4600.

[26] 高月红, 杨昊天, 陈露, 等. 基于模糊逻辑的 eMBB/URLLC 复用机制选择算法[J]. 北京邮电大学学报, 2021, 44(3): 15-20, 34.

[27] LV S Y, XU X D, HAN S J, et al. Energy-efficient secure short-packet transmission in NOMA-assisted MMTC networks with relaying[J]. IEEE Transactions on Vehicular Technology, 2022, 71(2): 1699-1712.

[28] 戴基明, 马国玉, 马毅琰, 等. 面向 B5G/6G 大规模机器通信系统新型多址技术研究进展[J]. 中国科学: 信息科学, 2022, 52(4): 639-657.

[29] 黄彦钦, 余浩, 尹钧毅, 等. 电力物联网数据传输方案: 现状与基于 5G 技术的展望[J]. 电工技术学报, 2021, 36(17): 3581-3593.

[30] ALMEKHLAFI M, ARFAOUI M A, ASSI C, et al. Superposition-based URLLC traffic scheduling in 5G

and beyond wireless networks[J]. IEEE Transactions on Communications, 2022, 70(9): 6295-6309.

[31] ZHANG W H, DERAKHSHANI M, LAMBOTHARAN S. Stochastic optimization of URLLC-eMBB joint scheduling with queuing mechanism[J]. IEEE Wireless Communications Letters, 2021, 10(4): 844-848.

[32] 罗菲莹, 李新民, 李强, 等. 面向 URLLC 业务的 MIMO 上行系统线性接收机性能分析[J]. 计算机工程, 2022, 48(11): 177-183.

[33] 蔡岳平, 李栋, 许驰, 等. 面向工业互联网的 5G-U 与时间敏感网络融合架构与技术[J]. 通信学报, 2021, 42(10): 43-54.

[34] 郭铭, 文志成, 刘向东. 5G 空口特性与关键技术[M]. 北京: 人民邮电出版社, 2019.

[35] 方子希, 李国彦, 吴海燕, 等. 星地一体化网络干扰建模与性能分析[J]. 无线电工程, 2022, 52(12): 2109-2115.

[36] 杨志强, 粟栗, 杨波, 等. 5G 安全技术与标准[M]. 北京: 人民邮电出版社, 2020.

[37] 周圣君. 通信简史[M]. 北京: 人民邮电出版社, 2022.

[38] 刘海鹏, 周淑秋. 5G 行业专网应用研究进展[J]. 科技导报, 2022, 40(23): 97-105.

[39] 刘光毅, 方敏, 关皓, 等. 5G 移动通信: 面向全连接的世界[M]. 北京: 人民邮电出版社, 2019.

[40] 朱雪田, 邹勇, 金超, 等. 新基建: 5G 引领数字经济[M]. 北京: 电子工业出版社, 2021.

[41] 朱晨鸣, 王强, 贝斐峰, 等. 6G: 面向 2030 年的移动通信[M]. 北京: 人民邮电出版社, 2022.

[42] CHEN W S, LIN X Q, LEE J, et al. 5G-Advanced toward 6G: past, present, and future[J]. IEEE Journal on Selected Areas in Communications, 2023, 41(6): 1592-1619.

5G

第2章 5G移动通信空口关键技术

本章主要内容

5G

2.1 5G 移动通信网络

5G 网络主要由 5G 核心网、下一代无线电接入网（NG-RAN）及承载网组成，其中，5G 核心网与 NG-RAN 之间需要进行用户面和控制面的接口连接，NG-RAN 与终端之间通过无线空口协议栈进行连接。5G 网络整体架构如图 2-1 所示。

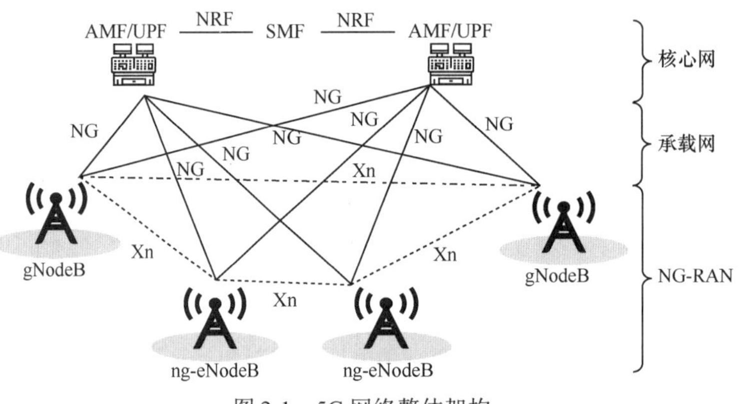

图 2-1　5G 网络整体架构

5G 核心网是 5G 网络的控制中心，具有用户设备的接入处理、身份认证、寻址、路由、服务质量控制等功能。5G 核心网采用一种新的架构，基于控制面和用户面的分离，将传统的垂直功能分解为一组可重用的网络功能。这些网络功能可以部署在通用的计算硬件上，并通过 SDN 和网络功能虚拟化（NFV）技术进行灵活管理。控制面主要包括 AMF 和 SMF，用户面主要包括用户面功能（UPF）。

NG-RAN 包括一系列基站（或小区），负责处理与用户设备之间的无线通信。在 5G 网络中，基站可以使用 NR 技术及更高频率的频谱资源（如毫米波频段）来提供更高速率和更低时延的数据传输服务。此外，NG-RAN 还支持小型基站和大型基站的混合部署，以提高网络覆盖率和网络容量。5G 基站 gNodeB 是 5G 网络的核心设备，提供无线覆盖，实现有线通信网络与无线终端之间的无线信号传输。基站的架构与形态直接影响 5G 网络的部署，频率越高，信号传播过程中的信号衰减越大，因此，5G 网络的基站密度更大。升级后的 4G 基站（ng-eNodeB）与 5G 核心网对接，并作为 LTE 的演进基站。

AMF 是一个控制面网络功能单元，主要职责包括注册管理、连接管理和移动性管理，起到进行非接入层（NAS）接入认证的作用。gNodeB 和 AMF 之间通过 NG 接口连接，gNodeB 与 gNodeB 之间、gNodeB 和 ng-eNodeB 之间通过 Xn 接口连接。AMF 接收会话创建请求，处理所有与连接管理和移动性管理有关的任务，并通过接口向 SMF 转发会话管理请求，通过询问网络存储功能（NRF）确定处理该请求的连接。

在整个通信业务中，5G 核心网起到了运营支撑的作用，同时承担用户终端移动性管理工作、会话管理工作和业务管理工作，而承载网主要负责数据传输，充当 5G 核心网与 NG-RAN 之间的媒介，提供基本的网络连接功能。

2.1.1 5G 移动通信组网架构

为了更好地满足未来不同业务场景的需求，5G 网络将与 4G 网络在一定时期内共存，为此，3GPP 定义了两种 5G 网络架构及若干种相关的选项（Option）。这两种网络架构是SA 和 NSA。NSA 在 4G 核心网的基础上进行 5G RAN 建设，以实现快速的网络部署。SA 则基于 5G 核心网架构进行设计，被定义为一套重新搭建的网络制式，包含接入网、核心网及相关的回传链路。

与前几代无线移动通信网络不同，5G 网络具有超大带宽、超大规模连接及超低时延等特性。具体而言，1G 到 4G 的演变核心主要是数据传输速率的提高，但 5G 网络除了实现数据传输速率的提高，还能满足用户连接数量增加和时延降低等需求，因此，5G 网络的复杂程度与此前不大相同。3GPP TSG-RAN 第 72 次会议针对 5G 网络架构提出了 8 个选项，并将它们分为 SA 和 NSA 两组。Option1、Option2、Option5、Option6 是 SA 的选项，Option3、Option4、Option7、Option8 是 NSA 的选项。Option3、Option4、Option7 有不同的子选项，因而又称为 Option3 系列、Option4 系列、Option7 系列，用于应对更多领域中 5G 应用不同的峰值速率、时延、容量等需求。

从网络架构的角度出发，NSA 的含义指无线侧 4G 基站和 5G 基站并存且有依存关系，并接入同一个核心网。核心网和这两种基站都是非常关键的网络节点，而且不同的特性。如前所述，NSA 包括 Option3 系列、Option7 系列和 Option4 系列，区分不同的 Option 系列主要有以下 3 个依据：①判断核心网是 4G 核心网还是 5G 核心网；②确定控制面锚点；③观察用户面锚点位置。以 Option3 系列为例，根据用户面锚点（数据分流点）的不同，Option3 系列可以分为 Option3、Option3a 和 Option3x，当数据分流点是 4G 基站时，为 Option3；当数据分流点是核心网时，为 Option3a；当数据分流点是 5G 基站时，为 Option3x。

Option3x 在实际网络中的应用最为广泛，它基于 4G 核心网，控制面锚点为 4G 基站，数据分流点为 5G 基站。在选项为 Option3x 的 NSA 架构下，数据先从相应的服务器发送到 4G 核心网，然后发送到 5G 基站。一部分数据流通过 5G 基站发送给终端，另一部分数据流通过 5G 基站分流到 4G 基站上，并通过 4G 无线连接发给终端设备。由此可知，终端通过 4G 和 5G 连接获取数据，并且数据的汇聚点或分流点在 5G 基站上。

SA 的主流方案为 Option2，基站为 5G 基站，核心网是 5G 核心网。在 3GPP 定义中，除了 Option2，还包含 Option1、Option5 和 Option6 。Option1 是 4G 组网，包括 4G 基站和 4G 核心网。Option5 指 5G 核心网带 4G 基站，不包含 5G 基站，由于在升级网络时只升级了核心网而没有升级基站，因此这个选项的意义不大。Option6 是 4G 的核心网带 5G

基站，并不存在 4G 基站。5G 基站配 4G 核心网，5G 基站空口的大带宽和低时延特性会被 4G 核心网抹杀掉。

2.1.2 5G 移动通信核心网架构

核心网是实现移动通信网络业务的核心，具有用户管理、业务实现和移动性管理等功能。移动通信网络包含 RAN 和核心网，终端需要实现电话或上网业务时，会被接入核心网，而 RAN 的主要作用是将终端通过无线的方式接入网络。由此可知，基站或 RAN 只负责把终端接入网络，业务依靠核心网来实现和控制。5G NSA 架构如图 2-2 所示。

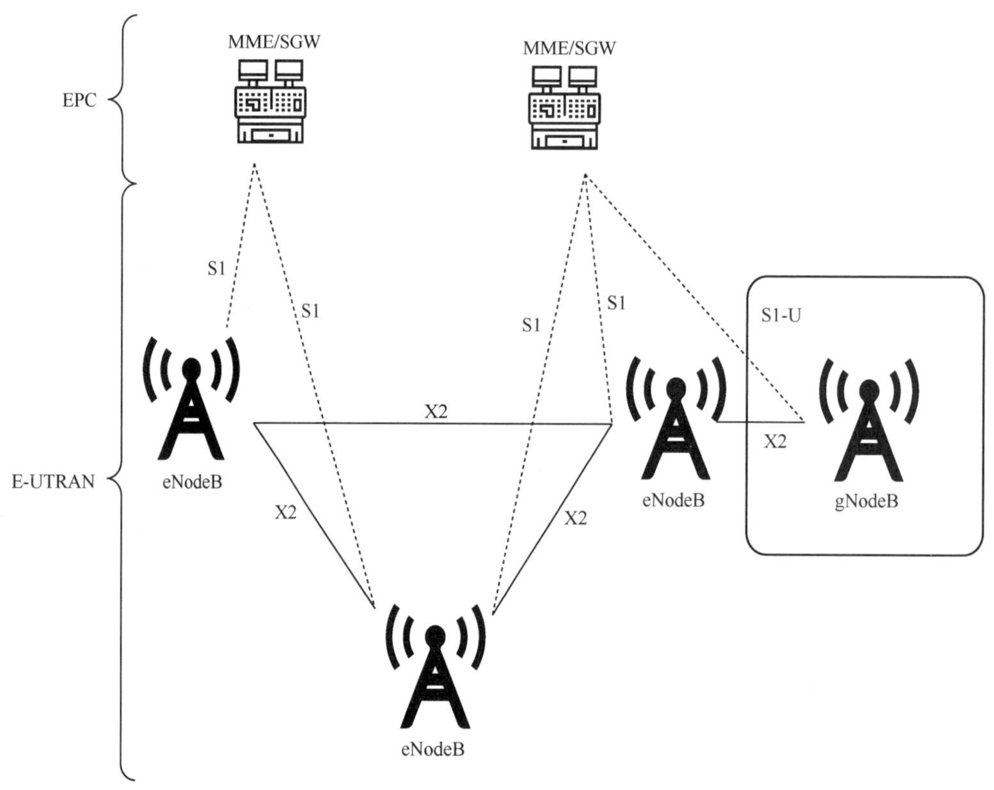

图 2-2 5G NSA 架构

第一波核心网演进浪潮是 2G 核心网到 3G 核心网的演进。2G 核心网基于时隙交换的方式，为每个用户的通话专门分配一个时隙。3G 核心网在语音通话业务中完成了控制面和转发面的分离，也就是使用户面和控制面由不同的节点组成，将用户面和控制面进行了分离，同时将网络中的传输节点 IP 化。第二波核心网演进浪潮是 3G 核心网到 4G 核心网的演变。3G 核心网实现了全 IP 化，但语音业务和上网业务依然是分离的。4G 核心网实现了全融合，这意味着只存在对应的分组域，无论是语音业务还是数据业务，全部都经过分组域包进行交换。中期的 4G 网络引入了网络功能虚拟化的概念，向网络功能的虚拟化演进，后期的核心网进一步升级为云核心网，并进行网络的云化和虚拟化。第三波核心网演进浪潮是 4G 核心网向 5G 核心网的演进。5G 使能行业产生了更为丰富的应用，不同的应用对网络提出的要求也不尽相同，因此，核心网的设计需要能够灵活地支持多样化业务，同时进行业务设计、业务编排和上线敏捷迅速等操作。5G 核心网基于云原生的架构，不光是指网络功能的云化，它的软件设计始发点也是云化，旨在使业务更灵活。

2G/3G、4G 核心网架构如图 2-3 所示。在 2G/3G 网络中，基站通过控制器接入核心网，可以观察到核心网包含电路域和分组域两部分。第一部分包括移动交换中心（MSC）和漫游位置寄存器（VLR），其中 GPRS 服务支持节点（SGSN）、GPRS 网关支持网点（GGSN）是分组域的网元。用户打电话时数据通过电路域传输，而上网时数据通过分组域传输。第二部分包含接入 IP 基础网络的 4G 核心网，其中 4G 核心网支持服务网关（SGW）和公用数据网关（PGW）。SGW 作为移动设备和外部网络之间的中间点，处理数据分组工作。PGW 连接到外部网络，管理 IP 地址分配和服务质量。

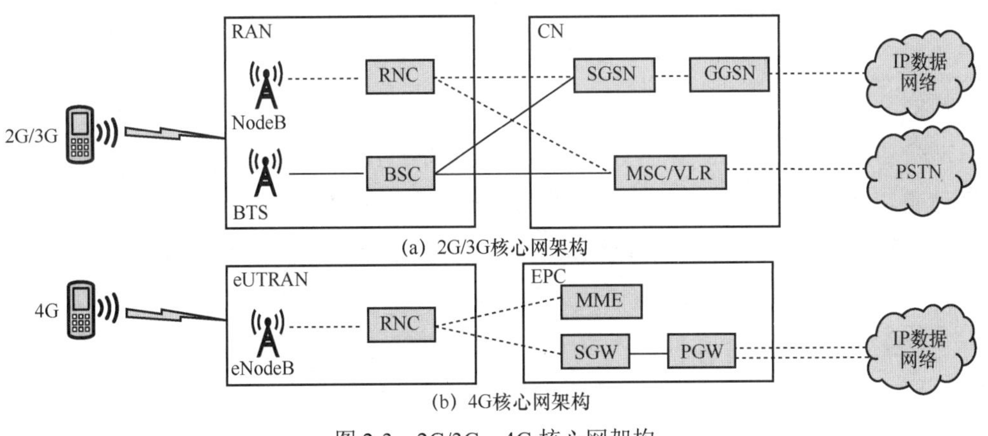

图 2-3　2G/3G、4G 核心网架构

面向 5G 商用场景的 5G 核心网解决方案是 SoC（Service oriented Core），引入了控制面与用户面分离（CUPS）、SBA、网络切片及云原生等技术。SoC 可支持语音通信、视频、自动驾驶、工业制造、智慧城市、远程医疗等业务，其中的 CUPS 用于提升用户体验和提高网络效率。5G 核心网利用中心数据中心、本地数据中心和边缘数据中心实现了运维效率的提升，加快了新业务的部署。5G 核心网控制面引入了 SBA，每个网络功能并非一对一（点对点）连接，而是所有网络功能采用同一种协议，共享同一条通信通道，使得每个网络功能块可以与任意网络功能块通信，彼此之间的连接更具有弹性，从而大大提升了可扩展性。云原生应用也是面向“云”而设计的应用。使用云原生技术后，开发者无须考虑底层技术实现，可以充分发挥云平台的弹性和分布式优势，实现快速部署、按需伸缩、停机交付等功能。

5G 核心网是面向业务的核心网，在满足不同业务需求时，可以提供不同的性能。5G

核心网支持各种各样的接入方式，不仅支持 2G 至 5G 的接入方式，也支持 Wi-Fi、固定网等接入方式。SoC 具有灵活的架构、可编程能力及智能管道等功能，支持多种业务，如视频、远程驾驶、工业控制、远程医疗等业务。此外，SoC 针对不同的业务形成不同的通道，这些通道彼此隔离、互不影响。例如对于语音业务，则 SoC 专门隔离出一个语音子网，保留该子网的资源，这时子网间的资源是不冲突的。同时，SoC 还隔离出相应的智能管道，以保障网络性能。

在 CUPS 中，控制面传递的是控制信息，用户面传递的是用户信息。而在 2G、3G、4G 等核心网中，控制面和用户面是部署在一起的。在 5G 核心网中，控制面通常部署在核心层上，用户面则根据需求部署，可以部署在核心层上，也可以部署在汇聚层上，甚至可以直接部署在边缘层上，这使业务对不同带宽及不同时延的适应性大大提升。5G 核心网的可编程能力主要靠引入的 SBA 和原生云技术来支持。如前文所述，用户面传递用户的数据包，控制面存在多种不同的功能，这些功能实际上都是在云上虚拟化的，并用软件来实现。这些不同的功能之间通过统一的接口进行通信，这种接口叫作基于服务的接口（SBI）。SBI 是经过标准化的接口，而 4G 核心网与基站通信使用一种协议，与服务网关（SGW）通信使用另一种协议，与归属用户服务器（HSS）之间的通信又使用不同的协议，这说明 4G 核心网是面向 3 个接口的。对于 5G 核心网来说，网络功能之间使用 SBI 进行通信，那么对某一个网络功能进行升级不会影响其他网络功能，这是因为接口标准化后，不需要再定义新的接口。

原生云是从 Cloud Native 翻译过来的，并不是 5G 所带来的技术，5G 仅仅应用了它。它其实始于 IT 技术，并作为一套应用软件开发的技术体系。传统的软件开发基本上会实现一个较庞大的软件，该软件的功能比较多，且功能之间有相应的关联。对这个软件进行升级是比较麻烦的。原生云技术的特点是对一个软件进行功能上的拆分，得到很多功能相对独立、彼此之间不关联的服务或微服务，再通过这些服务的编排组合，产生功能比较齐全的软件。

2.1.3 5G 移动通信承载网架构

承载网是通信网络的基础支撑，是承载数据的网络，承载相应通信网上的信息，是原封不动地把信息从一个地方搬移到另一个地方的网络。承载网也叫传输网。

移动通信承载网通常包括回传网、城域网和骨干网。回传网是从功能上进行定义的，它是把无线网络的信息传递到核心网的这部分承载网。承载网根据覆盖范围的大小，又可以分为城域网和骨干网。城域网是在一个城市范围内的承载网；骨干网是城市之间的承载网。移动通信承载网最主要的部分是回传网。由于无线网络有不同的部署方式，因此回传网可能仅包括回传，也可能包括前传加上回传，还可能包括前传、中传和回传。4G 回传网只有前传和回传两部分，5G 网络的回传网则演变为 3 个部分——前传、中传和回传，其中，有源天线单元（AAU）连接分布式单元（DU）的部分称为前传，DU 连接汇聚单元（CU）的部分称为中传，CU 和核心网之间的通信承载称为回传。

城域网分为接入层、汇聚层和核心层。承载网大多基于光传输环路，所以接入层、汇聚层和核心层也叫接入环、汇聚环和核心环。基站会直接接入接入环，若干个基站形成一个接入环。接入环又接入汇聚环，汇聚环中可以汇聚多个接入环。例如，接入环可能是某一街道片区，汇聚环可能由某个区或者某个县的多个接入环汇聚而成。多个汇聚环再接入核心环，核心网主要部署在核心环上。

开放系统互联（OSI）参考模型共 7 层，包括物理层、数据链路层、网络层、传输层、会话层、表示层和应用层，其中的数据链路层属于一个点到点的概念，它不具备寻址功能。寻址属于一个网络上的概念，网络上才存在地址，在网络层上的相应网元才具备寻址的功能。对于传统的移动通信承载网，边缘层或者接入层属于数据链路层，用的是数据链路层的设备。数据链路层的传输设备不具备寻址功能，它们之间要进行通信，需要网络层来进行相应的寻址和数据转发。

5G NSA 下的 5G 基站和 4G 基站之间有数据的分流，5G 基站需要把一部分用户面数据传递给 4G 基站，再通过 4G 基站传递给用户。如果这两个基站都通过数据链路层的承载网设备连接，则它们之间不能直接进行寻址，需要经过网络层设备才能实现。网络层的数据需要先到汇聚层，这就造成了大量的数据迂回。从数据链路层到网络层再到数据链路层，这增大了传输时延，浪费了网络资源，降低了效率。

对于 5G 承载网，需要把接入环（连接基站和汇聚层设备的网络）或者边缘（靠近用户的网络节点）全部替换为网络层的设备。5G 基站和 4G 基站之间进行通信时可直接发送数据，不再需要通过汇聚层来进行转发，这大大提高了数据的传递效率，也降低了相应的传输时延。

2.1.4　5G 移动通信无线接入网架构

无线接入网是移动通信网络非常重要的组成部分。它有多种部署方式，包含分布式无线电接入网（DRAN）、集中式无线电接入网（CRAN）和云无线电接入网（Cloud RAN）。

在传统基站结构中，终端通过天线与基站进行通信。基站有一个射频拉远单元（RRU），专门处理无线电信号。无线电信号经过 RRU 处理之后变成了基带信号，基带信号传递到基带单元（BBU）上。基带单元处理频率比较低的数字信号，其中既包括语音信号、图像信号、视频信号，也包括控制面的信令。基带单元又可以分成 DU 和 CU 两部分。DU 处理对时延敏感的部分，如动态资源调度、丢包重传等，需要与终端进行非常快的底层交互。CU 对时延不太敏感，可以集中进行部署，处理非实时信息。目前，华为公司的基站将 CU 和 DU 都设计在 BBU 内部，在功能上进行了划分，但是物理上仍集成在一块。CU 和 DU 将来可能会被部署到不同的物理实体之上，无线网络云化之后，CU 和 DU 可分开，彼此独立。

图 2-4 展示了两种不同的基站架构，下侧的基站结构与 2G、3G、4G 的基站结构是相同的，有天线和 RRU，但使用的天线相对较少，一般情况下最多使用 8 根天线。5G 使用的天线数目大大增多，在使用 C 波段时可以使用 64 根天线进行通信。连接 64 条天线进行通信，其可靠性是很难保证的，所以这种连线被集成了。如图 2-4 上半部分所示，天线阵子集成在一块，形成了天线单元（AU），此时的 RRU 变成射频单元（RU）。AU 和 RU 集成在一起，形成了 AAU。AAU 是有源的天线单元，相当于集成了天线的 RRU。例如你在街上遇到一根长方形的天线，它比较宽又比较厚，则它可能是 5G 的 AAU，表面上形似一根天线，但实际上里面有 32 个或者 64 个天线阵子。这两种基站架构的基带部分是类似的，射频单元和基带单元之间通过光纤连接。光纤的接口叫作通用公共无线接口（CPRI）或者增强型通用公共无线接口（eCPRI），5G 主要使用 eCPRI。

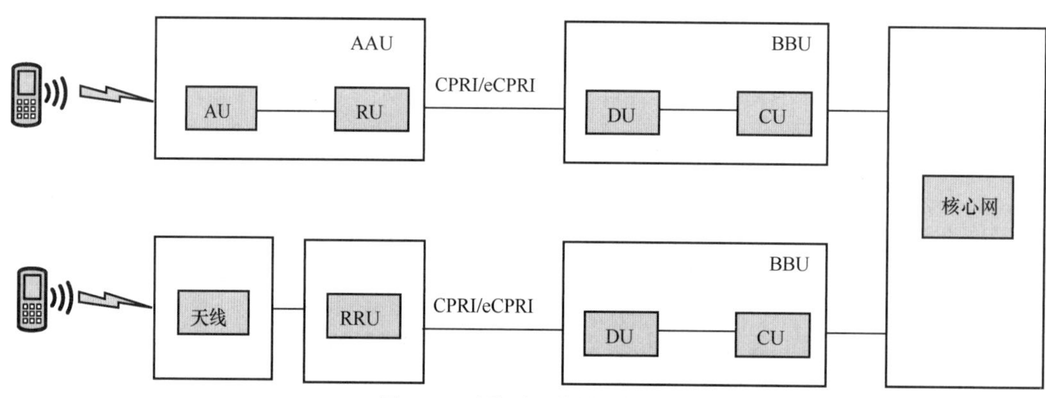

图 2-4 两种不同的基站架构

5G 承载网相关内容提到了前传、中传和回传 3 个不同的概念，回传是 BBU 到核心网之间的一段传输。有基站和核心网，那么必然会有回传。

DRAN：BBU 和天线单元都部署在基站站点上，它们之间有几十米的距离，通过光纤直接连接即可，不需要借助传输网。这样的前传不需要借助传输网，所以当 BBU 和 AAU 部署在同一个地点时，便没有前传网这种承载网了。

CRAN：BBU 不与射频单元部署在一块，而是 BBU 集中部署在一个机房；射频单元只能部署在基站站点。

如果将 CU 和 DU 分离，CU 集中部署，DU 部署在基站站点上，则 CU 和 DU 中间的这部分传输是中传。将来如果进行了无线网的云化，承载网可能存在前传、中传和回传三部分。

2.1.5 5G 移动通信网络切片技术

移动通信技术已经经历了 5 代发展，网络切片技术为 5G 所独有。作为一个新技术，网络切片技术也是非常关键的技术，其目的是更好地保障网络性能，更好地服务行业用户。网络切片是指通过切片在一个通用基础硬件之上，虚拟出多个端到端的网络，每个网络具有不同的功能，适配不同类型的服务需求。

通用基础硬件有接入、连接、计算和存储这些硬件资源。接入资源指基站上的无线资源，即无线接入网的无线资源。无线接入之后要经过传输网，那么传输网的资源是连接资源。经过传输网或承载网到达核心网，核心网中对应的是计算和存储等资源，可实现业务。这 4 种资源对应 3 段网络——无线接入网、传输网（或承载网）和核心网。5G 网络在部署初期只有 eMBB 业务，接入、连接、计算等资源形成一个 eMBB 的网络，可以将其理解成一个 eMBB 切片。因为没有别的业务，所以只有一个 eMBB 切片。

5G 网络的演进过程中会出现更多类型的业务，如 mMTC 业务。mMTC 业务与 eMBB 业务的需求不一样，eMBB 业务只需要大带宽，而 mMTC 业务需要更多的连接。这是 mMTC 业务的特点，因此需要切分出一部分无线频率资源、传输资源，以及核心网的相应资源，并把这些资源独立出来，隔离起来，形成一个 mMTC 切片，而且只用于 mMTC 相关的业务。物理网络划分出了两个相互隔离的逻辑网络，这两个网络是端到端网络，从接入网到传输网再到核心网，都用到了相应的隔离技术，使网络的特性相对独立，彼此之间互不影响。

无线资源是时频资源，可以切分时间或者切分频率。例如，切分频率将一部分频率分配给 VR/AR 业务使用，形成 VR/AR 业务切片；一部分频率分配给固移融合通话业务，还有一部分频率分配给车联网的业务。不同的频率资源分配给不同的业务，这种预留资源的切片方式是硬切分，可以有效保障业务质量。但是，这种方式也有弊端，频率资源分配给一个切片会导致资源利用率较低，这类似于 2G、3G 电路域的交换方式。另一种方式是软切分，可以把一部分频率资源保留给某一个业务，也可以对其他业务进行动态资源分配，它的优势在于资源的利用率比较高。但是，软切分对切片质量的保障能力不如硬切分，而且在业务繁忙时会出现资源冲突。核心网基于原生云，有不同的功能、服务或微服务。同时，用户面或控制面也会有不同的服务或功能，不同的切片可以使用不同的用户面功能和控制面功能，并对这些功能来进行灵活的组合。例如远程控制，当需要具有高可靠性的功能，包括安全保障和 QoS 保障功能时，远程控制切片、车联网切片、视频切片和智能抄表切片等切片可以选择不同的功能模块。这些功能模块的部署非常灵活，有些功能可以部署在边缘云上，有些功能可以部署在区域云上，有些功能则可以部署在核心云上。所以核心网可通过“乐高式”的编排组合来进行部署，满足不同业务的切片需求。对于传输网络，可以使用 Flex-Eth 技术来实现网络切片的资源切分。Flex-Eth 是基于时分复用的一种方式。

2.2 5G 移动通信空口关键技术

2.2.1 5G 移动通信空口频谱

无线电频谱资源也称为频率资源，无线电频谱通常指长波、中波、短波、超短波和微波等，单位为赫兹（Hz）。所有无线电信号都是通过介质传播的，这些无线电信号包括固定电话系统、移动电话系统、电视广播系统、宽带业务系统、雷达和卫星通信系统等通信系统的信号。日益紧缺的频谱资源成为无线通信潜在的发展瓶颈。不同频段具有不同的传播特性，无线电信号是以波的形式在介质中传播的，频率不会因传播介质的改变而改变，波长、速度与介质有关。根据不同频段具有的不同传播特性，较低频率的频段适用于进行广域覆盖，而较高频率的频段适用于进行热点覆盖，二者相辅相成，共同提升频谱效率和系统容量。对于 5G 系统，增加系统带宽是提升系统容量和传输速率最直接的方法。考虑目前低频段的占用情况很难满足 5G 大带宽需求，中、高频段成为 5G 网络部署的主流选择。在 5G 部署频点高于 4G LTE 网络的情况下，5G 网络信号传播的损耗相对较大，更容易出现严重衰落，从而使覆盖成为 5G 网络部署的关键问题之一。

1. 频谱范围

早期移动通信系统以采用低频段的频分双工（FDD）为主。2G 时代引入了 TDD，3G 时代主要使用 FDD，4G 时代则 TDD 和 FDD 共存。与 4G 相比，5G 整体频点上移，带宽明显增加且 TDD 部署更为主流。相较于前几代移动通信系统，5G 频谱规划更加复杂。考虑当前频谱的占用情况，5G 将采用更高频段。毫米波频段拥有连续可用的超大带宽，可以满足 5G 对超大系统容量和极高传输速率的需求，因此成为 5G 的重点研究方向之一。

当前 3GPP 标准将工作频段划分为两个频率范围，分别是 FR1 和 FR2。FR1 在 3GPP TS38.101 的基础上进行了扩大，具体如下。

① FR1 为 410～7125MHz，是 5G 的主要频段。若更细致地划分 FR1，则以 3GHz 为分界线，FR1 可以分成 3GHz 以下的部分，以及 3GHz 及以上的部分。3GHz 以下的部分叫作 Sub-3G，3G～7.125GHz 的部分叫作 C-Band。

② FR2 是 5G 的高频频段，对应的频率范围是 24250～52600MHz，用 GHz 表示大约是 24.25～52.6GHz。这个频段的频率非常高，波长短到毫米级别，所以 FR2 也称毫米波频段，为 5G 的扩展频段，频谱资源丰富。

2. 5G 频谱部署策略

在频谱资源稀缺的情况下，需充分利用不同频段的传播特性，制定合理的 5G 频谱部署策略，从而满足不同 5G 应用场景的传输需求。Sub-3G 的频点较低，覆盖能力好，但小区带宽受限，可用频谱资源有限，且大部分频带被当前已有通信系统占用，可支配的频谱资源较少。因此，Sub-3G 初期部署困难，后续可以通过频率重耕或者 4G/5G 频谱动态共享的方案来部署，作为 5G 的广域覆盖层。

C-Band 为 5G NR 新增频段，具有较为丰富的频谱资源，可用带宽较大，如可部署 100MHz 及以上带宽。但是，由于 C-Band 频率较高，且相比于下行终端，上行终端的发射功率有限，这可能会造成上行链路覆盖能力较差，出现上下行覆盖不平衡等问题。这个问题可通过扩大 C-Band 上行覆盖范围或者利用更低频段补充上行链路传输的方式解决。在目前的 5G 频谱部署中，C-Band 已成为 5G 系统的主要工作频段。

毫米波频段也是 5G NR 的新增频段。高频段具有支持大带宽和高数据传输速率的潜力，适合用于扩展无线网络的容量，并作为容量补充层。然而，高频段会带来极大的路径损耗和穿透损耗，从而导致毫米波频段的覆盖能力很差。此外，高频对射频器件的性能有更高的要求，因此，在 5G 网络部署初期，毫米波频段不会作为广域覆盖的选择，但可以作为热点覆盖补充，应用于某些特殊场景中，如无线回传、无线固定宽带等。

2.2.2　5G 移动通信空口速率提升技术

为提升空口速率，5G 引入了大带宽、5G 信道编码、空口调制、F-OFDM 等技术。

1. 大带宽

大带宽是 5G 通信的典型特征，不同频段的可用带宽不同。5G 取消了 5MHz 以下的带宽定义，但为了满足既有频谱的演进需求，保留了 5～20MHz 的带宽定义。FR1 的最大单载波带宽可达 100MHz，FR2 的最大单载波带宽可达 400MHz。由于协议对最大物理传输资源块（RB）数目的约束，FR1 必须采用不低于 15kHz 的子载波间隔，才能实现 100MHz 的单载波带宽；FR2 必须采用不低于 60kHz 及以上的子载波间隔，才能实现 400MHz 的单载波带宽。此外，5G NR 引入了部分带宽（BWP）的概念，通过 BWP 细分工作带宽，并将其用于满足不同的需求。5G NR 终端可以配置多个 BWP，每个 BWP 可配置不同的空口参数集，这意味着每个 BWP 都可以根据自身的需求进行不同的配置，从而达到提升频谱效率、降低功耗的目的。

2. 5G 信道编码

信道编码是将数字信号转化成符合传输通道特性的信号的数字编码方法。无线信道上的编码为了让信息在信道上具有更高的可靠性，会引入冗余，以牺牲通信的有效性换取通信的可靠性。例如，信息长度原来有 100bit，进行编码后可能会变成 150bit 甚至 200bit。编码之后的信息传递到空中接口，即使在传递过程中有一些信息丢失了，空中接口仍然有可能成功解码信息。这就如同老师在课堂上讲课一样，有一些知识点老师可能会反复讲，实际上这种方式就是一种简单的编码。对于某个知识点，老师讲一遍学生没听明白，但在讲两遍、三遍后，学生听明白的可能性就大大提升了，这就是重复编码。重复编码也是一种编码，但 5G 信道编码比重复编码更先进。我们可以用以下方式来衡量编码水平。

① 编码的性能。判断编码的性能优劣时注意两点：一是编码之后的纠错能力强不强；二是增加的冗余信息多不多。如果纠错能力强，增加的冗余信息少，则表示编码性能好，这是因为仅通过增加少量冗余信息便实现了强纠错能力。

② 编码的效率。编码的效率实际上指编码的能效。编码的计算量越大，耗电量越大，因为计算都是基于电能实现的。实际上在通信系统，尤其是在移动通信系统中，大量的电能用于编码与解码。编码与解码的电路实际上非常耗电，编码效率低则表示编码更费电，这也是在实际应用中需要考虑的一点。毕竟对于无线通信设备，尤其对于手机来说，上行传输需要使用电池，不能太耗电。

③ 确定编码的灵活性，即判断编码是适用于大块数据的编码，还是更适用于小块数据的编码。

3G 和 4G 主要使用 Turbo 码来编码，并在实践中用了很多年。Turbo 码的性能比较好，冗余度较高，纠错能力较强，但有一个缺点，那就是随着数据量的增大，编码能耗会线性增加。在 5G 时代，Turbo 码的能效较差，所以需要一种更好的编码方式，在不降低编码性能的情况下降低能耗，提高效率。低密度奇偶校验（LDPC）码和极化（Polar）码应运而生。LDPC 码在用户面上使用，适合大数据块的编码。例如，用户面上有大量视频、游戏等数据要传输，那么使用 LDPC 码的编码效果较好，效率也更高。Polar 码在控制面上使用，适合小数据块的编码。控制信道传输的是小数据块，因而适合使用 Polar 码来编码。在小数据块的传输上，Polar 码的编码性能较好，效率较高。

LDPC 码和 Turbo 码对比见表 2-1。LDPC 码更易解码，可解码性相对于 Turbo 码有显著提高。LDPC 码的解码时延更低，如果 Turbo 码的解码时延为 1ms，那么 LDPC 码的解码只需要 1/3ms。LDPC 码解码芯片的尺寸更小，计算量更小，功耗只有使用 Turbo 码解码时的 1/5。所以，LDPC 码的解码更容易、速度更快、更节能。

表 2-1 LDPC 码和 Turbo 码对比

编码方式	可解码性（相对值）	解码时延/ms	芯片大小（相对值）	功耗（相对值）
Turbo 码	1/3	1	1	1
LDPC 码	1	1/3	1/3	1/5

与 Turbo 码对比，Polar 码的可靠性更高，从而可以减少重传次数。使用 Polar 码可以满足恶劣的信号环境的传输需求，因此 Polar 码可以提升网络的覆盖能力。

3．空口调制技术

调制就是把比特映射成符号的过程。图 2-5 所示内容是一个 16QAM 星座图。星座图中共有 16 个点，16 个点代表 16 个状态，每个点或者状态均对应一个符号。符号携带二进制的数字信息也叫比特。16 个状态可以携带 4bit 信息，每个点上方的 4 位二进制数字，就是该符号携带的 4bit 信息。因为 1 位二进制数有 0 或者 1 两种可能值，1 位代表 2^1，有 2 种可能性；2 位代表 2^2，有 4 种可能性。由此可知，16 对应 2^4，即可以用一个符号携带 4bit 信息，这就是 16QAM 的含义。如果有 64 个不同的点，则每个符号可以携带 6bit 信息，因为 $64=2^6$。

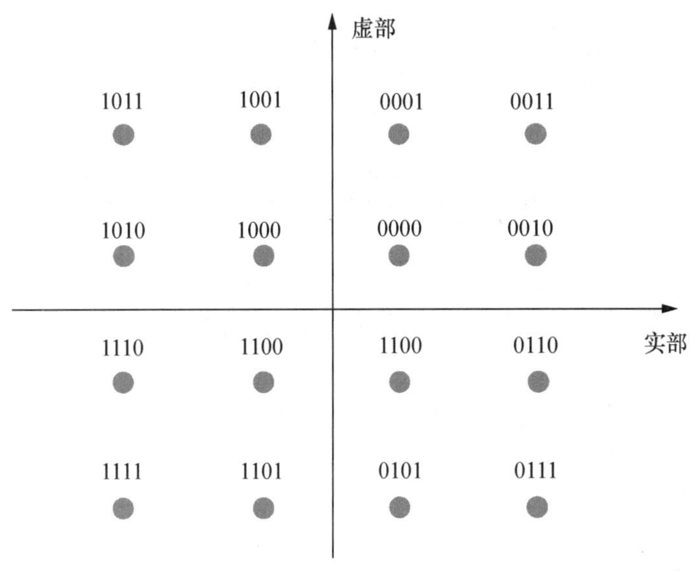

图 2-5　16QAM 星座图

表 2-2 展示了 4G 和 5G 调制技术。可以看出，4G 和 5G 的调制技术基本上是一样的，区别在于 5G 的上行引入了 256QAM。$256=2^8$，这代表一个符号可以携带 8bit 信息，相对于 LTE 64QAM 的 1 个符号可携带 6bit 信息，信息量提高了 1/3。也就是说，在载波带宽相同的情况下，5G 上行峰值速率比 4G 提高了 33%。越高的调制阶数越需要高的信噪比。调制阶数越高，调制星座图密度越大，状态越难区分，传输越容易出错，这要求保证信号质量。只有在信号质量足够高的情况下，出错的概率才能降低。

表 2-2　4G 与 5G 调制技术

传输方向	LTE 采用的调制技术				5G 采用的调制技术				
上行	QPSK	16QAM	64QAM		QPSK	16QAM	64QAM	256QAM	
下行	QPSK	16QAM	64QAM	256QAM	QPSK	16QAM	64QAM	256QAM	1024QAM

4. F-OFDM 技术

子带滤波正交频分复用（F-OFDM）是一种可变子载波带宽（子带）的自适应空口波形调制技术，可以在无线环境下实现高速多载波传输。F-OFDM 的基本思想是将 OFDM 载波带宽划分成多个参数不同的子带，并对子带进行滤波，子带间尽量留出较少的隔离频带。例如，为了实现低功耗、大规模覆盖的物联网业务，可在选定的子带中采用单载波波形；为了实现较低的空口时延，可以采用更小的传输时隙；为了对抗多径信道，可以采用更小的子载波间隔和更长的循环前缀。F-OFDM 能够实现空口物理层切片后向兼容 4G LTE 系统，能满足 5G 发展的需求。

F-OFDM 系统如图 2-6 所示。可以发现，F-OFDM 系统与传统的 OFDM 系统之间最大的不同是在发送端和接收端增加了子带滤波器。

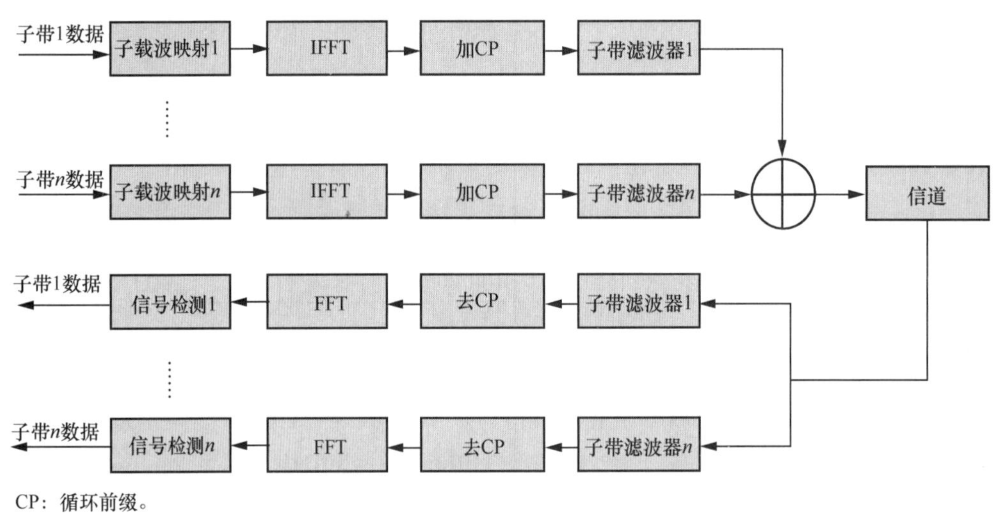

图 2-6 F-OFDM 系统

虽然 F-OFDM 的不同子带可设置不同的参数，以满足不同的业务需求，但各子带的核心还是传统的 OFDM。在 F-OFDM 系统中，除了分割多个子带，它还为各个子带添加了子带滤波器，用以削弱 OFDM 系统中的高带外辐射。同时，这也有效减小不同子带之间的干扰，使系统对带外干扰信号的抑制能力更强，因为它的边缘会更陡峭，使可利用的带宽更宽一些。

可用频率与总体定义的频率的比值称为频谱利用率。LTE 的频谱利用率大约是 90%，两边各占 5%的保护频带是不能用的。也就是说，图 2-7（a）中只有中间浅灰色部分是能用的，边上的深灰色部分是不能用的，否则会产生干扰。对于 5G 来说，由于增加了子带滤波器，对带外的干扰信号的抑制能力较强，所以可利用的资源更多。5G NR 的频谱利用率可以达到 98%，保护频带仅占 2%，如图 2-7（b）所示。相对于 LTE 90%的频谱利用率，5G 的频谱利用率大约有 8%的提升。

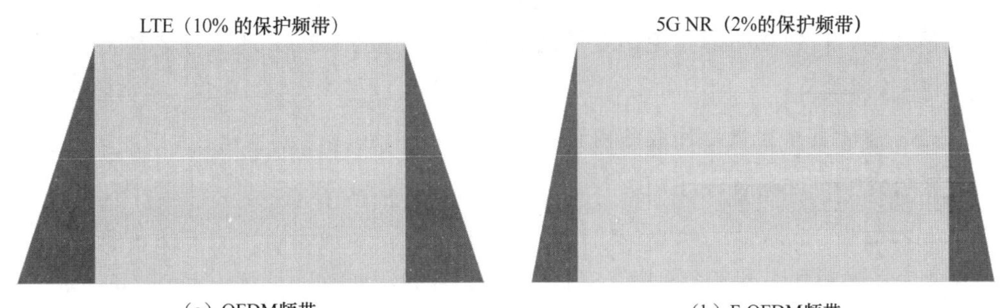

图 2-7　OFDM 与 F-OFDM 频带对比

5．毫米波通信技术

在频谱资源越来越紧缺的情况下，开发利用用于卫星导航系统和军用雷达系统的毫米波频谱资源成为 5G 的重点。毫米波频段因拥有巨大的频谱资源开发空间成为大规模 MIMO 通信系统的首要选择。毫米波的波长较短，可以在大规模 MIMO 通信系统中的基站端实现大规模天线阵列的设计，从而使毫米波应用结合波束赋形技术，有效提升天线增益。但是，在毫米波通信中，信号以毫米波为通信载体时，容易受到外界噪声等因素的干扰，产生不同程度的衰减。毫米波具有以下特点。

频谱宽：配合各种多址复用技术，可以极大地提升信道容量，适用于高速多媒体传输业务。

可靠性高：较高的频率使信号很少受到干扰，能较好地抵抗降雨天气产生的影响，提供稳定的传输信道。

方向性好：毫米波受空气中各种悬浮颗粒物的影响较大，传输波束较窄，窃听难度大，适合短距离点对点通信。

波长极短：所需的天线尺寸很小，易于在较小的空间内集成大规模天线阵列。

也正是上述特点使毫米波在自由空间中传播时具有很大的路径损耗，而且反射之后的能量急剧衰减。这不仅导致毫米波通信主要采用视距传播和少量的一次反射的非视距传播，而且导致其信道具有的稀疏性。

毫米波有一个缺点，那就是不容易穿过建筑物或者障碍物。在毫米波通信系统中，信号的空间选择性和分散性被毫米波高自由空间路径损耗和弱反射能力所限制。又因配置了大规模天线阵列，各天线之间的独立性很难得到保证，因此，在毫米波通信系统中，天线的数量要远远多于传播路径的数量，所以传统 MIMO 系统中独立分布的瑞利衰落信道模型不再适用于描述毫米波信道特性。目前已经有大量的文献研究小尺度衰落分布模型，在实际通信过程中，多径传播效应造成的多径散射簇现象与时间扩散和角度扩散之间的相关性也应当被综合考虑。

2.2.3　5G 移动通信空口时延降低技术

当前很多行业应用对通信时延都有很高的要求。为了降低通信时延，5G 空口采用了灵活的帧结构、自包含时隙、免调度传输、设备到设备（D2D）通信等技术。下面对这些技术进行讲解。

1．5G 移动通信空口的时域结构

时域结构中的时域指时间。信号在时间上是有结构的，以无线帧为基本单位。一个无线帧之后又是一个无线帧，如此循环往复。无线帧是基本的数据发送与接收周期，里面有一些子帧。子帧里面有若干个时隙（Slot），时隙里面有一些符号，符号携带 OFDM 信号。

一个 5G 无线帧周期为 10ms，一个 LTE 无线帧周期也为 10ms，5G 这样设计是为了与 LTE 在无线通信中可以进行一些配合及互操作。无线帧有时也简称为帧。10ms 的无线帧中有 10 个子帧，1 个子帧为 1ms。帧与子帧的结构是固定的。子载波间隔包括 15kHz、30kHz 和 60kHz，子载波间隔不同，子帧中所对应的时隙数目不同。一般情况下 1 个时隙中有 14 个符号，特殊场景下 1 个时隙中可能会有 12 个符号，所以 1 个时隙中的符号数有 12 和 14 两种。符号会携带调制的结果，假设调制方式是 64QAM，那么一个符号带了 6bit 数据；假设调制方式是 256QAM，那么一个符号带了 8bit 数据。符号中是调制完的信号，它采用的是时域上的结构。1 个子帧中可能会有 1 个时隙、2 个时隙或 4 个时隙，这种不同的配置叫作 Numerology。Numerology 如图 2-8 所示。

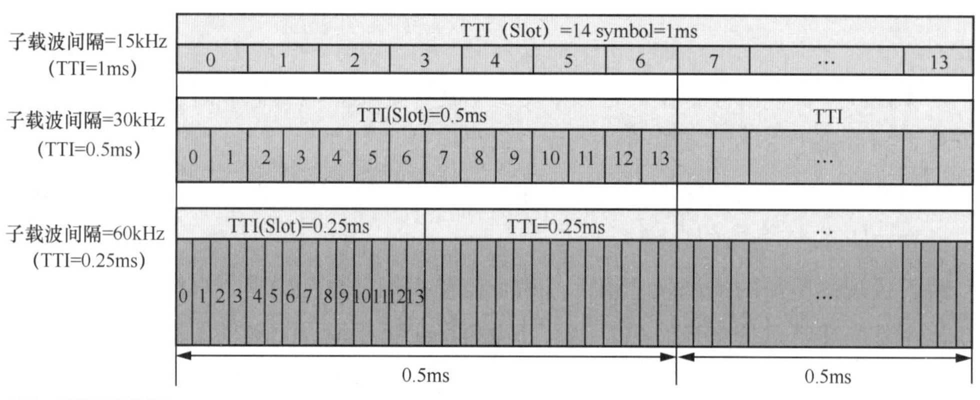

图 2-8 Numerology

Numerology 指时域和频域的组合关系，常见组合关系有 3 种：①子载波间隔是 15kHz，1 个子帧中有 1 个时隙；②子载波间隔是 30kHz，1 个子帧中有 2 个时隙；③子载波间隔是 60kHz，1 个子帧中有 4 个时隙。那么这 3 种子载波间隔是怎样应用的呢？

15kHz 的子载波间隔一般很少用到，只有在 Sub-3G 频段下，才可能会用到 15kHz 的子载波间隔。

C-Band 用的子载波间隔是 30kHz，这是最常见的主流配置。30kHz 的子载波间隔对应的子帧中有 2 个时隙。时隙是最小调度单位，分给一个用户时域上的最小单位就是 1 个时隙，也叫作一个传输时间间隔（TTI），当子帧中有 2 个时隙时，实际上相当于有两个调度单位，每个调度单位的传输周期，也就是 TTI 为 0.5ms。

60kHz 的子载波间隔用于毫米波。在这种情况下，1 个子帧中会有 4 个时隙，每个时隙为 0.25ms。时隙也是调度周期，如果调度周期越小，调度就越快、越敏捷。当使用时延更短的业务时，调度周期小一些较好。时隙类型如图 2-9 所示。

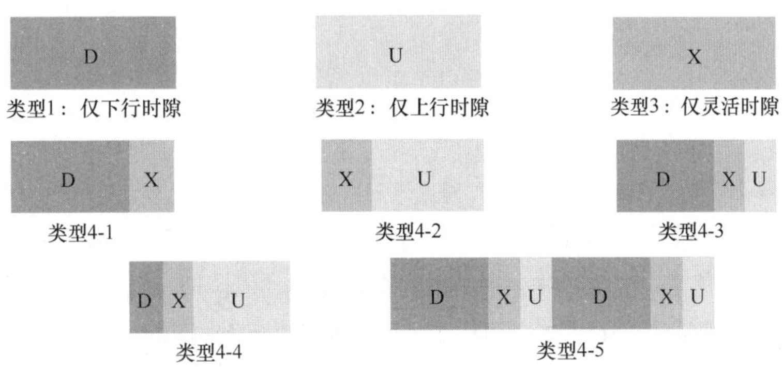

图 2-9　时隙类型

在图 2-9 中，下行时隙用 D 来表示；上行时隙用 U 来表示；灵活时隙用 X 来表示，它可以是下行时隙，也可以是上行时隙。下行时隙用于传输下行数据，上行时隙用于传输上行数据。在下行和上行之间切换时，切换间隔要保护时隙，否则上行和下行会产生干扰。协议定义了 4 种具体的时隙类型：①类型 1 是仅下行时隙；②类型 2 是仅上行时隙；③类型 3 是仅灵活时隙；④类型 4 是至少有一个上行时隙或下行时隙，其他时隙则灵活定义，包括 4-1、4-2、4-3、4-4、4-5 等不同的子类型。

2. 自包含时隙

NR 新引入的帧结构不仅用于缩短下行反馈时延及上行调度时延，还用于满足抄底实验业务需求。自包含特性指接收机解码一个基本数据单元时，无须借助其他基本数据单元，只用自身的信息就能够完成解码。在 NR 中，自包含特性使得解码一个时隙或一个波束内的数据时，所有的辅助解码信息（如 SRS、ACK/NACK 消息）均能在本时隙或本波束内找到，而不依赖其他的时隙或波束，从而降低了 NR 对基站及终端的软/硬件配置（存储和计算）要求。在自包含时隙中，每个 5G NR 传输采用的是模块化处理，具备独立解码的能力，避免了跨时隙的静态时序关系。在时域和频域内对传输进行限定的灵活设计简化了在未来增加新的 5G NR 特性/服务，比之前几代移动通信技术具有更好的前向兼容性。

得益于上行链路/下行链路快速转换和可扩展时隙长度（如在子载波间隔为 30kHz 时，时隙长度为 500s，而在子载波间隔为 120kHz 时，时隙长度则为 125s），5G NR 自包含时隙结构还带来更低的时延（和 LTE 相比），同一个时隙中包含上/下行调度、数据和确认。除了更低时延，这种模块化时隙结构设计还支持自适应 TDD 上行/下行链路配置、先进的基于信道互易性的天线技术（如基于快速上行探测的下行大规模 MIMO 导向）

及通过增加子帧头以支持其他使用场景。自包含时隙如图 2-10 所示。

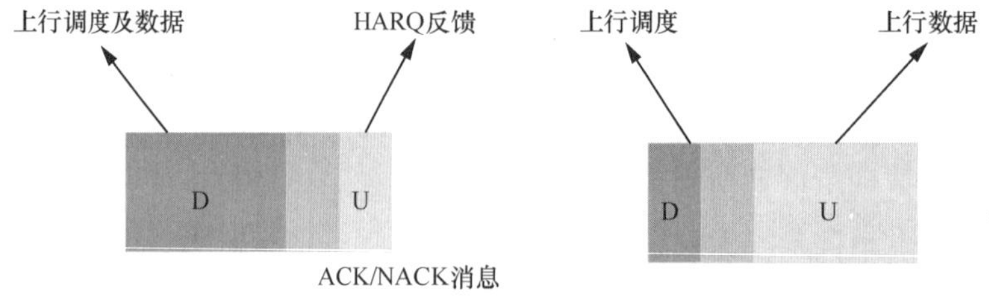

图 2-10　自包含时隙

3．免调度传输

传统的用户设备在发送上行数据时，会通过频繁地与基站进行信令交互来获得发送上行数据需要的资源信息，这会导致上行数据的空口传输时延较长，尤其是在上行突发的小包业务上。在 3GPP 规划中，5G NR 应用场景之一就是超高可靠性和低时延的通信服务。为支持此类应用，5G 引入了免授权上行链路传输功能，这种功能又称为免调度传输（TWG），即在终端未获得资源请求的情况下进行数据传输。免调度传输的一个优点是可避免常规的握手时延，直接进行数据传输；另一个优点是可以放宽对控制通道的严格可靠性的要求。免调度传输如图 2-11 所示。

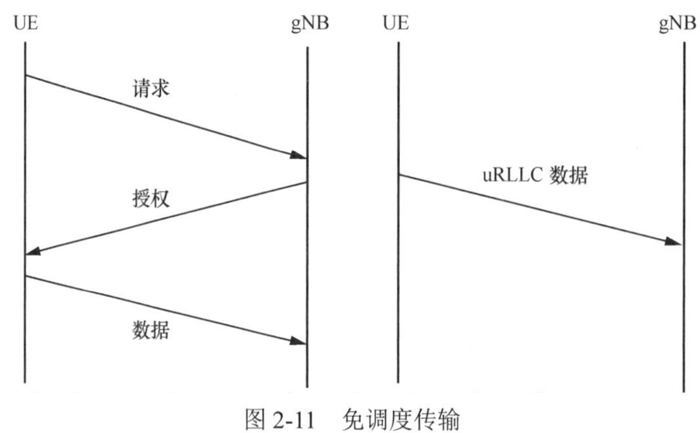

图 2-11　免调度传输

4．D2D 通信

除了上述几种降低时延技术，还有一种降低时延的技术，叫作 D2D 通信。一般情况下，终端设备是通过基站和网络进行通信的。在一些特殊场景中，两台终端设备之间可以脱离基站和网络，直接进行通信，这种通信方式叫作 D2D 通信。设备之间的通信不再经过基站和网络，显然会大大降低时延。D2D 通信在车联网业务中应用较多，车与车之间可以直接进行通信。D2D 通信需要注意频率的使用情况，可以使用小区里剩余的频率资源对于采用频分双工（FDD）方式的小区，D2D 通信可以使用它的上行和下行的频率资源。但是，D2D 通信和小区之间的通信可能会有干扰，这时可以用功控算法进行控制。D2D 通信扩大了通信的范围，并且降低了通信的时延。

2.2.4　5G 移动通信空口覆盖能力提升技术

5G NR 上下行时隙配比不均和 gNodeB 下行功率较大导致 C-Band 上下行覆盖不平衡，让上行覆盖受限成为 5G 部署的瓶颈。同时，随着波束赋形和小区参考信号（CRS）等技术的引入，下行干扰将会减小，这使得 C-Band 上下行覆盖差距进一步加大。基于上述原因，上下行解耦定义了新的频谱配对方式，令下行数据在 C-Band 传输，上行数据在 Sub-3G 频段（如 1.8GHz）传输，从而提升上行覆盖能力。在早期 5G 商用场景下，如果没有单独的 Sub-3G 频谱资源供 5G 使用，则可以通过开通 LTE FDD 和利用 NR 上行频谱共享特性来获取 Sub-3G 频谱资源。NR 上下行解耦如图 2-12 所示。

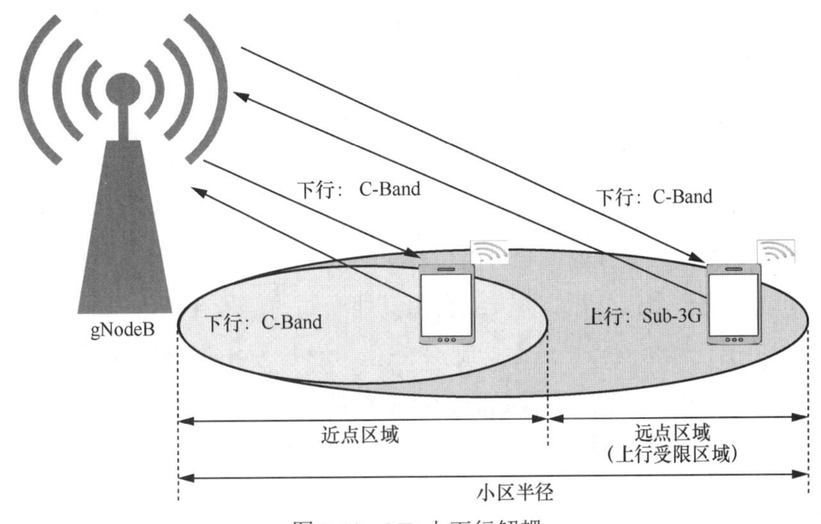

图 2-12　NR 上下行解耦

3GPP Rel-15 版本引入的辅助上行（SUL）承载在 Sub-3G 频段。SUL 可以有效利用空闲的 Sub-3G 频段资源，提升高频的上行覆盖能力，让更多的区域可以享受 5G，同时提高边缘用户的使用体验。引入 SUL 后，上行可以由常规上行链路（C-Band）或 SUL 链路（Sub-3G 频段）承载，因此，在随机接入、功率控制、调度、链路管理和移动性管理上，与上下行使用相同频段的过程有不同。

2.2.5　大规模 MIMO 技术

大规模 MIMO 技术是 4G 时代就已应用的技术，但对于 4G 而言，它不是必须使用的技术。由于 5G 的主力频段是 C-Band，具有频率高、覆盖难的特点，因此大规模 MIMO 成为必不可少的关键技术。

1．大规模 MIMO 的概念

MIMO 指多输入和多输出，是一种多天线技术。这里的输入和输出指的是天线对无线信号的输入和输出。大规模 MIMO 就是大规模的多入多出多天线技术。MIMO 技术不是一种特别新的技术，在 4G 时代，MIMO 系统的天线可以做到 2T2R（2 根接收天线、2 根发射天线，T 代表发射，R 代表接收）、4T4R 甚至 8T8R。当天线增加到 16T16R 及以上的时候，MIMO 可以叫作大规模 MIMO。5G 时代的大规模 MIMO 已实现 64T64R。大规模 MIMO 的天线数目非常多，这些天线以天线阵子的形式出现，天线阵子要放在一个天线盒子里。为了能放进天线盒子里，天线阵子的尺寸不能特别大，所以只有在高频的情况下才能实现集成，而低频天线阵子由于尺寸大，难以实现大规模集成，因此，使用大规模 MIMO 的条件之一就是频率高。只有在频率高的情况下信号才会差，才需要更多的天线来提升覆盖能力。由此可知，无论是从天线的尺寸方面，还是从需求方面来说，它们都要求频率高。大规模 MIMO 需要接收者的反馈，FDD 上行和下行使用不同的频率，所以它的反馈不如 TDD 准确。由于 TDD 上行和下行使用相同的频率，上下行的传输有互异性，因此它的反馈会更准确。大规模 MIMO，尤其是其中的波束赋形技术更适用于 TDD 系统。

2. 大规模 MIMO 的作用

大规模 MIMO 的第一个作用是减少干扰。一方面，大规模 MIMO 系统使用多根天线进行信号接收，每根天线接收的信号可能会有瞬时的衰落谷点。多根天线的信号衰落谷点都不一样，但当合成一个信号后，各天线会用其他天线的信号补偿自己的信号衰落谷点，使合成信号避免出现衰落谷点，进而抑制深衰落。所以，大规模 MIMO 信号的稳定性更好，能抵抗更多的干扰，这也是多天线的分集增益带来的好处。另一方面，大规模 MIMO 可以支持用户级波束赋形，使面向用户的波束变得更窄。波束更窄地面向用户，它对其他用户的干扰就会减少。

大规模 MIMO 的第二个作用是增强覆盖。在业务信道上，大规模 MIMO 技术可以跟踪用户，就像一盏探照灯一样，始终让最强的信号指向用户。这正是用户级的波束赋形，增强该用户的覆盖而不影响其他用户。在广播信道上也可使用波束赋形增强覆盖。广播信道是将信号发给所有用户的，所以不能使用用户级波束赋形，但可以使用波束扫描，即某一个时刻使波束指向某一个方向，这个方向上的用户可以接收到最强的信号，下一个时刻改变波束指向，另一个方向上的用户可以接收到最强的信号了。随着时间的推移，最强信号的指向不断变化，使小区里的所有终端都能接收到最强的信号。

业务信道与广播信道如图 2-13 所示。大规模 MIMO 的第三个作用是提升系统容量。通过多用户 MIMO（MU-MIMO）技术把两个不相关的用户配对，并使用相同的时频资源传递信号，这相当于同一个频率被使用了两次，原来可以承载一份数据，现在可以为两个用户分别承载一份数据，即承载两份数据，增大了系统的容量。

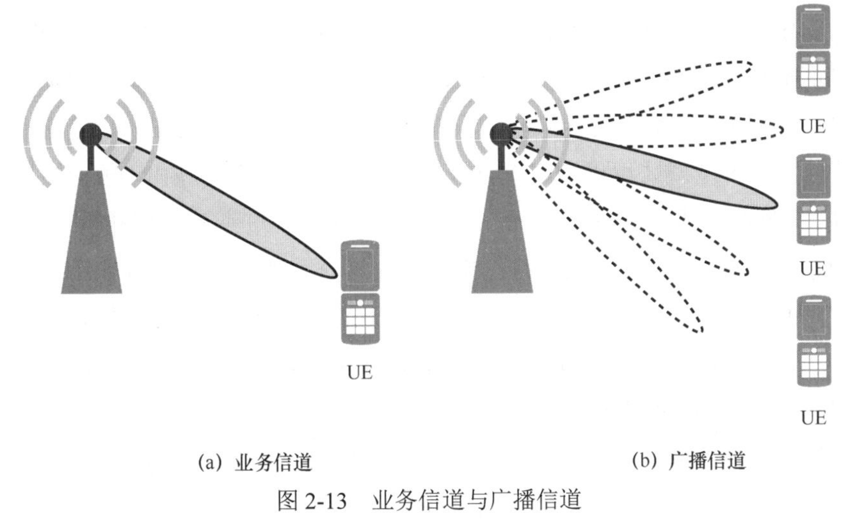

图 2-13　业务信道与广播信道

3. 大规模 MIMO 的天线结构

传统的 MIMO 系统包括 2T2R、4T4R、8T8R。LTE 业务信道可以用 MIMO 来进行波束赋形，广播信道则不能使用，这是因为广播信号没有相关特性。LTE 业务信道的 MIMO 波束赋形是二维的，只有水平方向上天线的指向能调整，垂直方向上天线的指向是固定的。这是由天线的方向图决定的，当天线的俯仰角确定了之后，垂直方向的天线指向将不能改变。随着 MIMO 系统中天线数量的增加，5G 波束赋形就变成了三维（3D）波束赋形。3D 波束赋形技术可生成面向用户的水平和垂直波束，以提高所有用户的数据传输速率和系统容量，其中包括位于高层建筑顶层的用户。

2.3　5G 通信网络安全

2.3.1　通信网络面临的安全威胁

在过去的几十年里，无线通信基础设施和服务激增，其主要目标是满足快速增长的需求。当前，越来越多的无线设备被滥用，被用于非法的网络犯罪活动，例如恶意攻击（如计算机遭受非法入侵者的恶意攻击）、数据伪造、金融信息盗窃、网络跟踪等。由此可知，提高无线通信安全水平对打击网络犯罪活动是至关重要的。特别是智能手机的广泛使用让越来越多的人使用无线网络（如蜂窝网络和 Wi-Fi）查看银行卡信息和电子邮件，这让保障网络安全显得尤为重要。

SDAP 在 QoS Flow 与无线载波间建立映射关系，从而完成无线传输的准备。PDCP 包含执行加密/解密、重传功能的协议。与这些协议层相关联的安全威胁和漏洞通常在每一层上进行检测和防御，以保障数据的真实性、机密性、完整性和可用性。例如，密码学广泛用于通过防止向未经授权的用户泄露信息来保护数据传输的机密性这种情况。尽管密码学提高了通信机密性，但它需要额外的计算能力，而且由于数据加密和解密的时间消耗，该过程往往会产生明显的时延。为了保证发送端或接收端的真实性，现有的无线网络通常在不同的协议层上同时采用多种身份认证方法。

5G 通信网络安全威胁可以分成来自域外的安全威胁和来自域内的安全威胁两部分。来自域外的安全威胁，即在 5G 通信网络边界之外可能对 5G 通信网络的安全构成威胁的（潜在）因素，这需要给 5G 通信网络划定一个边界，明确边界上面向域外的接口。

第一个面向域外的接口是空中接口。它使用无线电波，是一个开放性接口，所以它的安全性是比较脆弱的，例如用户数据可能被窃取、篡改、接口遭受分布式拒绝服务（DDoS）攻击、非授权终端非法接入。

第二个面向域外的接口是面向互联网的接口。这个接口可能会面临一些安全威胁，例如，在面向外网进行数据传输的时候，用户数据可能被泄露或篡改；外网中可能会有仿冒的服务器、仿冒的目的地址，对终端进行恶意诱导；遭受来自互联网的 DDoS 攻击，使网络不能正常承载业务。此外，5G 通信网络会有向外部开放的应用程序接口（API），攻击者非法使用 API 进行非授权访问也会对 5G 通信网络产生威胁。

第三个面向域外的接口是漫游接口，指的是 5G 用户在漫游到其他运营商的服务区中时，5G 通信网络与其他运营商通信网络之间交互用户数据的接口。在漫游接口面向 2G、3G、4G 网络时，接口上可能会存在一些安全隐患，导致用户敏感数据的泄露和被篡改。

第四个面向域外的接口是网管系统接口。网管系统接口上可能存在一些安全威胁，例如网管信息在被传输的时候泄密，信息被窃取；非授权用户越权访问，恶意用户可能会盗用别人的账户来进行越权访问，进行恶意攻击，删除或篡改用户的数据；遭受 DDoS 攻击，导致网管系统阻塞。不仅如此，恶意攻击者还会通过一些技术手段接入数据库，窃取数据库中用户信息。有些网络可能会有合法监听的需求，但合法监听接口也会产生安全威胁。

域内的安全威胁通常来自 5G 通信网络内部，例如 网元之间、网元内部接口之间。5G 核心网是基于 SBA 的，这种架构也会存在一些安全威胁。例如攻击者对 NRF 网络功能进行 DDoS 攻击，使相应的服务的注册和发现失败；服务化接口通信数据可能存在泄露风险；攻击者利用已有的协议漏洞对 5G 核心网内部功能进行攻击。

5G 核心网面对行业用户时，可能会有大量的应用部署在移动边缘计算（MEC）平台上，所以 MEC 平台也是一个非常关键且可能会有安全威胁的网元。例如 MEC 平台可能被植入恶意的 APP；某些 APP 可能会抢占资源，使其他 APP 因资源不够而不能够正常运行；对 APP 的越权管理。另外，网元之间还有接口，如 5G 核心网与基站之间、5G 核心网与 MEC 平台之间、MEC 平台和基站之间都有接口。网元内部也有接口，如基站由 BBU 和 AAU 组成，它们之间有 eCPRI，这个接口可能是经过承载网的，那么它会面临一些安全威胁，例如传输数据被窃听、被篡改、被非法访问等。

2.3.2　5G 移动通信空口安全技术

2G 和 3G 通信网络的加密技术及过去 4G 网络场景下的空中无线广播信号的安全性保证都是在上层实现的，并没有考虑接口在安全通信中起到的作用，这也导致无线信号的私密性在接口端可能无法得到保障。5G 通信网络将拥有更大的带宽、更密集的接入、更低的时延和更可靠的传输，为了确保关键性能指标要求以正确的数量级增长，有必要利用 5G 空口来设计一种安全机制。这种机制既能够保证网络安全性，又能对负载实现灵活调节，适用不同的场合。目前，主流的 5G 空口安全技术如下。

1．双向认证

在移动通信网络中，网络要对终端进行认证，鉴别它是否合法。在早期的移动通信网络，如 2G 网络中，只有网络对终端进行认证，终端不对网络进行认证。终端永远相信网络是一个合法的网络，这导致伪基站的出现。伪基站可能会窃取用户的信息，这是一种安全漏洞。5G 网络不仅要求网络认证终端，在接入网络的时候也要求终端认证网络。终端和网络进行双向认证，从而排除了伪基站。

2．256bit 密钥

2G、3G 和 4G 的空中接口中也经过加密，但是它们加密密钥的长度为 64bit 或 128bit。64bit 密钥可以被现在的超级计算机在 3～4s 内破解，这是 2G 的情况。3G 和 4G 使用了 128bit 密钥，如果使用目前的超级计算机，那么可能需要上万亿年的时间才能破解，所以 3G 和 4G 的 128bit 密钥目前来看是安全的。但是，随着量子计算技术的兴起，未来有可能会出现量子计算机，这时，长度为 128bit 的密钥将不再安全。5G 引入了 256bit 密钥，即使在使用量子计算机的情况下，256bit 密钥也需要上万亿年的时间才能被破解。

3．用户面完整性保护

完整性保护指保证接收者收到信息的完整、没有被篡改。3G 和 4G 在用户面上没有进行信息完整性保护，如果用户面传输的信息被篡改，那么接收端是无法识别的。而 5G 在用户面上增加了信息的完整性保护。如果用户面传输的信息被篡改，那么无论是系统端还是终端，接收者都可以识别。

2.3.3　5G 移动通信网络安全技术

1．IPSec 和 TLS

互联网络层安全协议（IPSec）是因特网工程任务组（IETF）制定的一组开放的网络安全检查协议的总称，即它并不是一个单独的协议，而是一系列为 IP 网络提供安全性保障的协议和服务的集合，用以解决 IP 层安全性问题。IPSec 主要包括认证头（AH）安全协议、封装安全负载（ESP）协议、互联网密钥交换（IKE）协议及用于网络认证及加密的一些算法等。国内的运营商使用自有的传输网络，这种网络属于可信区域，所以不需要进行加密。但是，国外的一些运营商使用的承载网有可能是租的，这种网络属于非信任区域，信息可能会暴露。在这种网络上传输的信息需要加密，可以使用 IPSec 进行双向认证和完整性保护，提高信息的安全性。

5G 核心网功能模块可能会有一些安全威胁，可以使用 HTTPS 来进行保护。HTTPS 增加了传输层安全（TLS）协议，还进行了双向认证、加密和完整性保护，确保各方之间的通信可靠且安全。

2．SEPP

安全边界防护代理（SEPP）是 5G 漫游安全架构的重要组成部分，也是运营商核心网控制面之间的边界网关。SEPP 是一个非透明代理，可实现跨运营商网络的网络功能服务消费者与网络功能服务提供者之间的安全通信，主要负责运营商之间控制平面接口上的消息过滤和策略管理，提供运营商网间信令的端到端保护，防范外界获取运营商网间敏感数据。基于 SEPP 的安全机制主要包括消息过滤、访问控制和拓扑隐藏。

3．5G 网络网间安全技术

在现有网间信令传输运营模式的基础上，为了提升信令的安全性，5G 网络通过安全边界保护网关确保应用层能够获得安全保障，在传输层没有启用安全机制的情况下，为信令敏感信息提供安全保障。

2.4 本章小结

本章首先描述了 5G 网络的概念，然后分析了 5G 移动通信空口关键技术，如 5G 空口频谱、5G 空口速率提升、5G 空口时延降低和 5G 空口覆盖能力提升。最后，本章介绍了 5G 网络安全，例如 5G 网络面临的安全威胁、5G 空口安全技术和 5G 网络安全技术。

参考文献

[1] 王映民, 孙韶辉. 5G 移动通信系统设计与标准详解[M]. 北京：人民邮电出版社, 2020.

[2] 张传福, 赵立英, 张宇, 等. 5G 移动通信系统及关键技术[M]. 北京：电子工业出版社, 2018.

[3] 杨立, 黄河, 袁弋非, 等. 5G UDN（超密集网络）技术详解[M]. 北京：人民邮电出版社, 2019.

[4] 朱剑驰，刘佳敏，曾捷，等. 5G 超密集组网技术[M]. 北京：人民邮电出版社，2017.

[5] 3GPP. Study on architecture for next generation system: TR 23.799[S]. 2016.

[6] 李晗. 面向 5G 的传送网新架构及关键技术[J]. 中兴通讯技术，2018, 24(1): 53-57.

[7] 余岳龙. 5G 移动通信网络架构与关键技术要点探析[J]. 电视技术，2019, 43(13): 29-30, 54.

[8] 3GPP. Proposal for study on a next generation system architecture: S2-153703[S]. 2015.

[9] 高大远. 试论 5G 承载需求分析及传送网建设方案[J]. 中国新通信，2019, 21(20): 67.

[10] 张峥华. 5G 承载网关键技术与建设方案[J]. 信息通信，2019, 27(4): 208-211.

[11] 3GPP. System architecture for the 5G system: TS23.501[S]. 2018.

[12] 3GPP. Way forward on the overall 5G-NR eMBB. work plan: RP-170741[S]. 2017.

[13] 高东健，靳宏尧. 5G 移动通信网络架构及关键技术[J]. 中国新通信，2017, 19(14): 25.

[14] 岳胜，于佳，苏蕾，等. 5G 无线网络规划与设计[M]. 北京：人民邮电出版社，2019.

[15] 杨峰义，谢伟良，张建敏，等. 5G 无线网络及关键技术[M]. 北京：人民邮电出版社，2017.

[16] 3GPP. NG-RAN; architecture description: TS38.401[S]. 2018.

[17] 5G 推进组. 5G 网络技术架构白皮书[R]. 2020.

[18] 龚倩，徐荣，李允博，等. 分组传送网[M]. 北京：人民邮电出版社. 2009.

[19] 项弘禹，肖扬文，张贤，等. 5G 边缘计算和网络切片技术[J]. 电信科学，2017, 33(6): 54-63.

[20] 3GPP. User Equipment (UE) radio transmission and reception (Release 17): TS 38.101-1[S]. 2022.

[21] 3GPP. User Equipment (UE) radio transmission and reception (Release 17): TS 38.101-2[S]. 2022.

[22] 3GPP. Base Station radio transmission and reception (Release 17): TS 38.104[S]. 2022.

[23] 程日涛，张海涛，王乐. 5G 无线网部署策略[J]. 电信科学，2018, 34(S1): 1-8.

[24] 白宝明. Turbo 码理论及其应用的研究[D]. 西安：西安电子科技大学，1999.

[25] 刘文明. LDPC 码编译码研究及应用[D]. 武汉：华中科技大学，2006.

[26] 张平，陶运铮，张治. 5G 若干关键技术评述[J]. 通信学报，2016, 37(7): 15-29.

[27] 李俊，田苑，邱玉，等. 面向 5G 应用的 OQAM-OFDM 调制：原理、技术和挑战[J]. 电信科学，2016, 32(6): 15-19.

[28] 王琼，尹志杰，王胜. 新一代无线通信系统中的 F-OFDM 技术研究[J]. 广东通信技术，2016, 36(11): 39-42.

[29] 徐霞艳. 5G 毫米波技术与应用场景浅析[J]. 数字通信世界，2022, 15(3): 44-46.

[30] 杨孙昆. 5G 系统中毫米波通信性能的分析与研究[D]. 北京：北京邮电大学，2021.

[31] 王飞龙. 面向 5G 免调度的稀疏码分多址检测算法研究[D]. 北京：北京邮电大学，2019.

[32] 钱志鸿，王雪. 面向 5G 通信网的 D2D 技术综述[J]. 通信学报，2016, 37(7): 1-14.

[33] 张平，陶运铮，张治. 5G 若干关键技术评述[J]. 通信学报，2016, 37(7): 15-29.

[34] 尤力，高西奇. 大规模 MIMO 无线通信关键技术[J]. 中兴通讯技术，2014, 20(2): 26-28, 40.

[35] 王东明，张余，魏浩，等. 面向 5G 的大规模天线无线传输理论与技术[J]. 中国科学（信息科学），

2016, 46(1): 3-21.

[36] 唐华. 用于 Massive MIMO 的天线技术研究[D]. 成都: 电子科技大学, 2019.

[37] ZHU J, SCHOBER R, BHARGAVA V. K. Secure transmission in multicell massive MIMO systems[J]. IEEE Transactions on Wireless Communications, 2014, 13(9): 4766-4781.

[38] WANG J, LEE J, WANG F. et al. Jamming-aided secure communication in massive MIMO Rician channels[J]. IEEE Transactions on Wireless Communications, 2015, 14(12): 6854-6868.

[39] 顾林轩. 5G 无线通信技术与网络安全探讨[J]. 网络安全技术与应用, 2022(6): 74-75.

[40] 陈澄广, 冷宇. 5G 移动通信网络安全问题及对策研究[J]. 中国新通信, 2021, 23(7): 24-25.

[41] GUO K, GUO Y, ASCHEID G. Security-constrained power allocation in MU-massive-MIMO with distributed antennas[J]. IEEE Transactions on Wireless Communications, 2016, 15(12): 8139-8153.

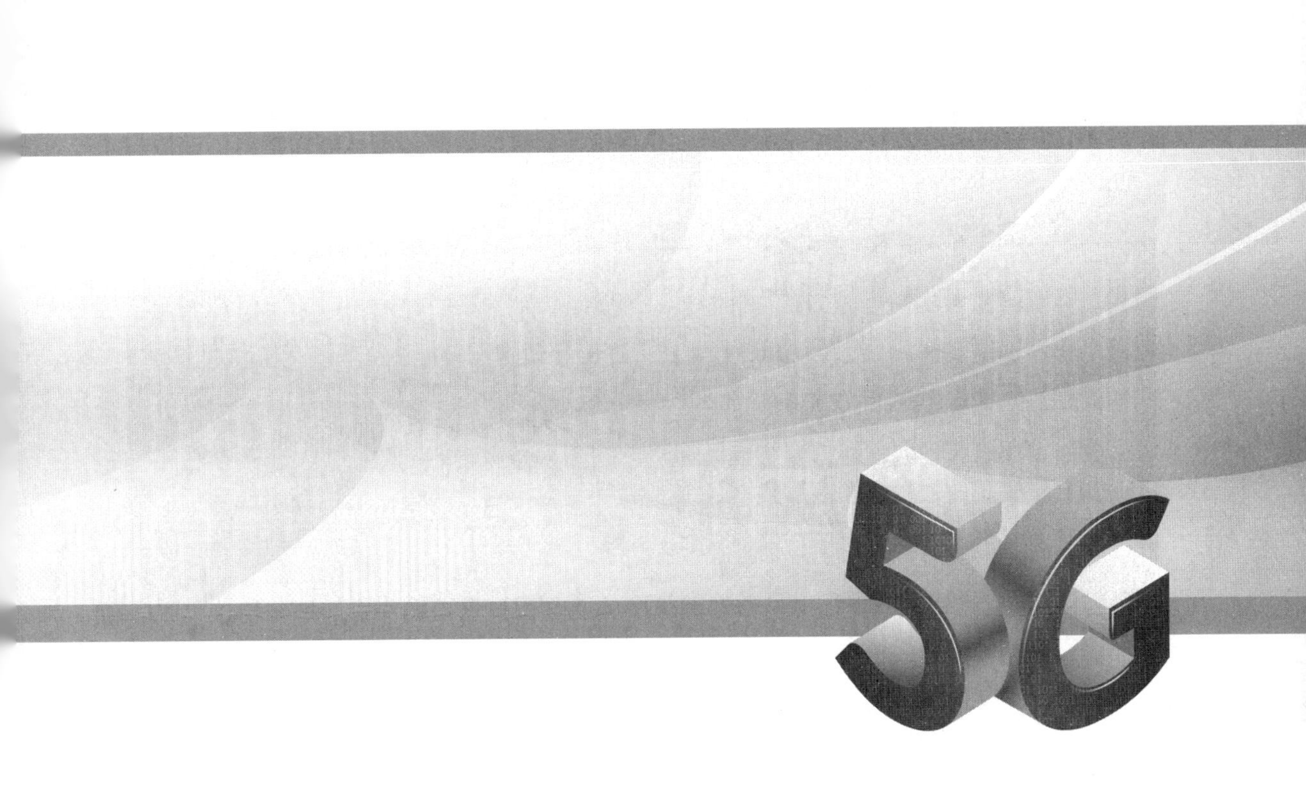
5G

第 3 章 5G+新技术融合创新应用

本章主要内容

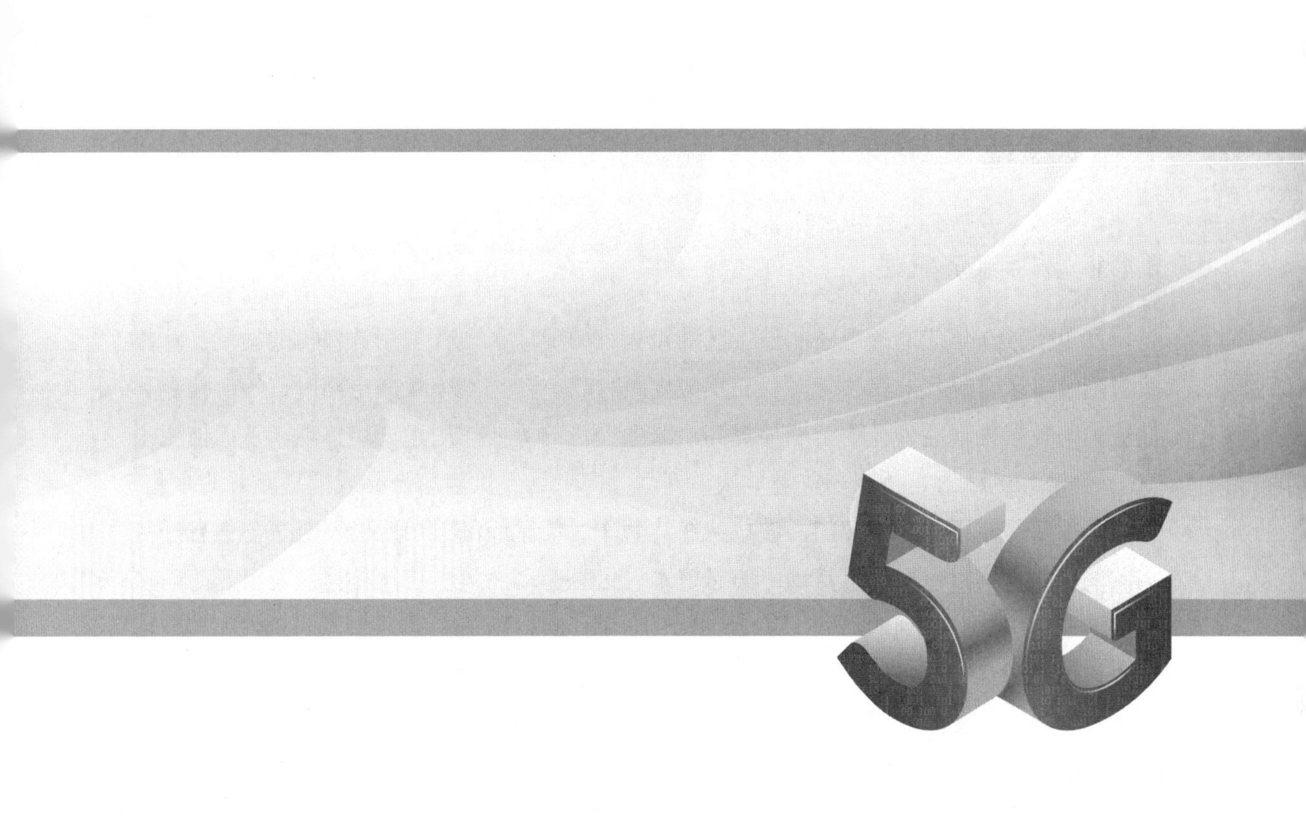

3.1 数字经济

3.1.1 数字经济概述

20 世纪 40 年代，微电子制造工艺的重大突破促成了现代电子计算机的发展。计算机经历了电子管时代、晶体管时代、集成电路时代、超大规模集成电路时代等，信息存储能力与数据处理能力得到了明显提高，服务经济的重要作用进一步体现，从而催生了“信息经济”的概念。马克卢普最早认识到由“向市场提供信息产品或信息服务的企业”组成的部门是重要的经济部门。波拉特在其著作《信息经济》中明确界定了与信息经济相关的概念，其中包括信息活动、信息资本、信息劳动者等，首次将信息业上升为与农业、工业、服务业并列的产业。从 20 世纪 70 年代起，随着个人计算机的诞生和普及，信息通信技术（ICT）用于个人信息处理、娱乐休闲、辅助工业设计与生产及相关组织的信息管理。信息产业部门与其他经济部门之间的联系日益密切，ICT 产业成为信息经济的核心。自 20 世纪 90 年代起，随着互联网技术的逐步成熟，越来越多的个人计算机开始接入互联网，使互联网从早期用于国防军事和学术研究等领域中的信息传输转变为应用于各个领域，成为提供商业化应用服务的重要平台。商业模式的转变带来了在线交易，引发了“互联网经济”概念的兴起并被广泛传播。

随着时间的推移，互联网经济的发展趋势、使用情况、具体内容及安全隐私等逐渐受到了广泛的关注。2010 年，经济合作与发展组织（OECD）用《互联网经济展望》代替了《信息技术展望》，并对互联网的发展进行了系统研究和阐释。相较于信息经济，互联网经济更能反映出 ICT 的跃迁及它与经济社会的融合，集中体现在以电子商务为代表的商业模式的快速发展。与此同时，以互联网为媒介进行传播的电影、音乐、新闻、游戏、广告等虚拟服务产品大量产生，大大扩展了信息产品的范围，促进了互联网经济的进一步发展。由此可见，互联网经济的发展不仅对传统产业的转型升级产生了深远的影响，而且也为创新创业提供了更广阔的发展空间和更丰富的机会。

进入 21 世纪后，移动通信技术取得了飞速发展，实现了从 3G 到 5G 的跨越。移动通信技术的发展使移动终端之间的连接和数据的高速传输成为可能，从而打开了“万物互联”的大门。数字通信技术已经深入经济社会的各个层面，给人们带来了极大的便利。随着数字技术的普及和应用，数字经济逐渐成为一个热门话题。它是一个广泛应用 ICT 的经济系统，包含信息基础设施和电子商务交易模式等。数字经济的兴起使人们可以更加方便地获取信息和进行交易，同时带来了新的商业模式和发展机会。

数字经济的概念最早由塔普斯科在 1996 年提出，被尼葛洛庞蒂等人认同。他们认为数字化、信息化和网络化给人们的生产生活方式带来了巨大变化，形成了全新的数字化生存方式。随着移动通信和互联网的深度结合，人们可以使用更加便捷高效的信息化服务。特别是云计算、物联网、大数据、人工智能等技术在经济、社会生活等各个层面中的广泛传播与成熟应用，带来了海量的数据，使数据逐渐成为重要的生产要素。这些技术的应用和普及，推动了数字经济的发展和广泛应用。信息经济、互联网经济和数字经济都以 ICT 为核心驱动力，本质上都是一种技术经济范式，它们之间的差异主要体现在 ICT 的应用范围及其与经济社会的结合程度不同。

另外，数字经济还引发了新的创新创业热潮。数字技术的普及和应用给创新创业提供了更广阔的发展空间和更多的发展机会，因为数字经济具有开放、共享和包容的特点，降低了进入门槛和交易成本。数字经济也加速了创新创业的发展速度和规模，让创业者和创新者更容易获得资本、市场、人才等方面的支持，推动创新创业生态系统的建设和完善。然而，数字经济的快速发展也带来了新的挑战和风险。数据安全保护、隐私保护、知识产权保护等问题成为数字经济发展过程中亟须解决的难题。同时，数字经济也对传统经济模式和产业格局产生了深刻影响，传统产业面临着数字化转型和升级的压力和挑战，因此，数字经济的发展需要政府、企业和社会各方面的共同努力和协作，促进数字经济的可持续发展和建设数字经济生态系统。

1. 国内外数字经济研究现状

（1）国外现状

在信息技术发展初期，数字经济是一个重要的研究领域，国外学者主要从信息技术对经济形态应用的角度进行探究。一些学者认为数字经济是一种经济范式，是信息技术完全作用于企业整个供应链上的结果。还有一些学者则指出数字经济属于电子商务应用的经济模式，是互联网融合计算机技术和通信技术的产物。美国相关统计部门于 1999 年给出了数字经济的明确定义，即数字经济是电子商务及电子化企业进行网络交易等流程重组的结果。基于此，数字经济可分为 4 个部分，包括基础建设、电子化企业、电子商务和计算机网络。数字经济的组成如图 3-1 所示。当时，学者们强调信息和通信技术的融合应用创造出新的经济模式是数字经济的主要表现。

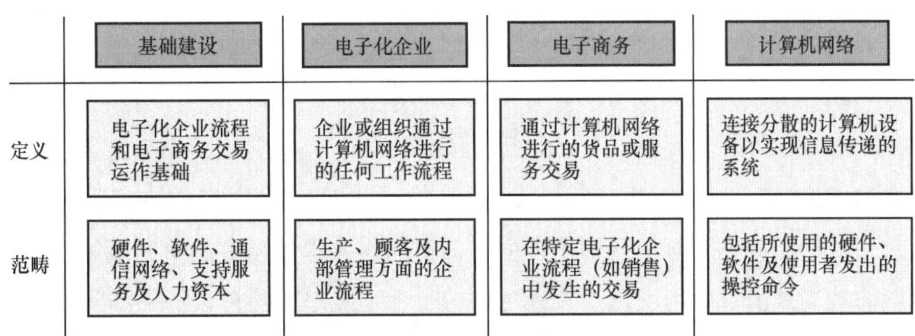

图 3-1　数字经济的组成

随着时间的推移，国外学者从更深入的经济角度解释数字经济的内涵。有的学者认为数字经济代表信息技术改变人们的工作和生活方式后出现的各种新的商业经济活动，并不仅仅局限于电子商务。这一概念突破了电子商务的局限，从更为广大的经济视角来衡量数字经济。随着传统经济和新技术的加速融合，新产业、新业态层出不穷，数字经济所涵盖的技术手段和经济形态不断扩充。有的学者从经济产出的角度来推断数字经济的概念，认为数字经济是通过信息技术基础设备、数字技能及数字中间产品等数字化投入所带来的经济产出活动。还有一些学者继续从产出的角度指出，数字经济属于部分或全部数字技术带来经济产出的一系列活动，主要分为核心层的数字领域、狭义的数字经济和广义的数字化经济 3 个层次。由于 ICT 与产业的融合程度不同，从产出的角度来定义数字经济能更好地涵盖数字经济延伸的技术范围和内涵，并得到了广大学者的认同。因此，现在已经出现一种被广泛认可的定义，即 Bukht 等人提出的数字经济划分，即数字经济的 3 个层次，如图 3-2 所示。总之，数字经济的内涵越来越广泛，涵盖了各种新的商业经济活动，这些活动是数字化投入所带来的经济产出活动。

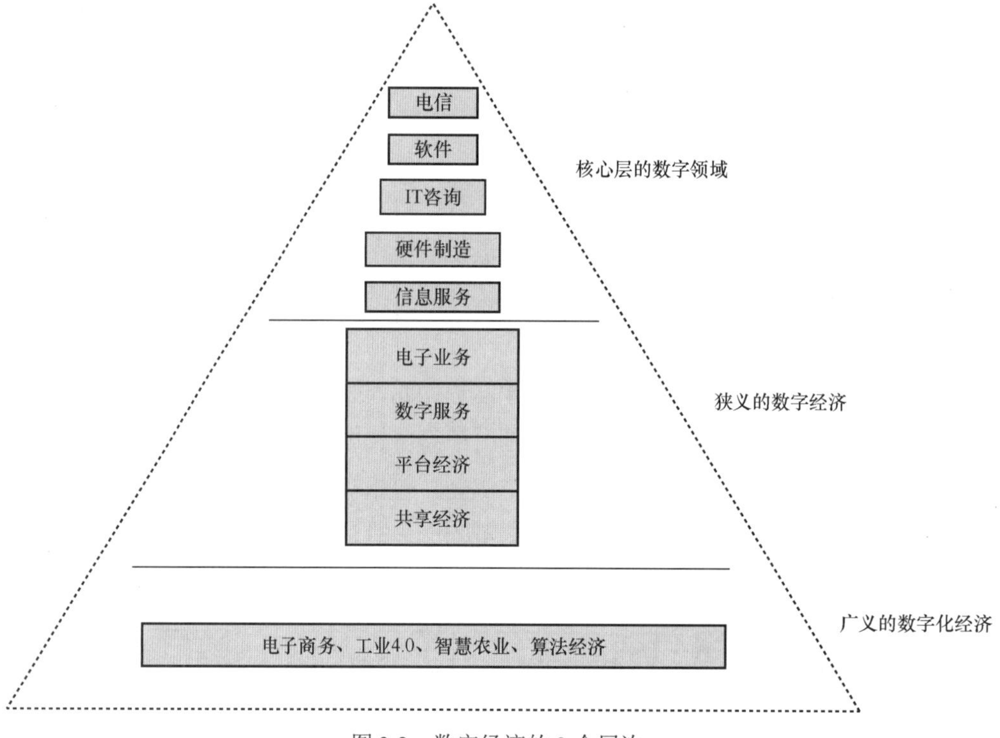

图 3-2 数字经济的 3 个层次

（2）国内现状

国内的数字经济研究可分为两个方面，一方面借鉴国外已有的研究成果，另一方面结合国内的数字经济发展情况进行实践考察。早期，国内主要将数字经济限定在 ICT 的发展范畴中，认为数字经济是互联网与经济的结合体，并将其泛化到网络经济和数字经济之间的相互转化上。然而，随着时间的推移，人们对数字经济的理解逐渐深入，开始认识到数字经济是一个更为广泛的概念。在 2016 年的 G20 杭州峰会上通过的《二十国集团数字经济发展与合作倡议》中，数字经济被定义为将现代信息网络（重要载体）、信息通信技术的有效使用（效率提升和经济结构优化的推动力）、数字化的知识和信息（关键生产要素）相结合的一系列经济活动。这一定义成为国内数字经济概念的参照标准。基于此，一些学者进一步阐述了数字经济的内涵，指出数字化、智能化的 ICT 与传统的生产和消费等经济活动的深度融合，在以数字化的方式改变社会运行机制的同时，也使现代经济的适应性更强。

数字化指利用数字技术将传统的物质形态的信息和资源转化为数字化形式，以便更加高效地进行管理和利用。在数字经济中，数字化已成为生产和应用的重要技术手段，并成为代表互联网时代先进生产力的标志。数字经济不仅仅包括 ICT 等基础设施，还涵盖了“互联网+”“智能+”等技术，形成了互联网、人工智能、大数据等技术对经济活动产生作用的局面。数字化为经济发展提供了新的思路和模式，促进了传统产业的数字化转型升级，提高了经济效益和社会效益。

数字化的推广和应用已经深入各个领域。例如，在商业领域中，数字技术正在推动商业模式的转型升级，加速商业流程和业务的数字化和自动化转型，提高企业的竞争力和创新能力。在教育领域中，数字技术正在推动教育模式的变革，改变传统教学方式，提高教育效率和质量。在医疗领域中，数字技术正在推动医疗模式的升级，加速医疗信息化和智能化进程，提高医疗服务的质量和效率。总之，数字化已成为当今社会发展的必然趋势，它为我们提供了更加高效、便捷、可持续的发展模式和思路，也为我们的生产和生活带来了更多的便利和创新。

2．数字经济的内涵与特征

相较于传统经济时代，数字经济在以下方面有着不同的内涵和特征。

（1）技术层面：数字化和信息化

技术是推动数字经济发展的主要动力。随着数字技术的不断创新，新的数字化生产部门不断涌现，为市场结构的调整和升级注入了新的活力。数字化和信息化的融合协作，为企业提供了应对行业风险的能力，并同时推动了商业模式的不断创新。我国的经济发展经历了从互联网经济、信息经济到数字经济的转变，在这个过程中，信息经济和数字经济更关注业务数据化和数据业务化，为企业提供更深入和全面的数据支持，使企业能够更好地理解市场需求和消费者行为，进而提升企业竞争力和市场地位。

随着技术的不断进步和创新，数字经济也在不断地演变和发展。数字技术的创新应用不断地推动新的产业和业务模式的出现，从而推动数字经济的发展。数字经济的发展也在加速市场结构的调整，从而使市场更加公平，市场运行更加高效。数字化和信息化的协同作用使企业可以更好地抵御行业风险，并且更加有效地应对市场的变化。可以看到，随着数字经济的发展，数字化和信息化正在逐渐渗透到各个行业和领域中。在数字化转型的过程中，企业越来越注重数据的价值和数据的利用，并将业务数据化并转化为商业模式的一部分。在数据业务化的过程中，企业利用数据进行创新和业务优化，以提高竞争力和效率。

（2）产业层面：数字产业化和产业数字化

数字经济指利用数字技术和信息网络进行经济活动的一种新型经济形态。从产业发展的角度来看，数字经济主要包括数字产业化和产业数字化两个方面。数字产业化指利用数字技术进行技术创新，培育新兴产业。产业数字化则指利用先进数字技术改造传统产业，收集、存储和应用有用数据，帮助传统产业实现转型升级，提高生产效率。

在数字经济中，数据是极其重要的核心生产要素之一。产业需要收集大量有关市场、消费者、竞争对手等方面的数据。这些数据经过处理和分析可以转化为具有经济价值的数字信息，成为企业转型升级过程中最具竞争力的战略性资源。数字信息具有零边际成本和复制无差异特性，能够推动产业技术的革新和完善，更好地获得最大流量，进而产生利润。在数字经济的发展过程中，数据不仅是基础设施，也是生产工具、社会规律的表现、经济手段和政府治理的手段，因此，数据共享和开放已成为数字经济发展的新亮点和新趋势，也是数字经济健康发展的保障。

（3）场景应用层面：网络化和智能化

新一代信息技术的出现，如大数据等，已经深刻地改变了社会互动方式，并推动数字经济的快速发展。在数字经济的推动下，现代经济活动和社会正朝着网络化和智能化的方向迅速发展。在生产和消费环节中，数字技术的应用降低了市场信息的不对称性，消费者和生产者之间的有效对接得以实现。通过数字技术，生产者能够更加准确地了解市场需求，从而提高生产效率和效益。同时，消费者也能够更好地了解商品和服务的信息，从而更加精准地消费，避免信息不对称所带来的损失。

平台经济是数字经济最直接、最泛在的体现，同样发挥着重要的作用。平台能够帮助企业，特别是小微企业开拓更广阔的市场，帮助它们有效提升发展活力。通过数字技术，平台构建了一个以消费者为中心的市场生态系统，帮助各个企业实现资源共享和协同发展，促进经济活动的智能化和网络化。

（4）治理层面：政府数字治理与治理数字化

数字治理是数字经济的核心组成部分，对政府的数字化转型和现代化管理具有重要意义。政府数字治理通过运用数字技术和数字化手段，提升政府的管理效能、治理效率和公共服务水平，同时也可以促进数字经济的发展和创新。在数字治理的实践中，政府可以通过多种途径来推进数字经济的发展，如加强数字产业化、建设智慧城市等。在打造数字政府、建设智慧城市的过程中，政府可以依托数字化基础设施和关键技术，通过政府购买和税收优惠等措施来促进数字产业化和数字经济的发展。同时，政府还可以利用信息技术来提升公共服务的效率和质量，如通过建立在线政务平台、提供数字化公共服务等方式来实现公共服务的普及化和便捷化。

数字治理的实践需要政府深刻认识到数字经济的重要性，并将数字技术和数字化手段作为提升治理效率和公共服务水平的重要手段。通过加快推动数字产业化和加强数字化基础设施建设，政府可以创造有利于数字经济发展和创新的环境，促进数字治理的发展和实践。

3.1.2　数字经济新型网络架构与服务模式

1. 数字经济新型网络架构

数字基础设施的建设需要前瞻性地以一体化、融合化、低碳化为发展方向将空天地一体化网络体系、新型绿色数据中心等纳入数字基础设施布局，这样的数字基础设施布局可以最大化地促进数字经济的发展。此外，在数字基础设施建设方面，政府和企业应该加强合作，共同推进数字经济的发展。政府可以通过制定相关政策和规划，提供资金支持和技术指导，促进数字基础设施的建设和完善。企业则可以投入更多的研发资源和资金，推动数字技术的创新和应用，加速数字基础设施的建设和优化。

数字经济发展规划 IP-VSGI 创新模型综合了国家统计局、中国信息通信研究院和赛迪研究院对数字经济的分类和认识，具体框架如图 3-3 所示。这个模型的框架由一套产业基础（数字基础设施）、两大支柱（数字产业化和产业数字化）和四大关键要素（数据价值化、数字安全、数字低碳化、数字科创）构成，旨在促进数字经济的快速发展。

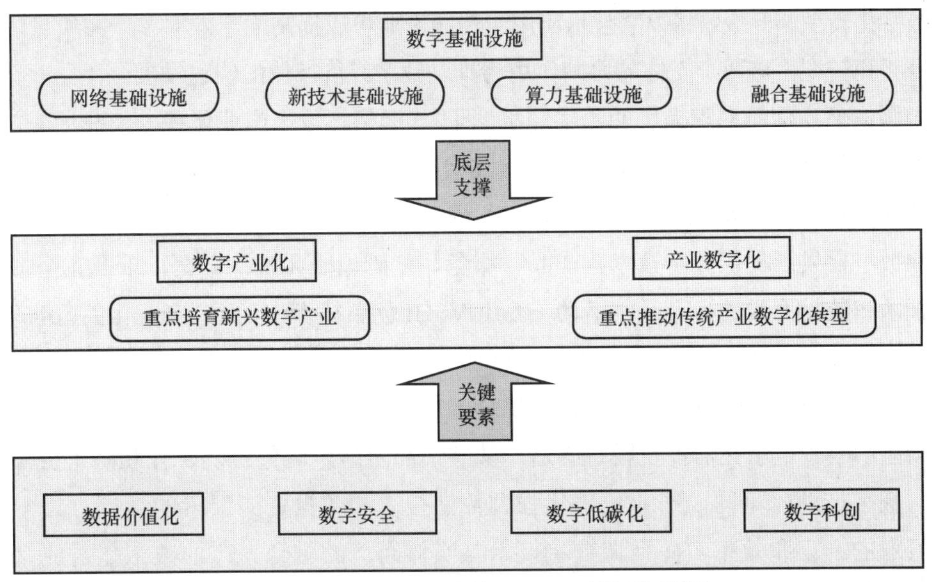

图 3-3　数字经济发展规划 IP-VSGI 创新模型框架

数字基础设施是数字经济发展的重要基础。它包括网络基础设施、新技术基础设施、算力基础设施和融合基础设施，这些基础设施的建设是促进数字产业化和产业数字化发展的必要条件。网络基础设施包括传感终端、5G 网络等。网络基础设施的建设可以提高通信速度和稳定性，为数字经济的发展提供坚实的基础。新技术基础设施包括云计算基础设施、物联网基础设施、人工智能基础设施等新一代信息技术基础设施，这些技术为数字经济的创新提供了强大的支持。算力基础设施包括大数据中心等，可以提高数据存储和计算的能力，为数字经济的发展提供了更加坚实的技术支持。城市信息模型（CIM）平台、智能化市政基础设施、车联网等对行业有共性作用的融合基础设施可以促进数字经济的发展，提高社会效益。

数字基础设施的建设还需要关注数据隐私和信息安全问题。在数字化的背景下，各种类型的数据都成为数字基础设施的重要组成部分，数据的保护和隐私的管理则需要加强。同时，数字基础设施的安全性也需要被重视，政府和企业需要采取措施保障数字基础设施的安全可控。总之，数字基础设施对于数字经济的发展至关重要。随着新一代信息技术的不断发展和应用，数字基础设施的建设需要不断升级和完善，以更好地支撑数字产业化和产业数字化的发展。此外，数字基础设施的建设也需要加强企业和政府的合作，实现数字经济的可持续发展。

数字经济发展的主要引擎是数字产业化和产业数字化。这两个领域是数字经济框架的两大支柱，可以带动数字经济规模化发展。数字产业化注重的是培育新兴的数字产业和壮大通用关键技术产业，通过支持新兴数字产业的发展，以及加强通用关键技术的研究和开发，数字产业化可以推动数字经济的快速发展。而产业数字化的重点在于赋能实体经济，促进数字化转型和升级。将数字技术应用于传统产业可以提高生产效率和产品质量，促进产业升级和转型。这两个支柱的协同作用将推动数字经济产业的快速发展。

中国信息通信研究院提出的数字经济“四化”框架将数字产业化视为信息通信产业，但随着数字经济和新兴产业的快速发展，数字产业化的范围也在不断地扩大和变化。在国家统计局发布的《数字经济及其核心产业统计分类（2021）》中，数字产业化的定义为为产业数字化发展提供数字技术、产品、服务、基础设施和解决方案，以及完全依赖于数字技术和数据要素的各类经济活动。在 IP-VSGI 创新模型中，数字产业化的范畴与《数字经济及其核心产业统计分类（2021）》的前四大类，即数字经济核心产业相对应，包括数字产品制造业、数字产品服务业、数字技术应用业和数字要素驱动业，其中，细分产业包括但不限于电子元器件及设备制造、数字产品零售、软件开发、互联网平台等。

与数字产业化不同，产业数字化强调数字技术和数据资源要素的运用，用于提高传统产业的产出和效率，并强调数字技术与实体经济的融合。产业数字化对应《数字经济及其核心产业统计分类（2021）》中的第五大类，包括智慧农业、智能制造、智慧物流、数字金融、数字商贸、数字社会、数字政府等数字化应用场景。总体来说，产业数字化可以界定为以赋能实体经济为主，推动综合治理数字化的经济活动。这些数字技术和数据资源的应用不仅可以提高效率和降低成本，还可以创造更多的商业价值和就业机会，因此，数字产业化和产业数字化的发展对于促进经济转型升级、优化产业结构和推动数字经济发展具有重要意义。

四大关键要素（数据价值化、数字安全、数字低碳化及数字科创）是数字经济发展提质增效的关键。这些关键要素将帮助盘活数字经济核心生产要素、筑牢安全防线、推动经济绿色转型，并为数字经济创造融合、创新、协同的发展空间。具体来说，数据价值化可以提高数据的价值和利用效率，数字安全可以保护数字经济的安全，数字低碳化可以推动数字经济绿色发展，数字科创则可以促进数字经济的创新发展。

随着数字经济的快速发展，网络信息系统的互联互通和数据跨域流动频率大大增加，这使得网络、数据和基础设施面临的安全威胁和风险挑战日益突出。一些学者指出，数字经济面临着关键信息基础设施保护，工业互联网、5G 等新技术新应用、数据要素及关键核心技术带来的安全保护挑战，因此，必须创建涵盖数字基础设施安全保护、网络安全保护和数据安全保护等方面的数字安全保护体系，为数字经济发展构建健康的数字生态。

2. 数字经济新型服务模式

随着数字技术的不断创新、应用，以及数据价值的不断提升，新业态、新模式正在快速崛起。它们以多元化、多样化、个性化为发展方向，重构产业链，形成新商业形态、新业务环节、新产业组织和新价值链条，为数字经济的高质量发展注入新的活力因子。

未来的 IT 架构将会基于端、管、云网络架构，端、管、云网络示意如图 3-4 所示。这里的端指终端，如手机、摄像头、传感器等，用于感知物理世界。这里的管指通信管道，如物联网、5G 网络、宽带/专线固定网络。这里的云指云计算，未来端侧的数据将通过通信管道传输到云端，形成大数据，并且能够基于海量的数据进行人工智能分析，如交通大数据能够通过对实时数据进行采集，经分析得出哪些路段比较拥堵，为司机提供最优的驾驶路线，避开拥堵路段。

图 3-4　端、管、云网络示意

5G 让智慧城市的发展迎来了新的契机及新的时代，城市中的人、物、组织在数字孪生城市中实时连接，城市将变得更加智能，这都依靠 5G 的特性（大带宽、高速率、低时延、高可靠、海量连接等）得以实现。未来，5G+云+人工智能+物联网技术（又称 5G+X）使能垂直行业，5G 将成为未来信息化的底座技术。5G+X 垂直整合赋能智能业务如图 3-5 所示，从中可以看出，智能柔性制造需要网络的低时延，沉浸式 VR 体验需要大带宽，无人机和无人驾驶技术需要网络具备 5G 网络的所有特性。

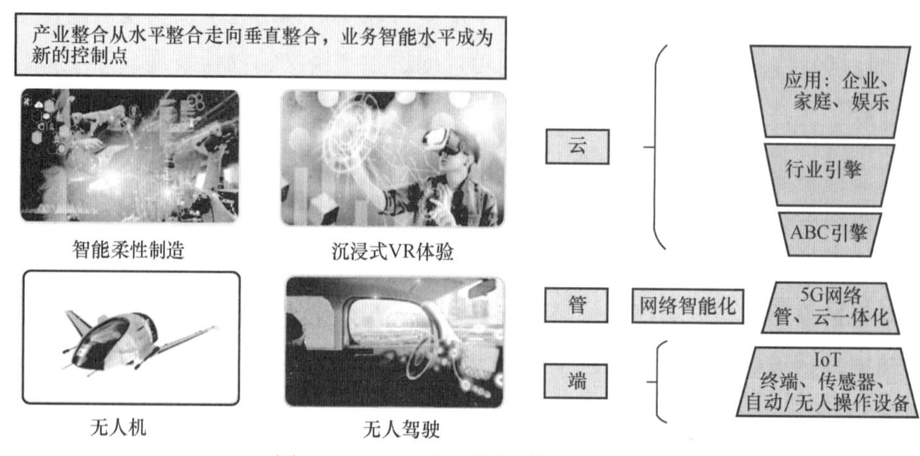

图 3-5 5G+X 垂直整合赋能智能业务

端、管、云的技术架构将赋能顶层应用，如前文所述，端是终端，在万物互联时代，通过 5G 网络实现管、云一体化，赋能上层应用，如智慧教育、智能制造、智慧工厂等。智慧工厂通过传感器实现工厂的人、机、料、法、环的互联，并通过无线网络（如 5G 网络）将数据传输到云端形成工业大数据，之后基于大数据对工厂的生产流程、良品率、能耗等进行分析和优化，进而提高效率。

近年来，新业态、新模式正迅速成熟。以在线办公、在线教育、互联网医疗为代表的新模式，已经成为数字化生存的新常态。这些新模式在实践中不断迭代和改进，逐渐解决了很多采用传统模式无法解决的问题，成为数字经济转型发展的新动力。教育部等 13 个部门联合发布了《关于支持新业态新模式健康发展激活消费市场带动扩大就业的意见》，旨在促进新业态、新模式的发展，推动经济转型和改革创新。

（1）数字经济融合教育

教育部牵头推动发展线上/线下教育常态化融合的教育体系，构建良性互动格局。该决策允许购买并适当使用符合条件的社会化、市场化优秀在线课程资源，探索将其纳入部分教育阶段的日常教学体系，并在部分学校先行先试。本书以图 3-6 所示的科大讯飞公司旗下品牌讯飞智慧教育中的智慧课堂为例，展示智慧课堂的运转方式及构成。

以网络为基础的远程学习、远程教育可以实现教学地点灵活、教学方式多样化，教育资源共享、互动智能体验的目标。这种新型教育方式将在未来成为教育领域一种重要的发展趋势，能够满足学生个性化、多样化的需求，也能够提高教育质量，推动我国教育事业发展，为扩大就业容量提供新的人才支撑。

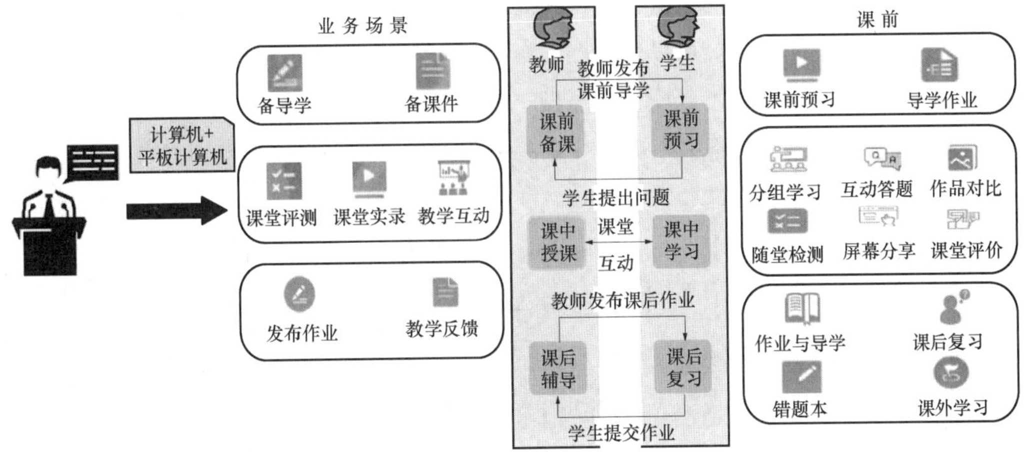

图 3-6　智慧课堂

（2）数字医疗

数字医疗是一种利用互联网，将传统医疗健康服务与数字技术深度融合的新型医疗健康服务模式。数字医疗基本特征与数据飞轮如图 3-7 所示，图中展示了数字医疗的基本特征及基本特征间的关系。

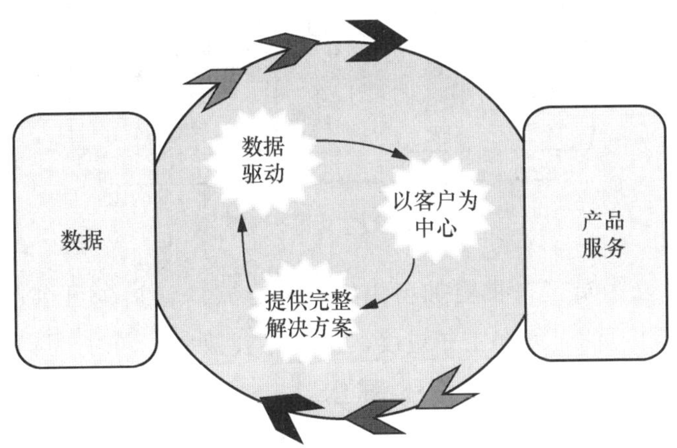

图 3-7　数字医疗基本特征与数据飞轮

通过移动通信、云计算、物联网、大数据等技术，数字医疗能够为患者提供便捷、高效的医疗服务，打破传统医疗服务的时间和空间限制。互联网医院是在“互联网+医疗”与传统医院改革有机结合后产生的，它利用互联网技术为用户提供安全舒适的医疗服务，满足患者的就医需求。互联网医院通常可以为患者提供常见病的诊断和治疗服务，有效缓解实体医院的压力。与此同时，互联网医疗的发展面临着许多挑战，如信息安全保护、医疗质量保障等，这需要不断加强监管和规范化建设。

（3）数字化办公

现代互联网技术的发展使远程办公、异地办公、移动办公成为可能，数字化办公这种工作模式能够降低企业的运营成本，并提高企业的收益。通过业务平台共享信息资源和及时反馈沟通，团队成员可以更好地协作和配合，提高工作效率。数字化办公流程如图 3-8 所示。

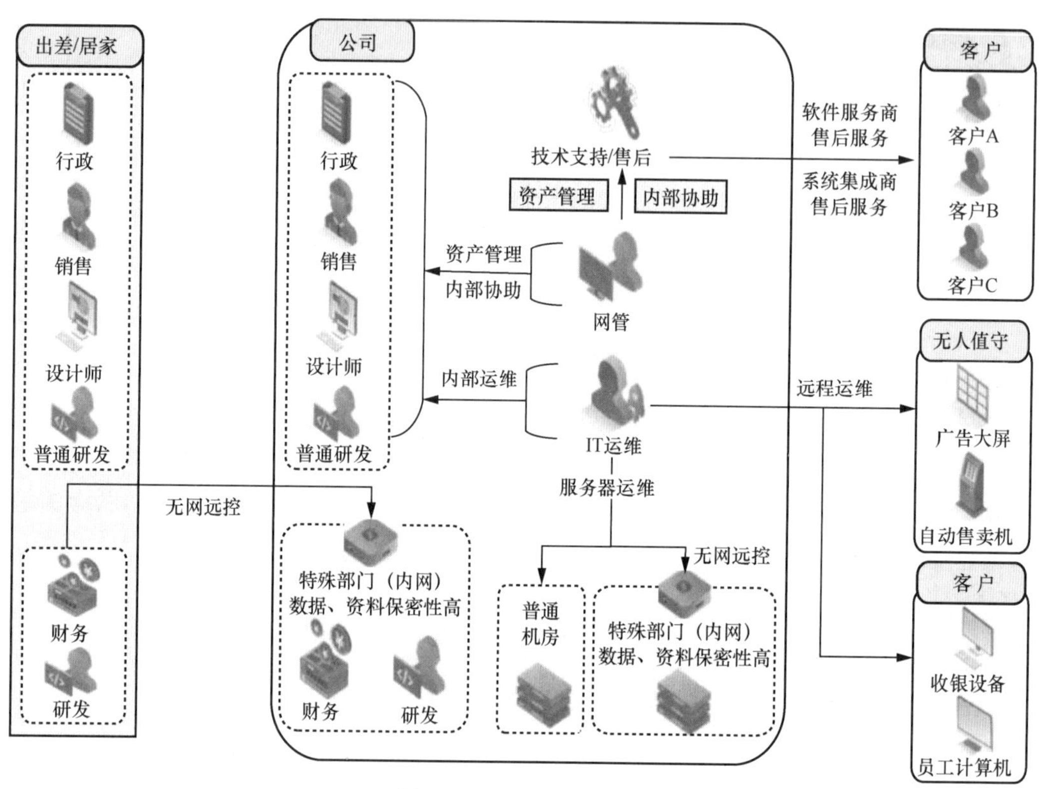

图 3-8 数字化办公流程

远程办公可以为员工提供更加自由的办公方式，让员工可以自由选择办公环境，更好地管理自己的时间和工作进度，提高办公效率。同时，远程办公也可以缓解早/晚高峰的交通压力，减轻城市环境的压力。总之，通过数字化办公，企业可以降低成本，提高收益，同时也为员工提供更好的工作环境和更加自由的工作方式，实现双赢。

（4）虚拟产业园和产业集群

虚拟化和网络化平台可以促进线下实体和线上虚拟平台的有机结合，推动跨区域、跨产业集群的发展。这些产业集群具有产业链和价值链的特征，利用信息共享、企业分散和开放灵活的特性，实现更高效的生产、营销和服务。以“猪八戒”定制化企业服务电商平台为例的虚拟产业集群平台如图 3-9 所示，本文用它展示虚拟产业集群平台的工作流程。

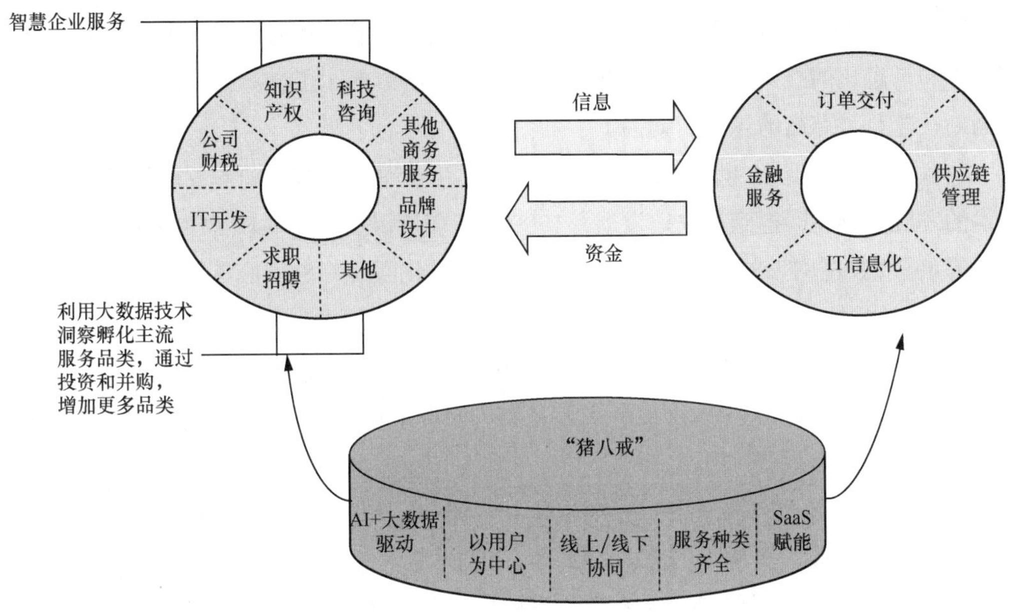

图 3-9　虚拟产业集群平台示例

在这种模式下，企业可以通过互联网等虚拟平台进行宣传、销售、客户服务等活动，同时在实体店铺中提供实物产品或服务。这种模式既可以扩大企业的业务覆盖范围，又可以提升消费者的体验感和信任感。此外，跨区域、跨产业集群可以带来更多资源的共享和协同创新。企业可以在同一产业链或价值链上合作，共同完成产品或服务的生产和交付，从而降低成本，提高效率，增强创新能力。

这些新模式的兴起，带动了一系列新消费形态的产生，如“无接触经济”“宅消费”“云消费”等，进一步推动了数字经济高质量发展。在这一过程中，数字技术的创新应用成为关键，它们在不断地推动新模式的涌现和演化。为了推动数字经济的高质量发展，我们需要进一步促进数字技术的创新应用，完善数字经济生态系统，推动各行业的数字化转型，培育新型消费模式和商业模式，推进数字产业的健康发展。同时，我们还需要建立完善的政策法规体系，推动数字技术的规范化和标准化，促进数字经济的可持续发展。

3.2　物联网

3.2.1　物联网技术架构

1．物联网概述

物联网是信息技术、互联网和传统制造业的融合产物，通过互联网将各种物理设备、软件等连接起来，其核心理念是连接物理世界与数字世界。物联网是一种实现智能化、自动化和信息化的技术应用，它正在改变人们的生活方式、工作方式和产业发展方式，成为新一轮科技革命的重要驱动力。

物联网技术始于 20 世纪 80 年代，当时主要用于军事领域。随着互联网和移动通信技术的发展，物联网得到了快速发展。1999 年，美国麻省理工学院的 Kevin Aston 教授首次提出了“物联网”这一概念。2008 年，国际标准化组织（ISO）和国际电信联盟（ITU）先后发布了物联网的标准。近年来，物联网技术得到了广泛应用和推广。

2011 年，工业和信息化部发布了《物联网“十二五”发展规划》，提出了建设物联网技术体系、推动物联网产业发展、加强物联网标准制定等方面的任务。随后，我国政府加大了对物联网技术研发和物联网产业化的投入，物联网产业逐渐成为国家战略性新兴产业。目前，物联网正向着规模化、集约化、绿色化、创新化阶段跃升，其应用领域涵盖了工业、交通、医疗、能源等多个领域。

随着技术的不断创新和发展，物联网的应用将会更加广泛，面临更多的机遇和挑战，因此，物联网相关技术和标准的研究仍然需要持续不断地进行发展，以满足人们对智能生活和智能化办公的需求，同时保障人们的权益和安全。随着技术的不断进步，物联网已进入快速发展的阶段。在硬件方面，各种物联网传感器、芯片、模组等硬件设备得到了飞速发展。在软件方面，云计算、大数据分析、人工智能等技术不断创新促进了物联网的发展。

物联网具有以下优势。

① 物联网可以助力实现自动化、智能化生产，提高生产效率和产品质量。

② 物联网可以为企业带来新的商业模式，通过数据分析和运营优化实现商业价值的最大化。

③ 物联网可以助力实现智能家居、智慧城市、智能交通等应用，为人们提供更加便捷、高效、舒适的服务和体验。

物联网的应用和发展面临以下问题。

① 安全隐患问题。物联网设备的安全隐患会直接影响网络安全，可能导致数据泄露、信息被窃取、遭受网络攻击等问题，因此，保障物联网设备和网络的安全至关重要。

② 隐私保护问题。物联网设备和系统会不断收集用户的数据，如果这些数据被滥用或泄露，那么用户的隐私将无法得到保护，因此，加强个人隐私保护是物联网发展的重要任务。

③ 标准化问题。由于物联网的复杂性和多样性，需要建立一套完整的技术标准和规范，以确保设备和系统的互操作性和兼容性。此外，还需要建立一套物联网产业标准，促进物联网产业的健康发展。

④ 能源消耗问题。物联网设备数量庞大，如果这些设备的能源消耗过大，将会对环境造成严重的影响。因此，需要研发低功耗、高效能的物联网设备，以减少能源消耗和

环境污染。

2. 物联网技术架构

ITU 定义的物联网解决了物品与物品（T2T）、人与物品（H2T）、人与人（H2H）的互联问题。物联网不仅是物与物的连接，借助互联网和通信技术，还将实现“万物互联”。事物的连接必须是自然连接，以确保事物的物理特征——时空特征能够凸显出来，即物联网内的事物必须能够清楚地表达自己的方位和状态信息。

物联网的实现需要借助互联网，并成为互联网社会的基础设施，这意味着物联网必须能够连接全世界的系统，而不仅仅是在局部区域内完成物到物的对接。物联网在实现时，依然要遵循自然对接的原则，即物联网内的事物必须能够清楚地表达自己的方位和状态。如果某个事物无法表达清楚自己的位置或状态，那么它就无法与网络进行有效对接。

综上所述，物联网是基于互联网的扩展，通过自然对接来实现 T2T、H2T、H2H 的互联。物联网必须能够连接互联网，并且必须遵循自然对接的原则。物联网系统可以划分为 4 个层次——端、边、管和云。物联网系统架构和行业应用如图 3-10 所示。

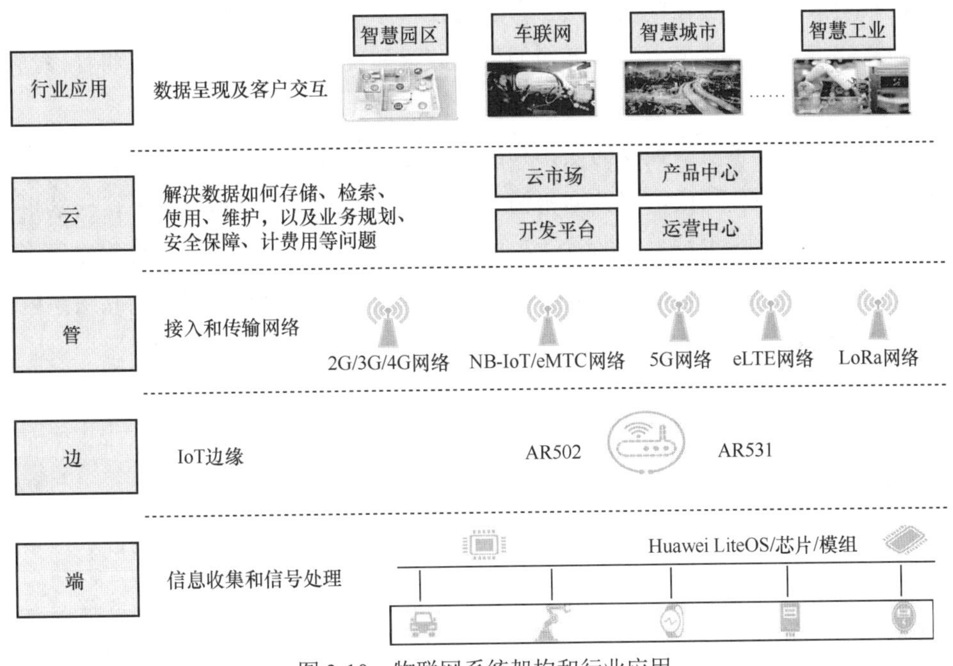

图 3-10　物联网系统架构和行业应用

端设备负责采集环境数据、监测设备状态和执行控制命令。这些端设备通过各种通信技术将数据传输到边节点上。例如，温度传感器可以通过无线通信技术（如 Wi-Fi 或蓝牙）将温度数据传输到附近的边节点上。监控摄像头可以通过网络连接将图像数据传输到边节点上进行处理。终端设备可以通过有线接口（如以太网接口）或无线接口（如 LoRa 接口）将数据传输到边节点上。

边节点位于物联网系统的边缘位置，靠近终端设备。它接收来自端设备的数据，并进行一定程度的数据处理和分析。边节点可以使用边缘计算技术，将部分计算任务和数据处理工作推向边缘，减少数据传输量和时延。例如，边节点可以对传感器数据进行实时过滤、聚合和预处理，以减少传输到云端的数据量。边节点还可以执行简单的决策，如基于传感器数据对执行器的控制操作，处理后的数据和数据处理结果可以传输到管节点和云端进行进一步处理和存储。

管节点是连接边端和云端的桥梁。它接收来自边节点的数据，并负责数据的整合和路由。管节点可以执行多个功能，包括数据收集、通信协议转换、安全认证和设备管理。它可以与不同类型的边节点进行通信，并将数据传输到云端。管节点可以使用多种通信协议，如消息队列遥测传输（MQTT）协议、超文本传输协议（HTTP）等，与云端建立连接。管节点还可以对数据进行压缩和加密，确保数据的安全传输。管节点也可以接收来自云端的指令和反馈，将它们传输到边节点上进行执行。

云端是物联网系统的核心，提供强大的计算和存储能力。云端服务器接收来自管节点和边节点的数据，并进行进一步的数据处理、分析和存储。云计算平台提供各种服务和工具，利用大数据、机器学习和人工智能等技术分析和处理物联网数据。云端可以执行复杂的算法以及训练模型，提供高级的数据分析和决策支持。它还可以将处理结果和反馈信息传输回管节点和边节点，以指导实时的操作和控制。

综上所述，端设备负责数据的采集和传输，边节点进行实时的数据处理和决策，管节点负责数据的整合和路由，将数据传输到云端进行更高级的处理和分析。云端提供强大的计算和存储能力，支持复杂的算法和模型训练。整个系统的连接和协作使物联网系统能够实现智能化的决策、服务和应用。通过端、边、管和云的连接，物联网系统实现了从端到云的数据流动和处理。

3.2.2 物联网关键技术

1. 物联网无线技术

物联网无线技术在物联网系统中发挥着至关重要的作用。物联网无线技术为系统提供了无线通信和无线连接的能力，使物联网设备能够相互传输数据、共享信息，实现物联网设备间的智能化互动。物联网无线技术根据通信距离的不同可以分为短距离无线技术和长距离无线技术。

短距离无线技术主要用于局域网范围内的设备连接，适用于个人领域的设备连接和较小规模的物联网部署。常见的短距离无线技术如下。

蓝牙：一种大容量近距离无线数字通信技术标准，通常用于个人领域的设备连接，其目标是实现最高数据传输速率为 1Mbit/s、最大传输距离为 10cm～10m 的数据传输。通过增加发射功率，蓝牙的最大传输距离可达到 100m。蓝牙支持设备之间的直接通信，具有较低的功耗和简单的设备配对过程。

Wi-Fi：一种允许电子设备连接到一个无线局域网（WLAN）的技术，通常使用 2.4GHz UHF 或 5GHz SHF ISM 射频频段。Wi-Fi 具有灵活性和互联性，可以连接各种智能设备，如智能手机、智能电视和智能家居设备。

ZigBee：一组面向低功耗数字无线电的高级通信协议规范，采用低功耗设计，适用于长时间运行的设备。ZigBee 支持自组织网络和网状网络，可以形成自适应网络结构。ZigBee 适用于小范围内的设备连接。

Z-Wave：一种专有的片上系统智能家居协议，采用低功耗设计，可延长电池寿命，信号传输稳定，支持大范围内可靠的设备连接，可覆盖整个家庭或办公环境。它还具有自组织网络的能力，设备可以自动加入和离开网络，并通过中继器扩大网络覆盖范围。

短距离无线技术对比见表 3-1。

表 3-1 短距离无线技术对比

技术	频段	传输速率	典型距离	典型应用
蓝牙	2.4GHz	1～24Mbit/s	1～100m	鼠标、无线耳机、手机、计算机等临近节点间的数据交换
Wi-Fi	2.4GHz UHF 5GHz SHF ISM	ISM802.11b：11Mbit/s ISM802.11g：54Mbit/s ISM802.11n：600Mbit/s ISM802.11ac：1Gbit/s	50～100m	无线局域网，以及家庭等室内场所高速上网
ZigBee	868MHz（欧洲）、 915MHz（美国）、 2.4GHz（其他）	868MHz：20kbit/s 915MHz：40kbit/s 2.4GHz：250kbit/s	2.4GHz 带宽： 10～100m	家庭自动化、楼宇自动化、远程控制
Z-Wave	868.42MH（欧洲） 908.42MH（美国）	9.6kbit/s 或 40kbit/s	30（室内）～ 100m（室外）	智能家居、监控和控制

长距离无线技术主要用于连接彼此远离的设备，并提供长时间的无线连接，同时保持低功耗及延长设备的电池寿命。以下是常见的长距离无线技术。

SigFox：一种低功耗的物联网技术。它利用了超窄带（UNB）技术，使传输功耗非常低，并仍然能维持稳定的数据连接。

LoRa：一种基于物理层实现网络通信的技术，支持双向数据传输。它具有长距离传输能力和出色的穿透性，适用于广域网范围内的物联网连接。

窄带物联网（NB-IoT）：构建于蜂窝网络之上，只消耗大约 180kHz 的带宽，可直接部署于 GSM 网络、通用移动通信系统（UMTS）网络或 LTE 网络上，以降低部署成本，实现平滑升级。

eMTC：一种由爱立信提出的无线物联网解决方案。它基于 LTE 接入技术，设计了无线物联网的软特性，主要面向低传输速率、深度覆盖、低功耗、大连接的物联网应用场景。

长距离无线技术对比见表 3-2。

表 3-2 长距离无线技术对比

技术	频段	传输速率	特点	典型应用
SigFox	SubG 免授权频段	100bit/s	①传输距离为 1～50km ②功耗较低 ③提供 SigFox 基地台及云端平台 ④全球网络服务	智慧家庭、智能电表、移动医疗、远程监控、智慧零售
LoRa	SubG 免授权频段	0.3～50kbit/s	①传输距离为 1～20km ②功率较低 ③运营成本低 ④可自行架设基站，自由度更高	智慧农业、智能建筑、智慧物流追踪
NB-IoT	主要在 SubG 授权频段	<100kbit/s	①传输距离为 1～20km ②使用授权频段、干扰小 ③可维持稳定传输速率 ④可使用现有的 4G 基站	智慧水表、智慧停车、宠物跟踪、智慧垃圾桶、智慧零售终端
eMTC	SubG 授权频段	<1Mbit/s	①传输距离为 2km ②使用授权频段、干扰小 ③速率高、可移动、可定位 ④支持语音	共享单车、宠物智能项圈、智慧收银 POS 系统、智能电梯

2．NB-IoT 关键特性与技术优势

NB-IoT 解决方案总体架构分为 4 个部分，它们分别是终端、eNodeB 基站、物联网核心网、物联网平台，如图 3-11 所示。

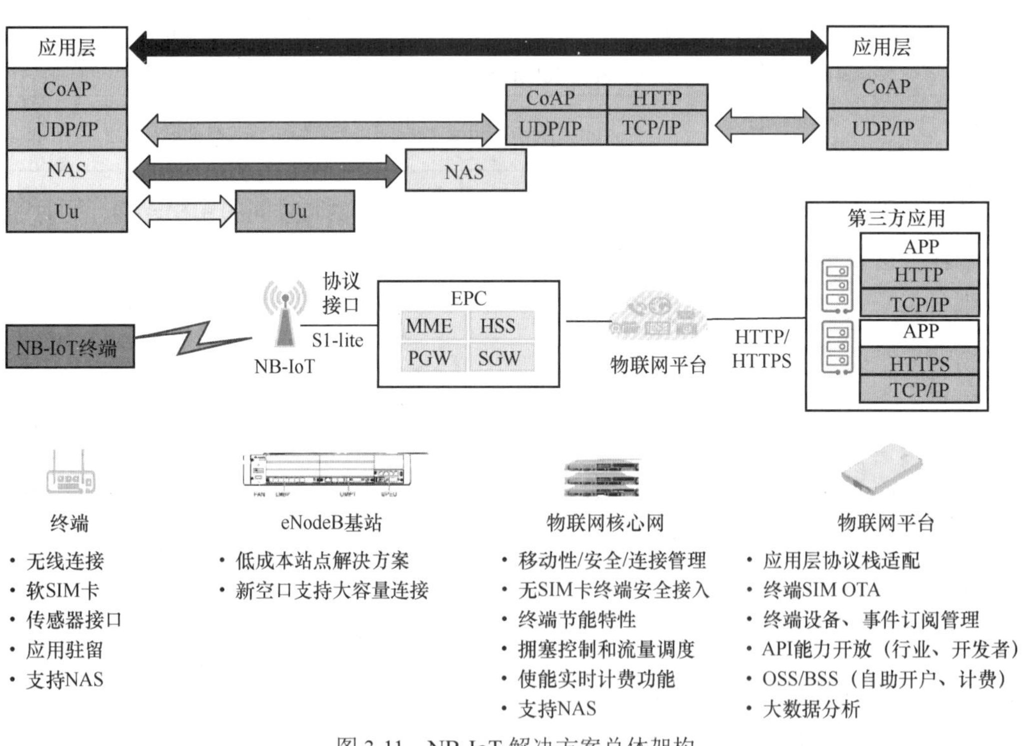

图 3-11 NB-IoT 解决方案总体架构

终端是物联网设备，用于采集和传输数据。它可以是各种类型的传感器、智能设备或其他物联网终端。终端通常具有低功耗、低数据传输速率和长电池寿命的特点，可满足物联网应用的需求。终端通过 NB-IoT 技术与 eNodeB 基站（LTE 网络）进行通信，将采集到的数据上传到物联网核心网和物联网平台上。

eNodeB 基站是与终端进行通信的基础设施，负责执行与终端建立连接、传输数据和控制终端的通信。eNodeB 基站使用 NB-IoT 技术提供广域范围内的覆盖，支持大量的终端接入，通过与物联网核心网的连接，将终端上传的数据传输到物联网核心网和物联网平台上。

物联网核心网是 NB-IoT 解决方案的关键组成部分，负责管理和处理终端设备的连接和通信，包括核心网网关和核心网控制器。核心网网关负责终端设备的接入和转发，核心网控制器负责终端的鉴权、安全保护和服务管理。物联网核心网与 eNodeB 基站进行通信，并提供与其他网络（如互联网或企业网络）的连接，以实现终端数据的传输和交互。

物联网平台是一种用于管理和控制物联网设备的中心化系统，提供设备管理、数据管理、应用开发和服务管理等功能。物联网平台允许用户监控和控制设备、收集和分析数据，并与其他系统进行集成。此外，它还提供 API 和开发工具，方便开发者构建自定义的物联网应用和服务。

综上所述，终端通过 eNodeB 基站与物联网核心网进行通信，将数据传输到物联网平台上进行数据管理和控制，这种架构使 NB-IoT 技术可以实现广泛的物联网应用。

NB-IoT 拥有 4 个关键特性，分别为超低成本、超低功耗、超强覆盖能力、超大连接。下面将分别详细介绍这 4 个关键特性。

对于超低成本，NB-IoT 之所以能够实现它，关键在于以下 7 个方面。

180kHz 的窄带宽：NB-IoT 采用 180kHz 的窄带宽，相较于传统的移动通信技术（如 LTE），对带宽要求更低。窄带宽意味着需要的频谱资源更少，从而降低了频谱成本。此外，窄带宽还能提供更好的信号穿透能力，使 NB-IoT 系统在复杂的环境中也能提供可靠的连接。

基带复杂度低：NB-IoT 的基带复杂度相对较低，这意味着在终端中可以使用更简化的基带处理器。较低的基带复杂度降低了终端芯片的设计和制造成本，有助于降低终端的总成本。

对处理器和存储器要求低：NB-IoT 使用较低的采样率，降低了终端对处理器和存储器的要求。终端对 Flash 存储器和 RAM 的需求较小（约为 28kbit），使终端芯片的成本进一步降低。

射频（RF）成本低：终端通常只需要单根天线进行通信，并且采用半双工的通信方式，这降低了硬件的复杂度和成本。

功率放大器（功效）效率高：NB-IoT 的信号特点决定了其峰均比较低，即信号的峰值功率与平均功率之间的比例较小，这意味着终端的功放可以采用更高效的器件，从而提高功放的效率。高效的功放器件可以降低功耗和产生热量，进一步降低终端成本。

23dBm 的发射功率可支持单片系统内置功放：终端通常需要具备一定的发射功率，以实现远距离通信，这样可以提供更大的信号覆盖范围。NB-IoT 技术支持将功放集成在单片系统上，使终端芯片的设计和制造更加简化，从而降低成本。

协议栈简化，减少片内 Flash 存储器/RAM：NB-IoT 的协议栈比传统的移动通信协议栈更为简化，占用的片内 Flash 存储器和 RAM 资源较少（约为 500kbit），这降低了终端芯片的设计和制造成本，并且使终端能够在存储容量较小的情况下运行。

NB-IoT 的超低功耗得益于以下两个关键技术。

① 省电模式（PSM）：省电模式允许终端在一段预定的时间内进入睡眠状态，从而实现极低的功耗。基于省电模式，终端与网络之间的连接完全中断，只保留最基础的保持注册信息的能力。终端可以根据预设的唤醒时间进行唤醒，之后可以与网络重新建立连接，传输或接收数据。合理设置省电模式的终端唤醒周期可以大幅降低终端设备的功耗，延长电池寿命。

② 扩展非连续接收技术（eDRX）：eDRX 用于降低终端在非活动时间内的功耗。传统的移动通信网络需要终端设备保持连续的接收状态，以侦听来自网络的消息，从而导致功耗较高。而 eDRX 允许终端在非活动时间内周期性地关闭接收模块，并在预定的时间间隔后唤醒终端设备并重新连接网络，接收消息。通过延长接收时间间隔，eDRX 降低了终端在非活动时间内的功耗，实现了超低功耗。

NB-IoT 超强覆盖的设计目标是在 GPRS 的基础上信号增益增强 20dB，这相当于 NB-IoT 的覆盖范围是 GPRS 的 3 倍。NB-IoT 的超强覆盖能力依赖其上行和下行的设计。从下行来看，它主要是以重复发送的方式来提升传输的可靠性，获得更大的增益。从上行来看，它主要被分为两方面，一方面也是通过重复发送来增加信号增益；另一方面是通过 NB-IoT 可以采用单子载泼间隔（15kHz 的子载波间隔）的特点进行传输。在传输功率相同的情况下，相较于 4G 网络，NB-IoT 的数据在窄带下传输的增益更大，因此，NB-IoT 可实现广覆盖。

NB-IoT 具备超大连接的原因之一是物联网终端和手机的话务模型是有区别的。物联网的终端很多，但是每个终端发送的数据包很小，而且对时延也不敏感，对通信质量的要求并没有那么高，这意味着在相同的覆盖范围内，基站可以接入更多的终端。在一个基站范围内的大量物联网设备中，有相当一部分设备是处于休眠状态的。

不同的物联网无线接入技术对比如图 3-12 所示。NB-IoT 与私有技术对比见表 3-3，NB-IoT 对短距通信、私有技术优势明显。

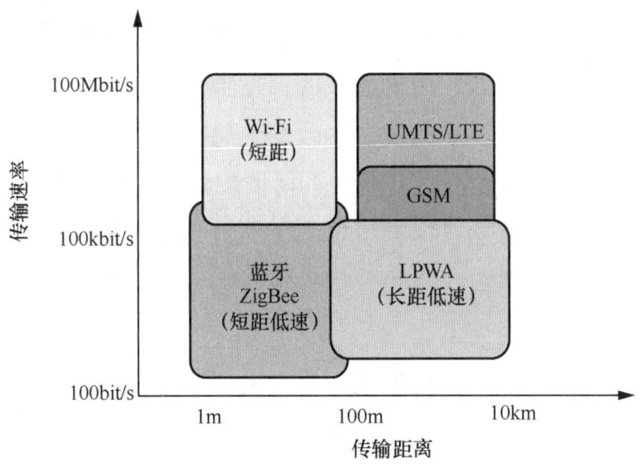

图 3-12　不同的物联网无线接入技术对比

表 3-3　NB-IoT 与私有技术对比

技术制式	属性	技术描述
NB-IoT	国际标准	可与现蜂窝网融合演进的低成本电信级高可靠性、高安全性广域物联网技术
LoRa	私有技术	需独立建网、无执照波段的高风险局域物联网技术
SigFox		不适配国内无执照波段、由 SigFox 建网与运营商合作的高成本、高风险的物联网技术

3.2.3　5G + IoT

1．5G+IoT 应用场景

根据 5G+IoT 及相关智能化技术的特点，可以想象得出，5G+IoT 对城市空间，尤其是这 4 类主要场景——交通出行场景、工作生产场景、居住生活场景、城市管理场景——将产生深远的影响。

（1）交通出行场景

5G 的高带宽和超低时延特性解决了要保障无人驾驶的稳定性和安全性，就必须解决的核心关键技术问题，即反馈速度、车载 GPS 的精准度、实时收集和道路环境有关联的信息。机械式自动侧向辅助驾驶回收系统逐渐消失，5G+自动驾驶技术和车联网技术将为城市带来崭新的、与众不同的交通出行场景。5G 交通出行场景如图 3-13 所示，其中包括以下两种场景。

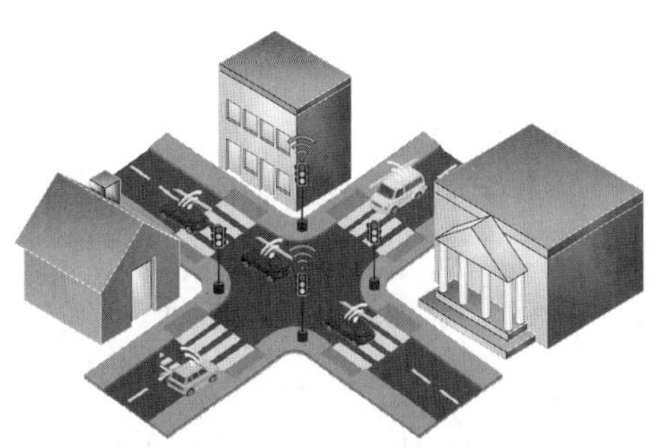

图 3-13　5G 交通出行场景

路面行驶场景。考虑无人驾驶技术的高稳定性和高可靠性，以及对周围信息的实时收集和智能交通系统的高效性和稳定性，机动车能够以相对稳定的速度前进，这使机动车司机在驾驶时，不用担心人为因素造成的突发事件。

路面指示场景。智能网联汽车的发展将改变交通的指示方式。生活设施的功能非常强大。无人驾驶技术+车联网技术让机动车不再依赖显示的图像来获取交通信号灯的相关信息。十字路口指令场景将从以视觉引导为主的指令转变为以智能手机接收的信号化指令为主。智能交通系统的路口指令接收信号将借助 5G 等新一代信息技术进行数据传输，进一步减少对路面指示的需求。

无人驾驶技术可实现将空载机动车连入公交出行系统，接受智能交通中心的调度指挥。用户下车后，机动车会自动寻找最方便的停车场，然后前往该停车场停车。用户不再需要考虑如何解决停车问题。带有自动辅助驾驶系统的车辆不需要人为停车，这很可能会给停车场停车系统的建立带来深远的影响，而这种影响对城市空间的释放将会是自动驾驶技术快速发展最重要的驱动力。

（2）工作生产场景

近年来，线上产业得到迅速推广和发展，同时培养了用户的线上消费、线上学习、线上办公等习惯。尽管线上交流可能会影响沟通质量，但信息传播的广泛性和高效性使线上办公和线上会议获得了巨大的发展空间。未来，5G、物联网和 VR/AR 将在工业、教育、医疗等领域中得到广泛应用，实现跨时空协同合作、远程遥控操作等更加高效的生产方式。5G 工作生产场景如图 3-14 所示。

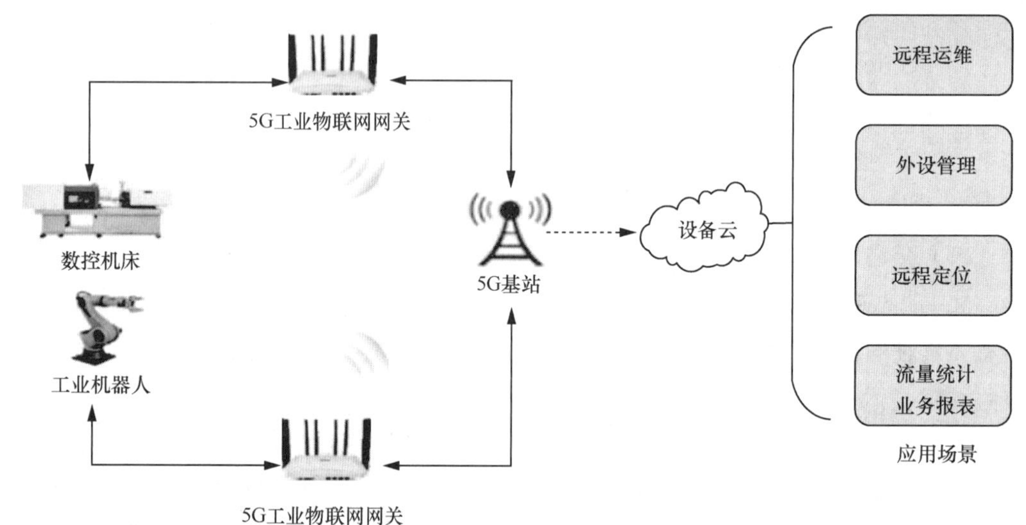

图 3-14　5G 工作生产场景

在教育领域，线上教育资源的分配不再受地域因素的限制，而是表现出分散化的特点。线上教育将实现教育资源的共享，普及素质教育，提高国民综合素质，为建立学习型社会打下坚实基础。

在医疗领域，5G+IoT 有助于实现医疗资源的线上共享，为社区级远程问诊治疗创造条件。物联网能够保证对患者情况的实时监控，将用于监测健康指标的传感器佩戴在患者身上，同时以无线连接的形式接入医院的物联网，为医生了解患者病情提供便利。

在工业领域，低时延、高带宽、大规模连接等特性使得 5G 在工业领域表现出良好的适用性。5G+IoT 将实现远程的工业级精确操作，实现人与机器、机器与机器的高效连接，这将使生产工作更加高效，工作时间缩短，并减少人力资源的浪费。

（3）居住生活场景

5G+IoT 的不断发展和应用，为智能家居提供了更加广阔的发展空间。智能家居的理念是利用物联网技术，让设备、家庭、社区等的信息互联互通，从而实现人们生活的智能化和便捷化，提升人们的生活质量和健康水平。图 3-15 所示华为全屋智能正是这一场景的典型代表。

图 3-15　华为全屋智能

智能家居可以通过智能照明、智能窗帘等设备实现智能家居环境控制，让人们通过手机或语音指令实现对家居设备的远程控制和智能化的场景，模式切换。例如，用户可以设置自动化场景，智能家居会自动调节住宅内的灯光、温度、湿度，营造更为舒适的居住环境。此外，智能家居还能与可穿戴设备相结合，通过监测用户的身体数据来提供更加精准的健康管理和医疗服务。例如，智能手环和智能家居相结合，可以实现用户睡眠质量的精准监测和分析，并根据用户的睡眠状态为用户提供相应的健康建议。

（4）城市管理场景

5G+IoT 不仅可以提高智慧城市的管理能力，还可以促进各方共同参与并协调智慧城市的建设。在智慧城市的建设过程中，物联网公共服务平台的产生和应用可以有效解决许多关键问题。在智慧城市中，5G+IoT 作为生产生活环境的技术基础，是连接生产工具、生产资料与新型生产力的主要介质。5G+IoT 将对城市设计、规划和管理产生深远影响，并为城市空间中的出行、生活和工作场景带来一系列变革，城市设计者、规划者和管理者需要深入了解新技术对未来的影响，并积极在基础设施建设、城市交通规划和社区生活等方面提前布局，整合现有资源，以更好地应对新变化和新趋势。未来，将有越来越多的行业受益于 5G+IoT 增强功能的发展。

在实际应用中，物联网公共服务平台可以集成城市中不同的物联网设备，整合不同的数据，从而实现信息共享、资源整合和协同管理。例如，智能路灯、环境监测仪器、交通管理设备等可以与物联网公共服务平台相连接并共享信息，这样城市管理相关人员就可以及时发现、处理和解决城市中的问题。同时，物联网公共服务平台还助力城市内的企业和居民更好地了解和参与城市建设。例如，居民可以通过物联网公共服务平台了解城市中的公共基础设施、社区服务等信息，从而更好地满足自己的需求。企业可以通过物联网公共服务平台了解城市中的市场需求、政策、规划等信息，从而更好地制定自己的发展战略。

5G+IoT 增强领域如图 3-16 所示。

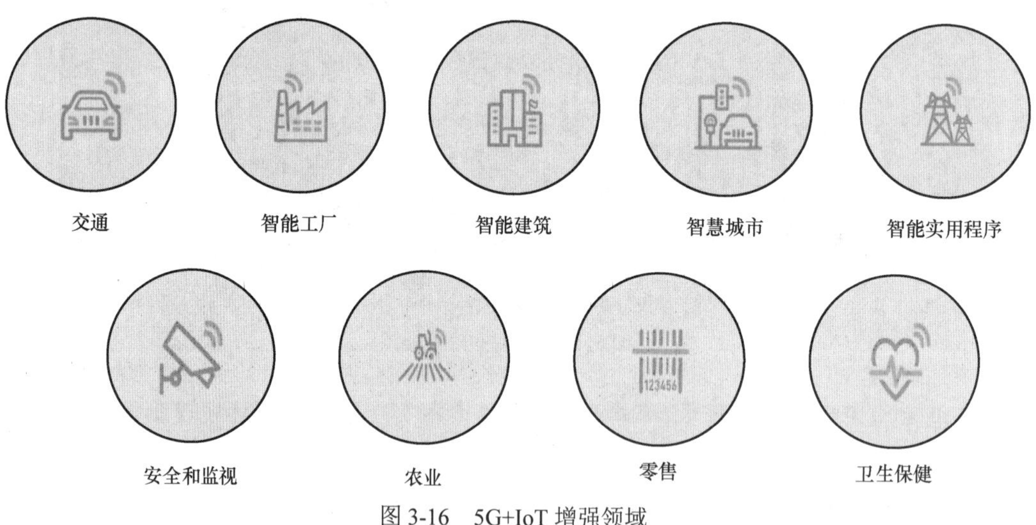

图 3-16　5G+IoT 增强领域

2．5G+IoT 应用案例

5G 技术的应用范围不断扩大，推动了许多行业的诞生和发展。下面介绍一些典型应用案例。

（1）智能水表

智能水表的出现为水资源管理模式带来了很大变化。它不仅能够帮助供水公司实现精细化管理，提高水资源的利用效率，减少浪费，还能帮助用户更加科学、合理地使用水资源，从而推进资源节约型社会的建设，保障水资源的可持续利用。同时，智能水表的普及也能够促进智慧城市的建设，实现城市供水服务的智能化和信息化，提高供水服务的质量和效率。5G+IoT 使智能水表的智能化程度更高，对于水资源管理和供水企业运营具有重要意义。智能水表应用案例如图 3-17 所示。

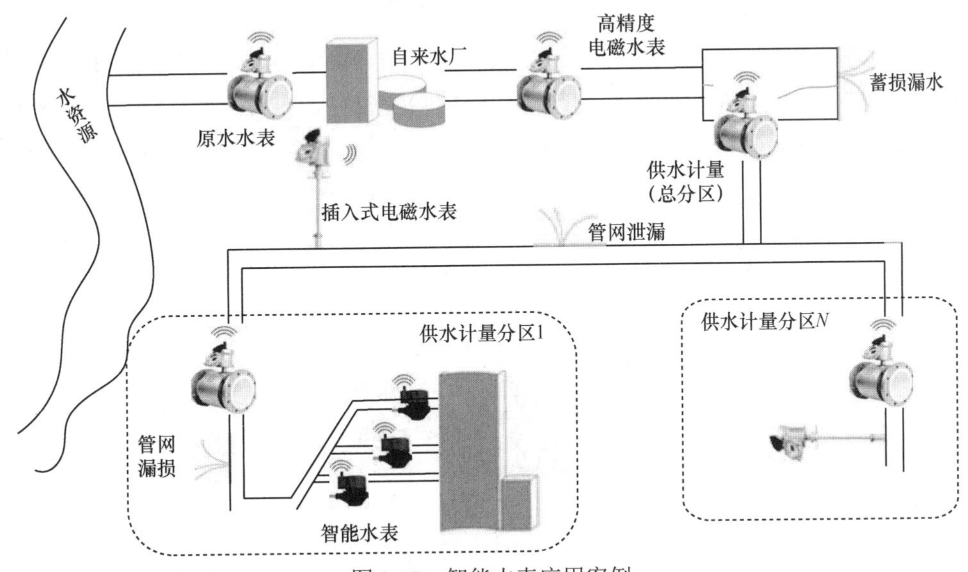

图 3-17　智能水表应用案例

智能水表有以下优势。

更精准的用水数据采集和监测：智能水表采用物联网技术，可以实现用水数据自动采集，并将数据实时传输到云端服务器进行数据分析和处理。这种方式使得用水数据的采集更加精准、监测更加全面，帮助相关人员可以更好地掌握水资源的使用情况，为水资源管理提供数据支持。

更快速的异常预警和处理：智能水表可以实现实时监测和预警，对于异常情况（如水压过高或过低、漏水等）可以自动发出警报，并通过物联网远程告知运维人员，使处理速度更快、更及时有效。

智能化的用水管理：智能水表具备智能化的用水管理的功能，如根据用户的用水习惯、水质等信息进行预测性分析和建议，提供用水方案和用水计划，让用户更加科学合理地使用水资源，从而达到节约用水的目的。

更高效的供水企业运营：智能水表可以通过物联网技术实现远程抄表、自动计费等功能，无须工作人员上门核查和登记，同时支持用户在线支付，提高了供水企业运营效率和管理水平。

总之，5G+IoT 的发展使智能水表得到广泛应用，为水资源管理和供水企业运营带来了更多的发展机遇和挑战。未来，随着技术的不断更新和完善，智能水表将会成为水资源管理和供水企业运营的重要工具。

（2）智能摄像头

智能摄像头将为当下的安防行业带来以下创新应用价值。智能摄像头可以实现智能安防场景中的多感知节点连接。智能安防是物联网最为重要的应用场景，通过人工智能技术加持的智能安防系统凭借传感器、边缘端摄像头等设备实现智能判断，从而解决了传统安防过度依赖人力、成本耗费过高等问题。但是，物联网多维度感知节点的特性决定了智能安防面对的应用场景十分复杂多变，远非仅具有单一通信属性的 3G 网络、4G 网络所能解决的。这也是虽然智能安防在边缘端和云端分别引入了人工智能、大数据等技术，让安防变得更加智能化、主动化，但一直未得到大规模应用的重要原因。而 5G 网络架构在设计的过程中便在软件层面采用了大量的云和网络虚拟化技术，可有效解决多层感知节点连接的一系列问题。可以说，5G 是为物联网场景而生的。智能摄像头的应用案例如图 3-18 所示。

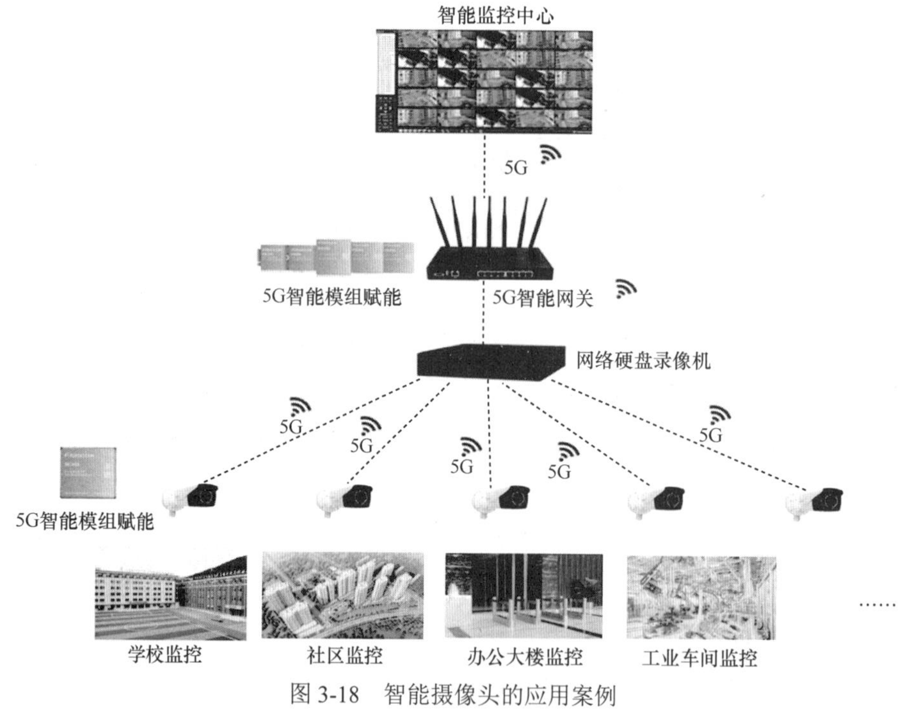

图 3-18　智能摄像头的应用案例

此外，5G 具有的多维连接特性也进一步扩大了智能安防监控的范围，使得 5G 能够为 IT 系统上的智能安防云端提供更多维、更全面的参考数据。另外，5G 的高数据传输速率、大宽带、高可靠的特性，使 5G 以更快的速度为云端提供更加高清的监控画面，助力安防云端进行更精确、更有效、更快速的安全防范决策。相较于有线传输，5G 无线传输具有更易部署、更便利及成本更低的优势。总而言之，5G 的特性更好地满足智能安防发展中的诸多需求，这无疑会加快推动传统安防向智能安防转变的步伐。智能摄像头将在安防产业的诸多细分领域中大有作为。

（3）智慧消防

智慧消防利用物联网技术和云计算技术，实现对传统消防设施的在线监测与远程控制，进而实现自动报警及联动处理的智能消防系统。智慧消防如图 3-19 所示。物联网技术在消防领域中的应用具备以下特点。

① 通过传感器采集环境信息和设备状态信息，通过无线传输的方式将信息传输至监控中心，让监控中心可以及时发现异常情况并启动相关应急预案。

② 当探测到现场有明火时，智慧消防会立即通知值班人员赶赴现场，同时发送报警信号，并联动控制相应区域内的消防泵组工作。当无法及时赶到现场时，智慧消防还可启动自动灭火系统进行灭火。

③ 故障诊断系统能记录设备运行状况和参数变化情况，并通过网络将相关数据上传到控制中心中进行分析和处理，提供故障诊断功能以快速定位问题点，并迅速排除障碍以至系统正常运行。

④ 完善的防火防雷措施为智慧消防系统提供足够高的可靠性、安全性和稳定性，提高系统运行效率。

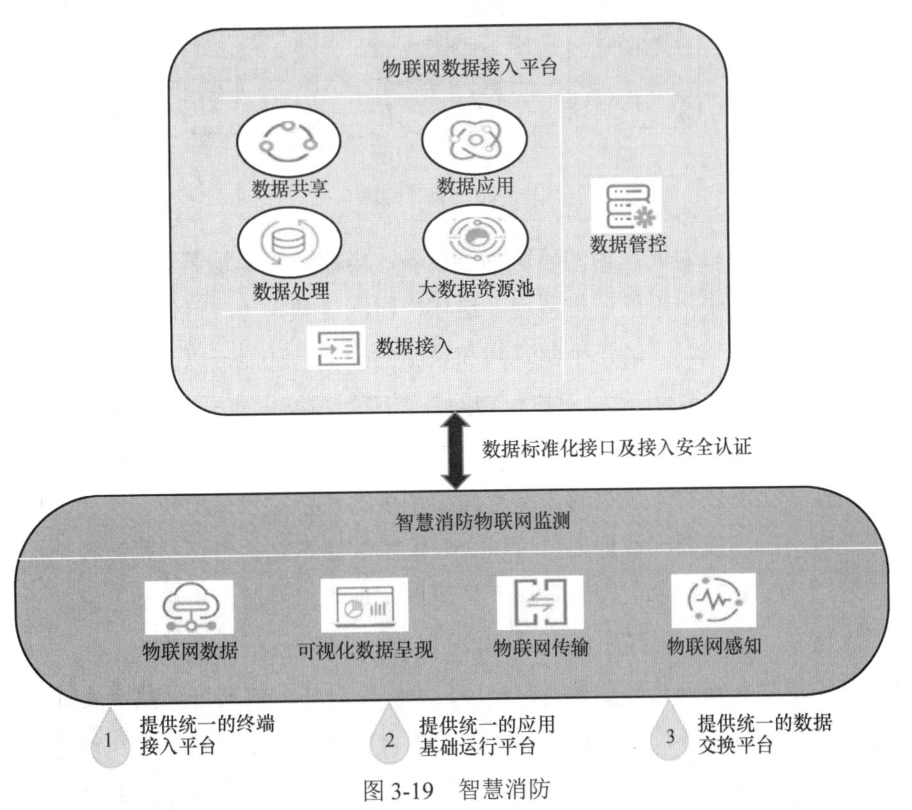

图 3-19　智慧消防

5G+IoT 的广泛应用可以促进智慧消防效率的进一步提高。利用 5G+IoT，智慧消防可以实现远程监测和控制，提高数据传输速率和增大带宽，进而具备更加高效和快速的信息处理和更强的应急响应能力。例如，在一起灾难性事件中，消防人员可以通过智能终端设备实时获取场景信息并远程控制灭火器材的使用，最大程度地保障人员安全和及时进行灾情处理，因此，5G+IoT 不仅可以促进智慧消防的发展，也将为消防领域注入更多的创新力量，打造更高效精准的安全保障系统。

（4）智慧园区

在园区管理中，5G+IoT 可以通过对园区全貌、楼宇建筑外观、建筑内部空间结构和主要管理设施设备进行全要素的可视化，实现对园区空间资源使用情况和环境数据的综合可视分析，从而提高园区空间利用率。智慧园区如图 3-20 所示。

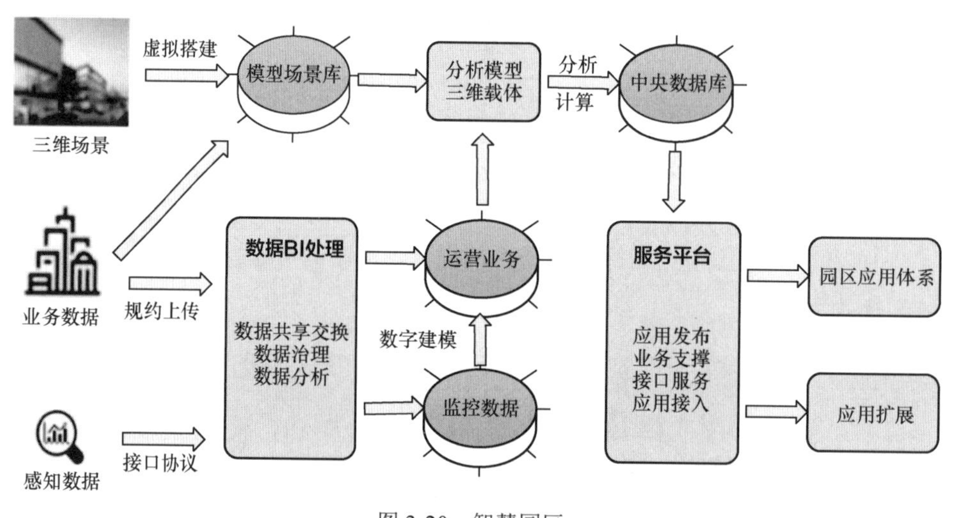

图 3-20 智慧园区

利用 5G+IoT 可以对园区内的建筑物、设备、道路、停车场等进行数字化建模，并将建好的模型融入一个虚拟的三维环境，这样，园区管理人员就可以在虚拟环境中直观地观察园区的整体布局，了解每个建筑物和设施的位置和功能，以及它们之间的关系和连接方式。同时，5G+IoT 还可以对建筑物的外观进行精细化建模，包括建筑物的形态、颜色、建筑材料等，使园区管理人员可以更加真实地感受建筑物的外观特征。此外，利用数字孪生技术还可以对建筑物的内部空间结构进行建模，包括房间、楼层、楼梯、电梯、管道、电缆等，使园区管理人员可以更好地了解建筑物的内部结构和各个部分之间的关系。通过 5G+IoT 技术，园区管理人员可以实现虚拟漫游，更好地了解建筑物的功能，进而优化空间布局，提高空间利用率。

除了对建筑物和设施进行建模，5G+IoT 还可以对环境数据进行数字化处理，包括温度、湿度、空气质量等数据。数字孪生技术可以将这些数据与建筑物和设施的模型融合在一起，实现环境数据的综合可视化。这样，园区管理人员可以通过数字孪生技术实时监测园区环境，根据园区环境数据分析空气质量、温度等因素对员工的健康和舒适度的影响，进而采取相应的措施进行优化。

3.3　云计算

3.3.1　云计算技术概述

1. 云计算的定义

云计算是一种分布式计算技术，它通过“云”网络将大规模计算任务分解成多个小任务，并采用云端系统进行处理和分析，该系统是由多网络上的服务器组成的，用户可以随时根据需求量使用网络上的资源，“云”也可以无限扩展。

云计算也是一种以互联网为基础的计算模式，提供安全的计算资源以及快速、安全和可扩展的数据存储服务。用户可以随时随地获取云上的计算资源，只需要按实际计算资源使用量付费即可。云计算的优势在于它可以协调大量的计算机，使用户能够轻松地获取无限的计算资源。从广义上来说，云计算是一个共享池，可以通过自动化管理以实现计算资源的快速提供，因此，它的产生具有革命性的意义，使计算能力成为一种便于获取和流通的“商品”。尽管不同专家对云计算的定义存在多种不同看法，但总体而言，它是一种网络应用概念，为用户提供了更加便捷和高效的计算方式，摆脱了时间和空间的限制。

云计算的概念在 2006 年被提出，但是，它的思想雏形可追溯到 1965 年。当时，Christopher Strachey 发表了一篇论文，在论文中正式提出了“虚拟化”的概念。虚拟化作为云计算的基础，在云计算结构中处于核心地位。然而，由于当时的技术限制，虚拟化和云计算都难以实现。

1984 年，SUN 公司联合创始人约翰·盖奇提出“网络就是计算机”的重要猜想。约翰·盖奇描述了分布式计算技术将为世界带来的巨大改变。然而在那个年代，人们没有对云计算进行足够的关注。

直至 20 世纪末，云计算相关概念才再度进入公众的关注范围内，不过，这次它换了一个更简单的名字——网格计算（GC）。网格计算的本质目的是把大量机器整合成一个虚拟的超级机器，给分布在世界各地的人们使用，也就是公共计算服务。

2006 年 8 月 9 日，谷歌首席执行官埃里克·施密特在 2006 年的搜索引擎大会（SES San Jose 2006）上正式提出“云计算”这一概念。“云计算”概念的提出具有划时代的意义。

根据美国国家标准与技术研究院（NIST）对云计算的定义，云计算是一种使用可配置计算资源共享池的模型，它能使用户随时随地获取网络资源、服务器、存储空间、应用和服务等资源。这种资源可以快速供给和释放，从而最大限度地减少管理资源的工作量及与服务提供商的交互。

维基百科同样对云计算进行了定义：云计算可以通过互联网以服务的方式提供动态、可弹性伸缩的虚拟化资源，并允许用户获取所需的服务，而不要求用户对提供服务的技术、知识及设备有过多的了解。换句话说，云计算是一种以服务的形式为用户提供相关能力的计算模式。

此外，NIST 在云计算定义中阐述了云计算的 3 种服务模式，这 3 种服务模式如图 3-21 所示。

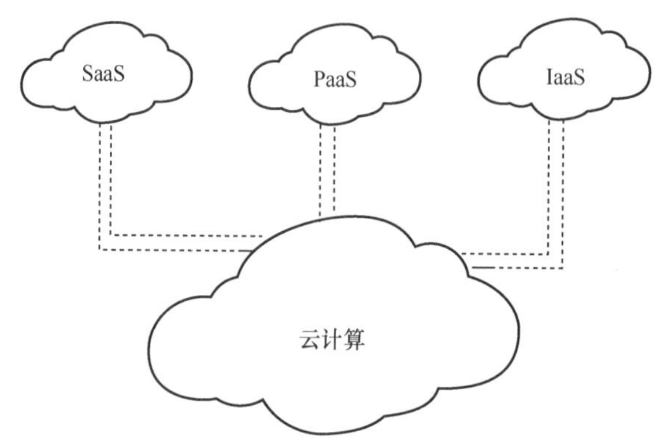

图 3-21　云计算的 3 种服务模式

软件即服务（SaaS）：消费者使用软件，而不需要掌握网络基础架构、操作系统的底层逻辑或硬件组成。软件供应商只需要通过销售或租赁账号为消费者提供服务。

平台即服务（PaaS）：该服务模式通常是软件的基础。SaaS 指消费者在平台上运行和管理应用程序，并自主掌控其环境，但对操作系统、硬件平台及网络架构不需要有过多的了解。

基础设施即服务（IaaS）：指用户使用处理能力、存储空间、网络组件等基础计算资源。除了不能获取云基础架构，用户可以自主控制操作系统、已部署的应用程序、存储空间及网络组件。

2．云计算关键技术及特性

云计算旨在以较低的成本为用户提供可靠性高、可用性强、规模可自动变化的定制性服务。要实现这个目标，就需要虚拟化、分布式存储、分布式资源管理、分布式计算等若干关键技术的支持。下面重点介绍虚拟化技术。

虚拟化的含义十分多样，简而言之，虚拟化将资源进行抽象，以逻辑的方式表示，打破了常规物理意义上的约束。

虚拟化是云计算的基础，虚拟化技术示意如图 3-22 所示。虚拟化技术使一台物理服务器可以运行多个虚拟机，这些虚拟机共享物理机的 CPU、内存、输入/输出（I/O）和硬件资源，但它们在逻辑上是相互隔离的。在虚拟化之前，IT 资源是独立的，服务器只能为对应的应用提供计算资源。但是，在虚拟化之后，底层的计算资源被汇集成为一个资源池，可以灵活、弹性地为上层应用提供资源。

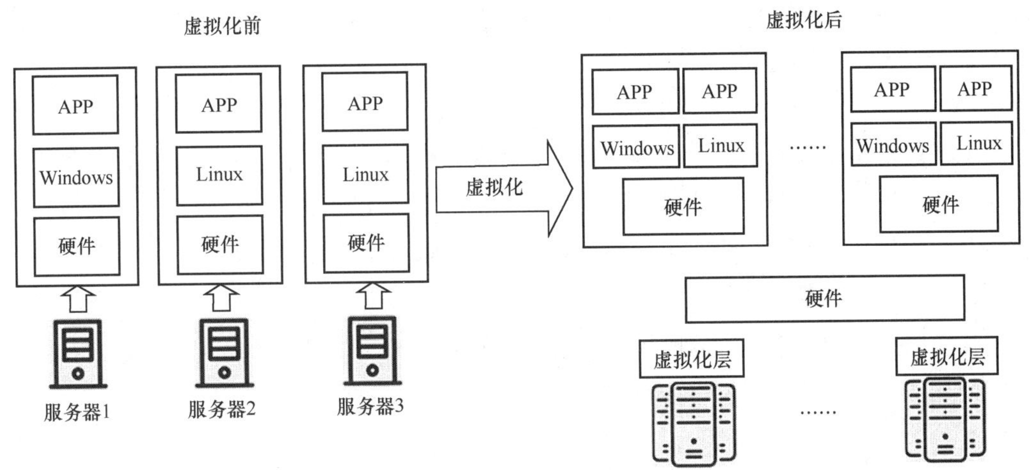

图 3-22　虚拟化技术

相较于传统单一的虚拟化，云计算的虚拟化技术是涵盖整个 IT 架构的虚拟化，如资源虚拟化、网络虚拟化、应用虚拟化和桌面虚拟化等的全系统虚拟化。它的优势在于能够将所有硬件设备、软件应用和数据互相隔离，实现动态网络架构，因此，具体应用能够更灵活地使用虚拟资源和物理资源，提高系统适应需求和环境变化的能力，打破硬件配置、软件部署和数据分布的界限，有利于将资源合并到一起管理。

虚拟化技术在信息系统仿真方面的应用意义不止这些，更重要的是提供强大的计算能力。众所周知，信息系统仿真需要进行超大计算量的复杂计算，强大的计算能力对于保障系统的运行效率、精度和可靠性而言至关重要。通过虚拟化技术，大量分散且未被充分利用的算力可以整合到专门用于进行大量计算的计算机或服务器上，让系统对这些计算资源进行统筹，以实现全网计算资源的统一利用，使存储、传输和运算等多个方面更高效。

结合上述定义，我们可以总结出云计算的本质特征：分布式计算和分布式存储、高扩展、用户友好、良好的管理、按使用付费等，因此，云计算具有以下五大特性。

（1）按需自助服务

云计算不需要系统管理员干预，系统可以按照客户需求，自动为用户提供应用程序、数据存储空间、基础设施等资源。

（2）无处不在的网络接入

无处不在的网络接入（UNA）指只要在能接收到网络信号的地方，用户都可以随时接入云服务。云服务无处不在，用户可以利用各种终端（如计算机、智能手机等）随时随地通过互联网访问云计算服务。

（3）与位置无关的资源池

与位置无关的资源池（LIRP）指供应商可以集中计算资源，并以租赁模式为用户提供服务。不同的物理资源和虚拟资源可以根据客户需求进行动态分配，但用户无法控制或了解这些资源的具体位置。

（4）快速弹性

快速弹性指该服务具有快速部署资源、计算弹性伸缩等特点。它可以根据业务需求快速改变规模，并自动适应业务负载的动态变化，保证用户使用的资源与用户业务需求相适配。服务器性能过载或冗余都不会导致服务质量下降或资源浪费。

（5）按使用付费

按使用付费指该系统可以监控用户使用资源的情况，并据此计费。计费方式有按使用时间计费、包年计费、包月计费等。

3.3.2 5G+云计算

1．5G+云计算应用场景

随着5G时代的到来，云计算迎来了新的发展机遇。自2006年亚马逊推出云服务以来，云计算产业已经高速发展十几年。在未来的产业变革中，云计算将扮演越来越重要的角色。2019年是5G发展元年，具有大带宽、大连接、低时延等特性的5G开启了万物互联时代，推动新型数字化业务不断涌现，实现产业和生活的数字化，让连接和数据无处不在。5G与以云为代表的新兴技术一起，构成了智能基础设施，为智慧社会提供支持。随着5G时代的到来，云计算将与5G紧密结合，它们的发展趋势主要体现在以下3个方面。

第一，在5G时代，云服务将全面升级。4G时代，云计算的普及让企业用户享受到了云带来的便利，但个人用户接触和使用云的机会较少。而5G时代将使更多云服务升级，直接影响我们的生活。5G将与物联网、车联网、智慧城市、工业互联网、智慧医疗等场景深度结合，让我们真正进入智慧生活时代。

第二，5G时代的到来必将推动云厂商全面升级。网络建设的快速提升将带动云基础架构的全面发展，云服务商需要对网络架构、基础设施、服务模式和运营体系等进行升级改造，以适应垂直行业领域的云解决方案，跟上云计算时代的发展步伐。

第三，5G时代的云计算将由中心云计算转向边缘云计算。随着网络的升级，越来越多的设备连接到网络中，用户对数据的需求不断增加。由于信号传输存在网络时延，如果每次都从数据中心获取数据，那么用户的5G应用体验将受到严重影响。随着边缘计算的发展，用户只需将数据传输至离其更近的边缘数据中心进行处理，这样能进一步降低网络时延，满足未来5G实时响应业务的交付需求。同时，借助边缘计算，还能加快整合产业生态、挖掘新业务场景，探讨面向垂直行业的云服务模式。

我们认为，5G时代的应用主要是图3-23所示的基于移动场景下的端-管-云协同。

华为公司将这种端-管-云协同定义为 CloudX 业务，这种业务模式以“智终端+宽管道+云应用”为典型特征，其中，X 既可以是 VR/AR，也可以是计算机，还可以是游戏设备。

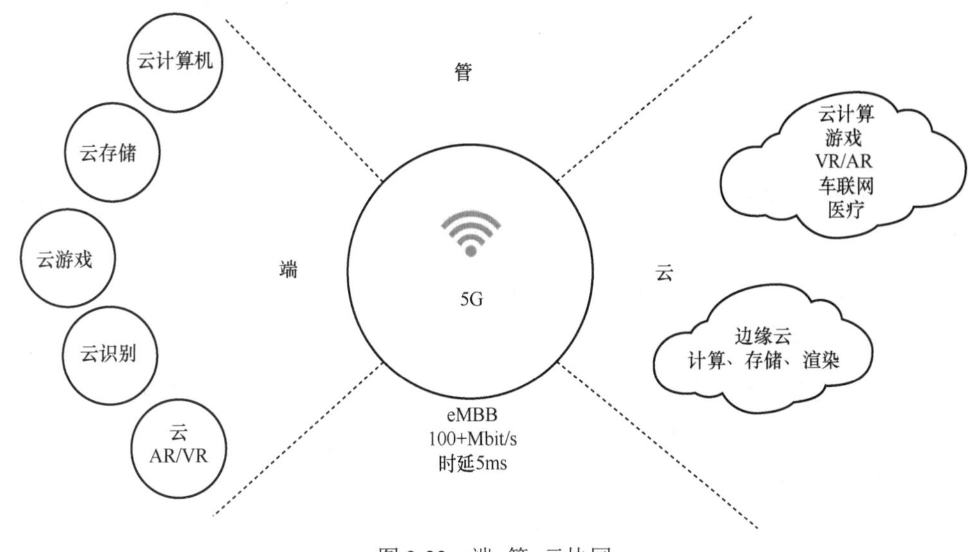

图 3-23　端-管-云协同

5G 带来了全新的 eMBB 通信管道和更贴近用户的边缘计算，有望彻底改变整个业务链。在终端侧，5G 连接和边缘云计算的能力可以将原来在终端上处理的计算、存储和渲染等任务转移到云端，从而大幅降低终端成本，降低业务部署和推广的门槛，增强业务生命力。在云端，众多业务的集成进一步凸显了 5G 网络和边缘计算等先进技术的重要性，同时也提高了运营商的控制能力。网络切片的应用也极大程度地提高了业务的灵活性和定制性。

此外，边缘计算及网络切片的能力，也进一步凸显了 5G 网络的能力与 5G 网络的重要性。欧洲电信标准化协会于 2014 年提出了边缘移动计算这一概念。边缘移动计算技术使网络边缘节点（如基站和无线接入点）负责一定的计算任务，满足了移动终端对计算能力的需求。同时，边缘移动计算技术还解决了云计算时延过高的问题，因此迅速成为不可或缺的一项 5G 技术。这种技术有助于实现 5G 业务的超低时延、超高能效和超高可靠性等关键性能。

边缘移动计算能使任务执行时延大幅度降低，包括传输时延、计算时延和通信时延。传统移动云计算中，信息需要先由无线接入网传输，然后经过回传链路，最后到达云服务器。而云服务器通常部署在核心网中，因此传统移动云计算一般会产生很大的时延。边缘移动计算将边缘服务器部署在无线接入网侧，缩短了计算服务器与移动设备之间的距离，边缘移动计算的任务卸载不需要经过回传链路和核心网，因而使时延降低。另外，边缘服务器比移动终端的算力更高，这也能使时延大幅降低。综上所述，边缘移动计算的短距离传输、协议扁平化的特点使其能够满足 5G 网络的超低时延需求。

边缘移动计算的主要优势体现在以下三方面。

降低任务执行时延：如前所述，相较于传统移动云计算，边缘移动计算将边缘服务器部署在无线接入网侧，避免了计算服务器与移动设备之间的远距离传输，同时利用边缘服务器较强的计算能力，大幅降低了任务执行时延。这种方式的传输距离缩短，在无须经过回传链路和核心网的情况下降低了时延，满足 5G 网络超低时延的需求。

提升网络能效：任务卸载不需要经过回传链路和核心网，这让边缘移动计算减少了边缘服务器和移动设备的能量消耗，使物联网设备更加耐用。边缘移动计算特别适用于物联网设备应用场景中的环境监测、人群感知和智慧农业。

更高的可靠性和安全性：边缘移动计算采用小规模的分布式服务器，因为没有过多有价值的信息被存储，所以相较于移动云计算的数据中心，它不易遭受网络攻击，从而拥有更高的可靠性，可以为用户提供更可靠的服务。此外，大多数移动边缘云服务器属于私有云服务器，可降低信息泄露的风险，对用户而言更加安全。

随着智慧城市和智能空间规模的扩大，传感器数据和服务被转移到云计算中。众所周知，云计算延伸了无线传感网的应用领域，也构建了许多突破现有瓶颈的结构，为传感网提供可信数据与为后续可信存储奠定了坚实基础。传感云系统的出现为云计算提供了一种新的数据管理机制，扩展了云计算的市场空间。以传感云技术为背景，信息产业能够更加自动化并降低能耗、成本和提高决策效率。

随着云计算、物联网、大数据等技术的不断发展，传感云系统已成为提高效率和可靠性的选择。不过，随之而来的是一系列新的挑战。首先，底层传感节点资源有限，在复杂苛刻的部署环境中发生故障和错误的概率普遍偏高且可能产生较高时延。然后，云端服务器作为下层的管理平台，与传感网相隔过远，传统的远程管理无法满足用户直接掌控数据的需求。底层传感网所采集的数据可信、对上层数据的保护可靠将成为传感云系统一切应用实现的基础和根本。

目前，我们需要一种全新的方式来应对以上挑战。雾计算是云计算的一种延伸，是当前备受瞩目的技术之一。与云计算相比，雾计算更接近底层网络且支持移动性，同时拥有强大的计算能力。人们将雾计算贴切地形容为介于云端与个人主机之间的一种中间态，将雾计算看作一种“微型云”。它移动在传感云体系架构的中层范围内，实现安全可靠的数据处理与存储。当前，雾计算所采用的分布式架构更多地应用于物联网及与其相关的领域中。

2．5G+云计算应用案例

（1）5G+云 VR

云 VR 将云计算、云渲染与 VR 业务、VR 应用相结合，将 VR 业务的渲染等计算量大的任务在云端服务器上完成，并借助高速稳定的 5G 网络，将云端的图像输出和声音输出通过一定的技术处理传输到用户的 VR 设备上。云 VR 作为 VR 产业的重要发展方向，整合产业的 VR 内容，将在很短的时间内为普通客户和垂直行业用户提供 VR 内容。如前文所述，计算量大的渲染任务会在云端完成，VR 终端会变得轻量且价格低廉，容易被用户接受。图 3-24 形象地展示了这种应用场景。

图 3-24　5G+云 VR 应用场景

云 VR 解决方案架构由 4 个部分组成，即内容层、平台层、网络层和终端层。

内容层：主要负责向平台层提供 VR 内容，涉及内容提供方和内容聚合方。云 VR 视频及云 VR 强交互都是主要的云 VR 业务。

平台层：提供云渲染、流化、存储、编码等功能，为云 VR 视频业务和云 VR 强交互业务提供支持。

网络层：骨干网、城域网、接入网及家庭网络是网络层的重要组成部分，负责为云 VR 业务提供大带宽、低时延的稳定数据传输。

终端层：云 VR 终端主要提供 VR 内容呈现、家庭网络接入及用户鉴权等功能，通过 Wi-Fi 接入网络，与平台层连接。

时延是云 VR 解决方案的关键约束。与本地 VR 系统相比，云 VR 系统的时延更大。时延如果控制不好，就会引起晕动症。晕动症由用户视觉系统与前庭系统感知的运动状态不一致引发，通常表现为恶心、皮肤苍白、出冷汗、呕吐、头晕、头痛、疲劳等。晕动症产生的原因分两类，一类是人运动后（即人们头部位置和观看角度发生变化）画面的显示延迟；另一类是显示画面在动，但用户实际上没有进行相应的运动。当前业界主流观点认为，当 VR 设备运动到成像（MTP）时延不超过 20ms，即自人的头部运动到双眼所见的图像发生变化的时间差在 20ms 以内时，可以较好地避免晕动症。

云 VR 业务对时延的要求因应用类型而异。云 VR 视频业务对时延的要求不高，不同的时延只会对画面加载时间产生影响。但是，对于云 VR 强交互业务，云端渲染会引入新的时延，这使得 MTP 时延不超过 20ms 有难度。为了确保云 VR 业务的用户体验与本地 VR 业务的用户体验相似，云 VR 解决方案需要控制好时延，使 MTP 时延不超过 20ms。

2017 年华为 Wireless X Labs 的一项研究表明，通过云端渲染的云 VR，将是 VR 未来的发展趋势。本地 VR 的 VR 终端需要通过线缆连接本地服务器，用户的体验较差，并且成本高。但是云 VR 能够实现 VR 终端的无线化，并通过云端服务器完成图像渲染，极大程度地降低了成本，并且提高了用户体验。

云 VR 对移动网络有更高的要求，主要是对宽带和时延两个关键特性的高要求。例如实现入门级的 VR 体验需要 100Mbit/s 的宽带和 10ms 的时延，实现极致的 VR 体验则需要 9.4Gbit/s 的宽带和 2ms 的低时延。只有 5G 网络能满足极致 VR 体验的诉求。

（2）5G+eMBB 高清视频

5G+eMBB 高清视频数据传输速率如图 3-25 所示，eMBB 旨在改善现有的移动宽带服务，并提高用户体验。华为公司主张的极化码方案于 2016 年 11 月 17 日在 3GPP RAN 第 187 次会议中讨论控制信道编码时被选为 5G eMBB 场景的最终方案。eMBB 于 2019 年实现商用。根据最新的《爱立信移动报告》预测，2023 年底至 2029 年，全球 5G 用户将增长 33%以上，从 16 亿增加到 50 亿，预计将覆盖 85%的人口。

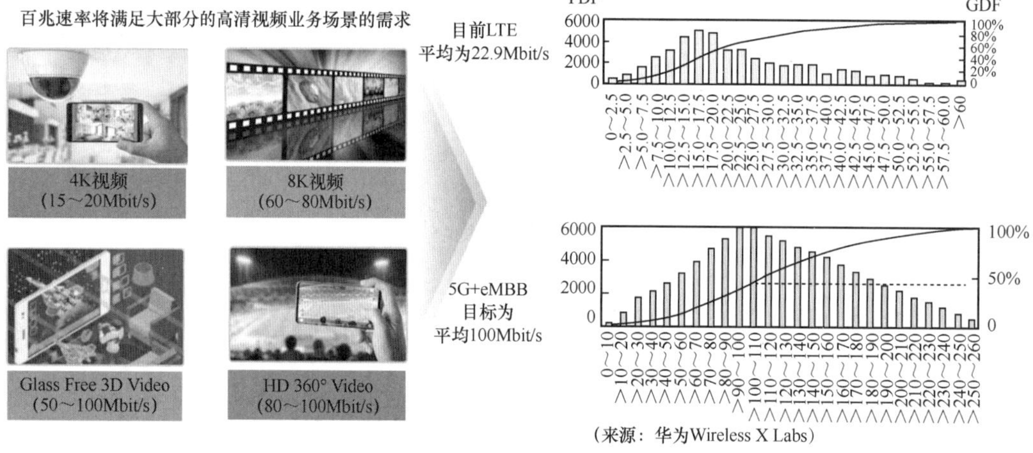

图 3-25　5G+eMBB 高清视频数据传输速率

为促进 eMBB 服务的推出，3GPP 的 RAN 集团曾于 2017 年 3 月提出在 2018 年 3 月之前完成 5G NR NSA 模型。5G NSA 部署依据 4G 网络，在 5G NR 运营商的辅助下降低时延并提高数据传输速率。2020 年 10 月，中国移动完成了 3GPP 5GC SA 模型建设，为 eMBB 服务的推出奠定了基础。

eMBB 被视为 4G 网络的自然演进，可提供更高的数据传输速率，从而提供超越现有移动宽带服务的用户体验。不仅如此，它还提供无缝用户体验，其服务质量将超越基于现有固定宽带技术获得的服务质量。最终，它将支持 360°视频流、深度参与的 AR 和

VR 应用程序等。

在 eMBB 用例中，5G 网络需要提供 3 个不同属性。①更大的容量：移动宽带接入将在人口密集区域提供，包括室外和室内的人口密集区域，如办公楼、会议中心或体育场；②提升连接性：移动宽带需要随处可用，以提供无缝用户体验；③更高的用户移动性：将使移动宽带服务更加适用于快速移动的场景，如飞机、高铁、汽车等。

不同的用例有不同的需求。在热点场景中，用户密度通常比较高，如观看体育比赛直播的观众对直播的画面质量、实时性等要求较高，需要非常高的流量以满足所有用户的需求。但是，这些用户要么是静态的，要么只轻微移动，因此对移动性的需求显著减少。另外，在高铁上为乘客提供 eMBB 服务需要较高的移动性，但相对于热点场景，这种通信的流量容量相对较小，因此，在某些中度移动性的区域，既要保证用户能被覆盖，又能确保具有较高的数据吞吐量，尽管可能不需要达到在热点场景中的数据吞吐量要求。总之，关键标准是实现无缝覆盖。

为了满足这些要求，5G 可能会支持如下能力。

① 用户接收数据的速率最高可达 1Gbit/s，数据传输速率最高可达数十吉比特每秒，完整流量每平方千米最低为 1Tbit/s。

② 连接数密度每平方千米高达 100 万个连接。

③ 用户体验的数据交换时延为 1ms。

④ 高速列车的最高速率为 500km/h，飞机的最高速率为 1000km/h 的高机动性。

3.4 大数据

3.4.1 大数据技术概述

1. 大数据基本概念

大数据指处理海量数据的一种技术，具有以下特点。

① 数据量巨大，一般以 TB、PB、EB 为单位。

② 需要大量的计算资源和高效的算法支持，以保证数据处理的速率和效率。

③ 数据类型多样，包括结构化数据、半结构化数据和非结构化数据等多种类型的数据，面对不同类型的数据需要采用不同的处理方法。

④ 数据来源广泛，包括社交媒体、传感器、日志等多种数据来源，需要采用不同的数据采集和处理方法。

⑤ 数据价值高，多种数据可以用于业务决策、市场分析、风险管理等多个领域，对企业和机构具有重要意义。

目前，计算机内部的信息传输、存储和处理均采用二进制编码，主要原因是二进制具备可行性、易行性、简单性、可靠性和逻辑性。用计算单位时，为了方便计算机计算，通常采用 2 的整数幂。

大数据本身是一个比较抽象的概念，单从字面上来看，它表示数据规模的庞大，但是，仅凭数据量的庞大显然无法看出大数据这一概念和以往的“海量数据”“超大规模数据”等概念之间的区别。大数据尚未有一个公认的定义，不同的定义基本从大数据的特征出发，通过对这些特征的阐述和归纳试图描述大数据。在这些定义中，比较有代表性的是 3V 定义，即认为大数据需满足 3 个特点——规模性、多样性和高速性。除此之外，还有 4V 定义，即在 3V 的基础上增加了一个新的特性。关于 4V 的说法并不统一，互联网数据中心（IDC）认为大数据除了具有上述 3V 特性外，还应当具有价值性。然而，大数据的价值往往呈现出稀疏性，因此，IBM 则认为大数据还具有真实性。

随着越来越多数据源的涌现，如社交媒体数据、企业内容、交易数据和应用数据等数据，研究者们需要采用有效的方法来保证这些数据的真实性和安全性。对于大数据分析来说，数据越全面，大数据分析的结果越真实。这些分析结果能够帮助企业从这些数据源中获取有用的信息，并将其与已知业务的各个细节相结合。

2．传统数据分析与大数据分析的比较

随着新数据源的出现，传统数据源的局限被打破，研究者需要有效的信息来确保数据的真实性及安全性。数据结构、数据处理方式及企业业务的改变催生了大数据分析方法及大数据分析相关产品。和传统数据分析相比，大数据分析具有以下特征。

（1）数据来源和范围不同

传统数据分析使用的数据大多来自于业务直接相关的企业或部门，以常见的文档和关系型数据为主。而大数据分析除了使用与业务直接相关的数据外，还需要大量收集外部数据及看似与业务不相关的数据。大数据分析的数据形式多种多样，除了文档和关系型数据，还包括音频、视频等数据，用户行为数据也会根据需要纳入分析范围。

（2）分析方式不同

传统数据分析面对的大多是常规数据，常用数据处理工具为 Excel。大数据分析要面对各种形式的数据，以及很多的原始数据。这些数据杂乱且数量庞大，要用到分布式平台和脚本语言才能进行分析，这使大数据分析的分析思路和分析方式都与传统数据分析有很大的不同。

（3）分析思维不同

传统数据分析是对已知的可理解数据进行分析，也是对已知数据的精细的挖掘过程，这些数据多为与业务直接相关的数据。而大数据分析是全量数据分析，通过分析发现数据间隐藏的关系，从而得到更多有用的信息。传统数据分析与大数据分析比较如表 3-4 所示。

表 3-4　传统数据分析与大数据分析比较

数据分析	数据量	存储	算法	环境	方法
大数据分析	非常庞大	结构化+非结构化存储	要求很高	要求高（搭建 HDFS）	需要验证的环节多，数据量大，数据较为复杂
传统数据分析	较大	结构化存储	要求一般高	无特殊的要求	抽取数据进行验证对比

3．大数据关键技术

大数据技术从本质上来说，就是从各种类型、规模庞大的数据中快速提取有价值的信息的技术。目前，随着大数据受到广泛关注，大量新技术涌现，并已成为大数据采集、存储、分析、表现的重要工具。大数据关键技术一般包括大数据采集、大数据预处理、大数据存储和管理、大数据分析和挖掘、大数据展现和应用（如大数据检索、大数据可视化、大数据应用、大数据安全保障等），如图 3-26 所示。需要特别注意的是，在数据分析中，云技术和传统方法之间进行联合，使一些传统的数据分析方法能够成功地被运用到大数据分析中。下面介绍前 4 种关键技术。

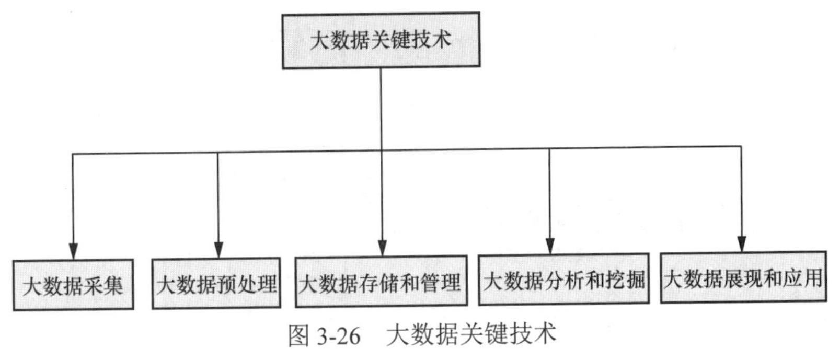

图 3-26　大数据关键技术

（1）大数据采集技术

对于大数据应用而言，大数据采集是从不同数据来源收集各种类型的数据的过程。这些数据包括射频识别（RFID）数据、传感器数据、用户行为数据、社交网络用户交互数据、移动互联网数据等多种类型的结构化数据、半结构化数据和非结构化数据。由于数据量大、数据类型多样且产生速度快，传统的数据采集方法无法有效处理这样体量的数据。由此可知，大数据采集技术需要面对许多技术难题，包括确保数据采集的可靠性和高效性，以及避免重复数据。

① 大数据分类

在传统数据采集中，数据来源单一，数据量相对少，数据的存储、管理和分析相对容易些，通常使用关系数据库和并行数据仓库进行数据处理。在并行计算方面，传统的并行数据仓库注重数据的高度一致性和容错性，但难以保证数据的可用性和可扩展性。在大数据体系中，传统数据分为业务数据和行业数据，而新数据包括内容数据、线上行为数据和线下行为数据。大数据主要来源于企业系统、机器系统、互联网系统和社交系统。

综上所述，数据共分为 5 种：业务数据、行业数据、内容数据、线上行为数据和线下行为数据。业务数据包括消费者数据、客户关系数据和账目数据等。行业数据包括车流量数据、能耗数据和 PM2.5 数据等。内容数据包括应用日志、电子文档和社交媒体数据等。线上行为数据包括页面数据、用户交互数据和反馈数据等。线下行为数据包括车辆位置和运动轨迹、用户位置和运动轨迹及动物位置和运动轨迹等。

在大数据体系中，数据源与数据类型间的关系如图 3-27 所示。企业系统包括客户关系管理系统、企业资源计划（ERP）系统、库存管理系统和销售管理系统等，可产生业务数据。机器系统包括智能仪表、工业设备传感器、智能设备和视频监控系统等设备设施和系统，可产生行业数据和线下行为数据。互联网系统包括电商系统、服务业业务管理系统、政府监管系统等，可产生业务数据和线上行为数据。社交系统包括微信、QQ、微博、博客、新闻网站等软件和网站，可产生内容数据和线上行为数据。

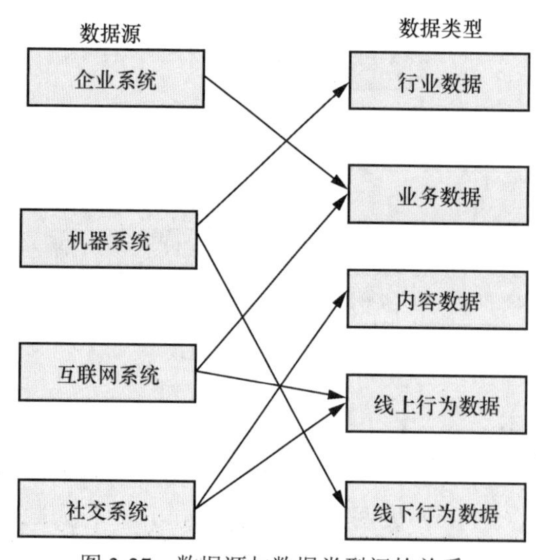

图 3-27 数据源与数据类型间的关系

② 大数据采集方法

大数据的采集指接收来自多个数据库或存储系统的数据。传统的关系数据库 MySQL 和 Oracle 等通常用于存储业务数据，而在大数据时代，如 Redis、MongoDB 和 HBase（Hadoop 数据库）等 NoSQL 数据库（非关系数据库）也被广泛用于数据采集。大数据采集面临的挑战在于高并发性，因为同时可能有成千上万的用户进行访问和操作。为了满足大数据采集的需求，需要部署大量数据库以支撑高并发读/写操作，同时进行负载均衡和数据分片。数据源不同，大数据采集方法也不同，但是为了满足大数据采集的需求，业内通常使用 MapReduce 分布式并行编程模型或基于内存的流式数据处理模式。

针对不同的数据源，大数据采集方法如下。

系统日志采集：系统日志采集公司业务平台日常产生的大量日志数据，以供离线/在线的大数据分析系统使用。为了确保数据的高可用性、高可靠性和可扩展性，系统日志采集工具采用分布式架构，能够满足每秒数百兆字节的日志数据采集和传输需求。

网络数据采集：通过网络爬虫技术或网站公开且可规范使用的 API 等方式从网站上获取数据的过程。这样，非结构化数据、半结构化数据可被从网页中提取出来，存储在本地系统中。

感知设备数据采集：指通过传感器、智能摄像头和其他智能终端自动采集信号、图片或录像来获取数据。大数据智能感知系统需要实现对结构化、半结构化、非结构化的海量数据的智能识别、定位、跟踪、接入、传输、信号转换、监控、初步处理和管理等，其关键技术包括针对大数据源的智能识别、感知、匹配、传输和接入等。

（2）大数据预处理技术

数据预处理是大数据处理过程中最为重要的一步，包括数据清洗、数据集成与变换、数据规约。在这些技术中，数据清洗可以去除不必要的噪声和异常数据，并修正不一致的数据；数据集成则是对来自不同数据源的数据进行整合，存储在一致的数据仓库中；数据变换可以对数据进行归一化处理，从而提高数据挖掘算法的精度和有效性。这些大数据预处理技术可以极大地提高数据分析的质量和速度。大数据预处理技术可以帮助人们将杂乱无章的数据结构类型转化为相对单一且易于处理的数据结构类型，以便快速进行数据分析和处理。大数据预处理如图 3-28 所示。

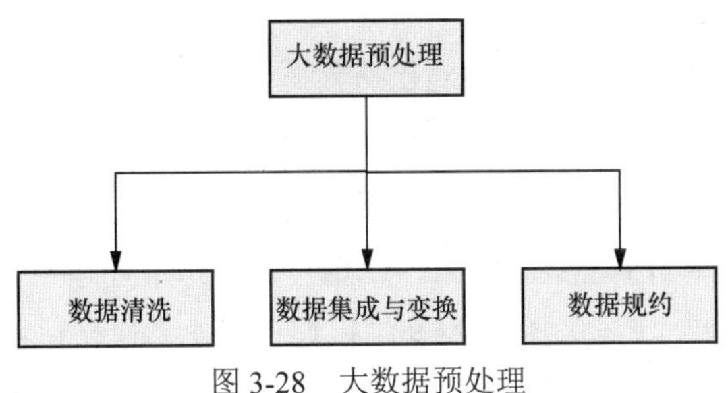

图 3-28　大数据预处理

数据清洗是保证数据质量的重要手段之一，因为并非所有采集到的数据都是有价值的。有些数据可能并不是我们所需要的，有些数据甚至是完全错误的干扰项，因此，我们需要对数据进行过滤和去噪，以提取有效的数据。

数据清洗的主要内容包括遗漏值处理、噪声数据处理和不一致数据处理。遗漏值处理指利用全局常量填充遗漏值、使用属性的平均值填充遗漏值、使用可能值填充遗漏值或直接忽略该数据等方法来处理缺少感兴趣的属性的数据。噪声数据处理指利用数据分箱、聚类、回归等方法去除数据中存在的错误数据或偏离期望值的数据。不一致数据处理指手动更正不一致的数据。使用这些方法可以提高数据的质量和可靠性。

数据集成可对来自不同数据源的数据进行整合，将数据存储到数据库中。这个过程需要解决模式匹配、数据集成、数据冗余、数据值冲突的检测与处理等问题。由于数据源命名存在差异，等价实体常常有不同的名称，因此，如何更好地匹配来自多个实体的不同数据是解决数据集成的关键问题。数据值冲突的检测与处理问题也是数据集成中的一个重要问题，不同来源的统一实体可能具有不同的数据值。为了更好地挖掘数据源中的数据，需要进行数据变换。数据变换的主要过程包括数据平滑、数据聚合、数据泛化、数据规范化和数据属性构造等。

数据规约技术包括数据立方体聚集、维度规约（又称维规约）、数据压缩、数值规约和概念分层等，其作用在于将数据集的规模缩小，同时又保持原数据的完整性。它对于需要在庞大数据集上进行数据分析和挖掘的业务来说，非常有帮助。例如，企业可利用大规模数据池建立多层次、覆盖多行业、涵盖多业务的标签画像数据中心，也可利用企业经营数据（招投标）、资质、新闻事件、广告、招聘信息等关键企业数据进行特征识别、文本分析和关键信息提取，还可利用大数据技术分析舆情，为研究机构、媒体与商业平台等提供数据支撑和决策依据。

（3）大数据存储和管理技术

在大数据环境下，为了确保数据的高可用性、高可靠性和经济性，通常采用分布式存储方式，并采用冗余存储技术来保证数据的高可靠性，即为同一份数据存储多个副本。关键的海量数据存储技术包括并行存储体系结构、高性能对象存储解决方案、并行 I/O 访问技术、高可用性海量数据存储系统、嵌入式 64 位存储操作系统、数据保护与安全防护体系和绿色存储等。

数据存储是大数据的核心，它方便对已有数据进行归档、整理和共享。自磁盘系统出现以来，数据存储已经历经近百年的发展历程。计算机就像我们的大脑一样，拥有短期记忆和长期记忆。例如，大脑通过前额叶皮层和顶叶层处理短期记忆，计算机则利用 RAM 来处理短期记忆。大脑和计算机都需要在“清醒”的状态下处理和记忆事务，并在工作一段时间后会感到“疲倦”。大脑在睡眠时会将短期（工作）记忆转换为长期记忆，计算机则在睡眠时将活动记忆转换为存储卷。计算机还会按类型来分配数据，就像大脑按语义、空间、情感或规则来分配记忆一样。

在大数据时代，数据的多渠道获取会导致数据的一致性无法得到保证。数据结构的混杂，数据量不断增长，加上机器性能的物理限制，如内存容量、硬盘容量和处理器速度等的限制，单机系统硬件配置的提升速度已难以跟上数据增长的速度，因此，企业和组织需要在硬件限制和硬件性能之间进行取舍。对于那些希望从高成本数据中获得价值的企业和组织来说，有效的数据存储和管理变得更加重要。数据存储和管理不仅仅是接收、存储、组织和维护数据，还包括对数据进行分类，以及保护数据和元数据不受自然中断或人为中断的影响。此外，数据存储和管理需要提供用户可定义的策略，这些策略可自动移动、复制和删除数据，可部署人工智能和机器学习相关系统以优化和自动化数据管理功能，可搜索数据并提供可用的信息和可行的见解，使数据合规，在法律和法规范围内收集个人信息，可将数据管理扩展到数百拍字节甚至艾字节级别。具体来说，大数据存储和管理技术需要实现海量文件的存储与管理，海量小文件的传输、索引和管理，海量大文件的分块与存储，保障系统的可扩展性与可靠性等。

在大数据存储和管理领域中，有以下几种关键技术。

加密保护。任何企业的数据都是至关重要且私有的，因此加密技术成为避免网络威胁的一种可行途径。通过将信息内容转换为代码并使用加密信息，只有收件人可以解码，以提升数据传输的安全性。

数据仓库。大数据难以管理，因此可以进行精简后存储到数据仓库中。集中存储数据后对数据进行分层次的管理，不仅可以保证数据的时效性和可持续的数据生态，还可以对数据完成不同程度的处理。

云备份。大数据存储和管理正在迅速进入数字领域。数据的备份服务在云端完成可以有效解决数据无处存储的问题，使数据得到安全可靠的保护。

（4）大数据分析和挖掘技术

数据分析是大数据技术的应用领域中非常核心且有价值的领域。它通过揭示有价值的数据背后的规律和数据分析结果，帮助人们进行更为科学和智能的决策。此外，人工智能技术应用领域中的统计分析、机器学习、数据挖掘、自然语言处理、知识与推理等技术方法也提供了丰富多样的大数据分析方法。大数据分析和挖掘技术主要的 6 个技术方向如图 3-29 所示。

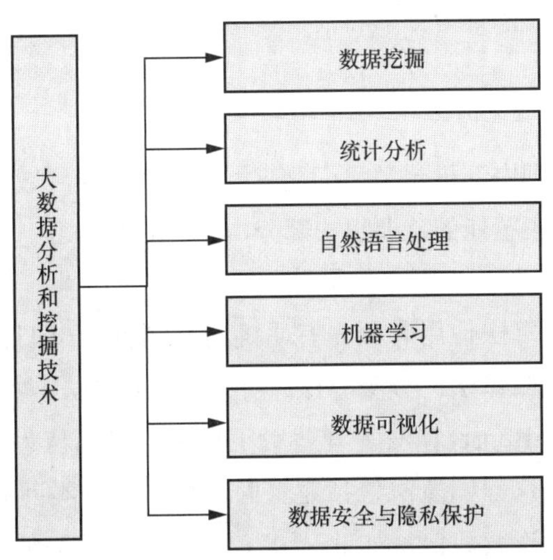

图 3-29　大数据分析和挖掘技术主要的 6 个技术方向

① 数据挖掘

数据挖掘是一种从实际应用数据中提取潜在有用信息和知识的过程，常用的方法包括关联规则学习、聚类分析、分类分析等。商用数据挖掘工具包括 IBM SPSS、SGI MineSet、Oracle Darwin 等，开源工具有 WEKA 等，这些工具主要提供商业解决方案，参与从数据分析到数据可视化的商业智能过程。

② 统计分析

统计分析基于数学领域知识的统计学原理，对数据进行收集、组织和解释，主要用于分析变量间可能出现的定性关系和定量关系。常见的统计分析方法有 A/B 测试、假设检验、方差分析和回归分析等。R 语言工具包是统计分析领域中的经典工具，提供了丰富的统计分析算法和绘图技术，如线性和非线性模型、时间序列模型、分类模型和聚类模型等。RHIPE 是一个 R 语言和 Hadoop 的集成编程环境，用于在 Hadoop 大数据处理环境下进行数据挖掘和数据分析。该环境将 R 语言算法移植和集成到 Hadoop 大数据并行处理环境下，能够对大数据进行统计分析。

③ 自然语言处理

自然语言处理是一种人工智能领域的技术，利用算法对自然语言进行分析，其核心技术包括词法分析、句法分析、语义分析、语音识别和文本生成等。很多自然语言处理算法是基于机器学习的算法。自然语言处理在社交媒体情感分析、法律电子侦察等领域中有广泛应用。国内的自然语言处理工具有开源工具包 Apache OpenNLP、FudanNLP 和哈尔滨工业大学社会计算与信息检索研究中心研发的语言技术平台，这些工具可以用于处理自然语言文本，提供词法、句法、语义的分析和分类等处理。在美国国防预先计划研究局的文本深度发掘和过滤项目中，斯坦福大学、卡内基梅隆大学和哥伦比亚大学等机构参与研究，研究内容主要是基于超大规模的语音和文本数据进行情报分析，用于互联网监控、犯罪预防和反恐等方面。目前，自然语言处理领域的研究热点是语义分析和情感分析。

④ 机器学习

在大规模数据的处理中，机器学习广泛应用于 3 个主要领域：搜索、迭代优化和图计算。机器学习作为人工智能的重要组成部分，分为监督学习、无监督学习、半监督学习和强化学习。

监督学习算法要求算法使用者预先有明确的预测目标（即目标变量的分类信息），主要包括分类算法和回归算法。分类算法（如 K 近邻算法、决策树、朴素贝叶斯算法、支持向量机和 AdaBoost 算法等）适用于预测的目标值为离散型目标值（如是/否、A/B/C 等）的情况；回归算法包括逻辑回归算法、分类回归树（CART）算法，适用于预测的目标值为连续数值（如 0～100、0.1～150 等）的情况。

无监督学习则不预先指定数据分类和目标值，主要算法有 K 均值聚类算法、Apriori

算法、FP-Growth 算法等聚类算法和密度估计算法。

半监督学习和强化学习是对常用监督学习算法的扩展，应用于预测分析、动态系统、机器人控制等领域中。

Mahout 是基于 Hadoop 的数据挖掘和机器学习算法框架，提供包括遗传算法、时间序列分析算法、分类分析算法和聚类分析算法等的算法库。目前，机器学习领域的研究热点在于采用新的机器学习算法实现深度机器学习，提高最终分类或预测的准确性。谷歌、微软、IBM、百度等企业在深度学习领域中处于领先地位。

⑤ 数据可视化

数据可视化是一门跨学科的综合学科，主要研究如何以图形化的方式展现数据交互，以增强人类的认知能力，并揭示数据中隐含的信息和规律。这门学科涉及计算机图形学、人机交互、统计学、心理学等多个领域。

数据可视化有 3 个分支，分别是科学可视化、信息可视化和可视分析，这 3 个分支的侧重点各有不同。科学可视化主要应用于自然科学领域中，如物理、化学、气象等，帮助解释、操作和处理数据和模型，以寻找科学规律和异常。信息可视化则主要处理非结构化数据、非几何的抽象数据，如金融交易数据、社交网络数据和文本日志数据等，主要关注如何在有限的展现空间中，以直观有效的方式传达大量的抽象信息。可视分析是一种以可视交互界面为研究对象的分析推理科学，综合了图形学、数据挖掘分析和人机交互等技术。传统的商业智能公司注重可视分析，而且在该领域中有相应的技术和产品。在数据可视化领域中，知名的公司包括思爱普、IBM、赛仕软件和 Microsoft 等。然而，在大数据可视化分析领域中，走在前列的公司是 Tableau Software。该公司的代表产品有 Tableau Desktop、Tableau Server、Tableau Reader、Tableau Public 等，致力于让不懂技术的人也能够轻松实现数据可视化和进行可交互的即时数据分析展示。此外，还有一些开源的可视化产品，如 R 语言、D3.js、Processing.js 等，也得到了广泛应用。数据可视化领域面临的挑战主要是大数据可视化和以人为中心的探索式可视分析。

⑥ 数据安全与隐私保护

在大数据时代，传统的隐私信息保护手段已捉襟见肘，传统的加密技术、身份认证和访问控制等手段在大数据时代已无法满足需求。

作为基于大数据技术的代表平台，Hadoop 的安全防护机制较弱。尽管 Hadoop 1.0.0 实现了基于访问控制列表（ACL）的访问控制机制和基于 Kerberos 的安全认证机制，但这些机制受限于 ACL 和 Kerberos 自身的能力限制，并未完全解决 Hadoop 的安全问题。

目前，大数据技术针对基于 Hadoop 的数据加密、访问控制、隐私信息保护和安全审计等方面已经有许多研究。有一种大数据隐私信息保护框架——MapReduce 计算框架从规范隐私接口调用、数据匿名、数据更新和匿名数据集管理等方面提出了对隐私数据进行过滤、保护的方法。此外，IBM 的科学家已经成功实现了同态加密技术，该技术可以用于解决云环境下大数据的加密保护问题。理论上，这种技术可以对加密后的数据进行计算，而不会影响计算结果。然而，由于该技术还不够成熟，效率低且成本高昂，目前还没有实现实用化。在大数据安全和隐私保护领域中，数据去识别化（数据匿名）和数据再识别化、数据弹性访问控制和数据加密的问题仍然没有得到彻底解决。

3.4.2 5G+大数据

1．5G+大数据应用场景

在数字经济时代，信息已经成为新的生产要素，数据则作为一种新的生产资料服务于各行各业。新一代信息技术的应用需要高速、安全、可靠的信息网络环境，而 5G 网络恰好具备高速、低时延、无处不在、安全等特点，可以很好地满足这一需求，进而促进数字经济的发展。下面介绍 5G 和大数据技术融合的应用场景。

（1）云 VR/AR——实时计算机图像渲染和建模

云 VR/AR 等业务对网络带宽的要求较高，而高质量 VR/AR 的内容处理向云端转移，这不仅满足了用户不断增长的需求，还降低了设备价格。虽然 4G 网络的网络吞吐量可达 100Mbit/s，但一些高阶 VR/AR 应用还需要更高的速率和更低的时延。

（2）车联网——遥控驾驶、编队行驶、自动驾驶

车联网已成为推动汽车行业变革的重要技术之一，其中包括遥控驾驶、编队行驶、自动驾驶等。这些技术需要安全、可靠、低时延和大带宽的网络，只有 5G 网络可以同时满足这些要求。

（3）智能制造——无线机器人云端控制

制造业的主要创新发展方向包括精益生产、数字化工作流程和柔性生产。在传统生产模式下，制造商通常采用有线技术连接应用，而如今 Wi-Fi、蓝牙和 WirelessHART 等无线通信标准已开始应用于制造车间中。但是，这些无线解决方案在网络带宽、可靠性和安全性等方面存在局限性。

（4）智慧能源——馈线自动化

馈线自动化系统能够将可再生能源整合到能源电网中，并降低运维成本和提高可靠性。为了实现更快速且准确的电网控制，需要以超低时延的通信网络作为支撑。通过为能源供应商提供智能分布式馈线自动化系统所需的专用网络切片，移动运营商能够与能源供应商进行优势互补，实现智能分析并实时响应异常告警。

（5）无线医疗——具备力反馈的远程诊断

在欧洲和亚洲已经呈现出明显的人口老龄化加速趋势。穆迪分析指出，一些国家（地区），如英国、日本、德国、意大利、美国和法国等将会成为“超级老龄化”国家，在这

些国家中，超过 65 岁的老年人口的占比将会超过 20%，更先进的医疗技术和更高的医疗水平将成为老龄化社会的重要保障。随着人口老龄化加速，全球范围内使用移动互联网的医疗设备也在不断增加。医疗行业开始采用可穿戴设备或便携设备集成远程诊断、远程手术和远程医疗监控等解决方案。

（6）5G 联网无人机——专业巡检和安防

无人驾驶飞行器简称无人机，其全球市场规模大幅增长。无人机现在已经成为一种重要的工具。通过 5G 网络，无人机可以实现远程控制和操作数据传输。5G 网络支持大带宽连接和低时延通信，能够满足无人机在巡检和安防等领域中应用的需求。

（7）智慧城市——人工智能使能的视频监控

智慧城市的优势在于主动满足城市居民和企业的需求，而不是被动应对居民和企业的需求变化。要成为智慧城市，市政府需要使用数据传感器感知城市“脉搏”，并使用视频监控摄像头监控交通流量和社区安全。

2．5G+大数据应用案例

（1）5G 助力数字化疫情防控工作

借助于深圳智慧南山将数字化防疫贯彻在新冠肺炎疫情防控过程各个环节，从数据动态汇聚到数据挖掘分析，从专家视频会商到现场实时联动，5G 网络终端的快速部署及超大带宽、低时延的优势发挥了积极作用。平台实现线上自主填报、智能搜集复工人员基本资料、健康状况等信息，为政府对企业复工审批提供辅助依据；自动校验人员近 14 天行程轨迹，经平台大数据分析综合判断，排查重点人员；针对防疫重点区域部署 5G 摄像头、NB 定位器，进行疫情监测；通过人工智能机器人自动呼叫，完成人员排查与信息采集；利用人工智能、大数据、5G 等技术，加快病毒检测诊断、监测分析和全程溯源管理。

（2）京东大数据智慧仓储

现如今京东作为专业的一站式网购商城已成为许多人网上购物的首选，京东自营商品的物流速度能够实现次日达，主要得益于京东大数据智慧仓储服务。例如，北京的用户在网上下单购买佛山某家电品牌的产品，京东通过大数据分析提前将货物放到北京地区的仓储点，接收到订单便可以从当地仓储点快速送到当地用户手中，从而节省了用户的等待时间。

随着大数据时代的到来，企业对于数据价值的挖掘和运用越来越重视。作为国内领先的电商平台，京东一直在探索如何更好地利用数据来提升业务效率和用户体验。在这过程中，京东实时数据仓库开发实践成为了实现这一目标的关键环节。实时数据仓库是一种基于大数据技术的数据存储和处理平台，能够实时收集、处理和分析海量数据，并为业务提供快速、准确的数据支持。在京东的实践中，实时数据仓库扮演着核心角色，为京东的各个业务部门提供实时数据分析和报告的能力，帮助京东更好地理解用户行为、优化业务流程，提高经营效率。

3.5 人工智能

3.5.1 人工智能技术概述

1. 人工智能技术研究现状

人工智能是一门新的技术科学，研究、开发用于模拟、延伸和扩展人类智能的理论、方法、技术和应用系统。该技术最早于 1956 年由约翰·麦卡锡提出，当时被定义为制造智能机器的科学和工程。人工智能的目的是使机器像人类一样思考，并拥有智能。随着时间的推移，人工智能的内涵已经大大扩展，人工智能成为一门交叉学科。

如前所述，人工智能是一门涉及多个学科领域的技术科学。除了计算机科学，它还与脑科学、神经生理学、心理学、语言学、逻辑学、认知（思维）科学、行为科学、生命科学和数学等学科有关，同时也涉及信息论、限制论和系统论等方面的理论。

发展人工智能是当前信息化社会的紧迫需求。随着互联网、大数据和云计算等技术的快速更替和大量涌现，人工智能的发展和应用进入一个创新变革的新时代。人工智能技术日新月异，特别是在计算机视觉、自然语言处理、推理决策等方面的快速推进，以及在智能机器人、无人驾驶、智能制造、智能家居、现代服务等行业中的广泛应用，必将对未来的生产方式、人们的生活方式和思维方式产生重大影响。人工智能的迅速崛起已成为我国经济社会发展的新动能。

（1）人工智能的分类

① 弱人工智能

弱人工智能指已经掌握了单一方面工作、处理特定任务的人工智能，例如，电饭煲可以预约启动时间。AlphaGo 是一种弱人工智能，可以战胜象棋世界冠军，但它只能下象棋，无法回答其他问题。虽然 AlphaGo 具备思考分析的能力，并能够制定取胜策略，但它仍然会犯错。另外，AlphaGo 缺乏情感，无法像人类一样感到悲伤、高兴或失落。iRobot、双足人形机器人 Atlas 和小米研发的人形仿生机器人“铁大”（CyberOne）等机器人也可归类为弱人工智能，因为它们虽然可以像人类一样行动，但它们的思维能力和情感仍然无法与人类相比。

弱人工智能只能表现出与人类相似的思考和行为，但是它们的功能实现仍然依赖于预先编写的程序。对于真正的推理和问题的解决，弱人工智能无法做到。虽然弱人工智能看起来很智能，但实际上没有实现真正的智能，并不具备自我意识。

② 强人工智能

研究人员指出，强人工智能有可能实现真正的推理和问题解决能力，同时具备知觉和自我意识。这样的智能机器可以独立思考问题，制定最佳解决方案，拥有自己的价值观和世界观，以及类似于生物的本能，如生存本能和安全需求。然而，目前的技术水平还无法真正实现强人工智能，技术瓶颈在于脑科学方面。

（2）国内人工智能的研究现状

我国的人工智能研究主要集中于应用技术领域。人工智能是一个智能学科的重要组成部分，需要与其他学科相结合，进行跨学科研究，才能产生更大的作用。目前，我国已经有几百家人工智能领域的创业公司，主要集中在基于人工智能的医疗图像识别、智能金融等领域，其中，中国科学技术大学的智能机器人“佳佳”和阿里巴巴集团的智能客服“阿里小蜜”都是人工智能应用的典型代表。我国的市场需求非常广泛，随着人工智能与不同行业领域之间的交融加深，后期将会出现更多类型的人工智能产品，并且具有更大规模的市场潜力。虽然我国弱人工智能的应用领域广泛，但在关键技术的创新及基础理论方面仍然较为薄弱。目前，我国在全球人工智能发展过程中的原创性、基础性贡献还不够。人工智能需要与产业紧密融合，既要推动人工智能应用与市场相结合，又要进行基础数据设施建设和平台技术的突破创新，并构建高效对接传统行业的通道。目前，国内人工智能产业的整体技术运用水平仍有很大的提升空间。

（3）国外人工智能的研究现状

西方一些经济较发达的国家抢抓人工智能发展战略机遇，以增强自身竞争力，并且各国政府积极推进人工智能相关产业的发展进程。美国在人工智能方面的研究对其他国家影响较大。美国的人工智能生态系统建设更为成熟，目前已有人工智能初创公司 OpenAI 等。自 2013 年以来，美国制定了许多有助于人工智能发展的规划，并在 2016 年加大了研发力度以促进人工智能的发展。同时，美国政府还发布了多份旨在推动人工智能产业健康发展的重要战略文件。许多国家已经深度推入人工智能研究并不断增加对人工智能研究的投资。美国政府以公共投资的形式为人工智能提供明确的发展方向。

① 美国重视国家和经济安全

如前所述，自 2013 年起，美国陆续发布了多个人工智能规划，并阐述了人工智能在智慧城市、自动驾驶和教育等领域中的应用前景。2016 年，美国将人工智能提升至国家战略层面，出台了《国家人工智能研究与发展战略规划》及其他支持和保障人工智能发展的政策。2019 年 2 月，为维持美国在人工智能领域的领导地位，美国发布了《美国人工智能倡议》，并明确表示要集中联邦政府资源发展人工智能，保障国家和经济安全。2021 年 6 月，美国成立由学术界专家、政府和产业界人士组成的国家人工智能研究资源特别工作组，旨在让人工智能研究人员获得更多的政府数据、计算资源和其他工具，该计划基本继承了《2020 年国家人工智能倡议法》的战略诉求。美国政府还批准了 2500 亿美元的投资，用于人工智能、量子通信等科学研究。

② 韩国加快构建可持续发展的人工智能技术能力

韩国具备强大的ICT产业发展基础，为人工智能领域的研发和应用生态建立奠定了坚实基础。2018年5月15日，韩国第四次工业革命委员会通过了《人工智能研发战略》，该战略旨在促进人工智能技术进步，促进人工智能在各领域中的创新发展，建立世界领先的人工智能研发生态并构建可持续发展的人工智能技术能力。韩国认为，人工智能发展是促进经济和社会大变革的核心动力之一，但其在人工智能技术能力方面，与中国和美国相比仍存在差距，因此提升人工智能技术能力非常迫切。这关系到韩国是否能在第四次工业革命中占据技术主导地位。为了加速经济和社会的创新发展，为产业注入新的活力，韩国科学技术信息通信部于2019年公布了《国家人工智能战略》，2023年提出了《促进人工智能产业和建立可信人工智能框架法》（《人工智能基本法》）。

③ 加拿大大力发展人工智能“产、学、研、用”聚集中心

2017年3月，加拿大政府发布了“泛加拿大人工智能战略”，于2022年6月启动泛加拿大人工智能战略第二阶段计划，旨在降低人工智能研究领域的重复率。政府为该战略计划拨款1.25亿加元，以支持人工智能研究和人才培养。战略目标包括增加加拿大优秀人工智能研究人员和熟练毕业生的数量，建立互联的科研合作节点，并在经济、伦理、政策和法律意义等方面发展全球领先思想领导，同时支持国家人工智能研究团体的成立等。加拿大在全国范围内形成了多个人工智能“产、学、研、用”聚集中心，这些中心包括蒙特利尔、多伦多、埃德蒙顿、滑铁卢、温哥华和魁北克等城市，它们是加拿大人工智能研究的中坚力量。

④ 欧盟构建可信人工智能框架，抢占全球伦理规则主导权

为了推进以人工智能为技术基础的经济模式发展，欧盟注重人工智能研发和人才投入，并采取多种措施大力发展人工智能。由于缺乏风险资本和私募股权投资，以及民众对隐私保护等的顾虑，欧盟的人工智能领域发展落后于中国和美国。2018年4月，欧洲25个国家和地区签署了《人工智能合作宣言》来推动人工智能发展，确保欧洲人工智能研发的竞争力。2018年12月，欧盟发布了《人工智能协调计划》，以推进欧洲人工智能的研发与应用。欧盟还于2020年2月发布了《人工智能白皮书：欧洲追求卓越和信任的策略》，旨在解决使用新技术所产生的风险问题，实现欧盟各国人工智能投资收益最大化，并推动发展符合欧盟各国价值观和伦理观念的人工智能，力争在伦理与治理领域中占据全球领先地位。2024年3月，欧盟正式批准了《人工智能法案》。

2. 人工智能关键技术

人工智能的基础是计算机技术，核心思想是利用程序模拟人类智能，从而帮助人们解决复杂的问题。下面介绍7种人工智能关键技术。

（1）机器学习

机器学习是一种利用计算机对一部分数据（训练数据）进行学习，并向学习的结果

（模型）输入另一部分数据（新数据）以进行预测与判断的方法。机器学习的核心思想是通过使用算法分析数据，并从中学习相关规律，然后向学习得到的模型输入新数据进行决策或预测。这个过程类似于人类的学习过程，如人们通过实践获取一定的经验，根据经验对新问题进行预测。机器学习架构如图 3-30 所示。

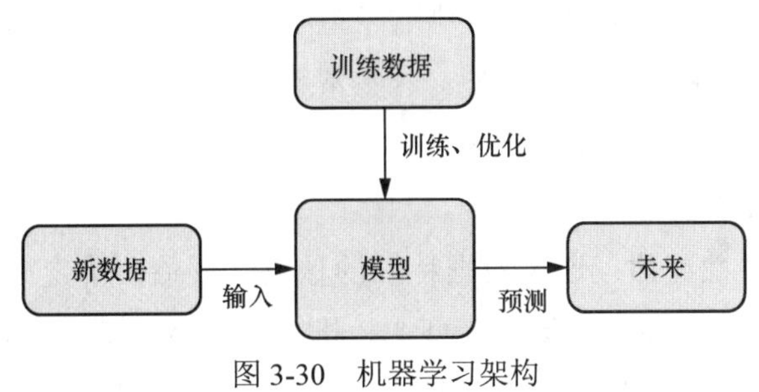

图 3-30　机器学习架构

① 机器学习流程

机器学习流程如图 3-31 所示。

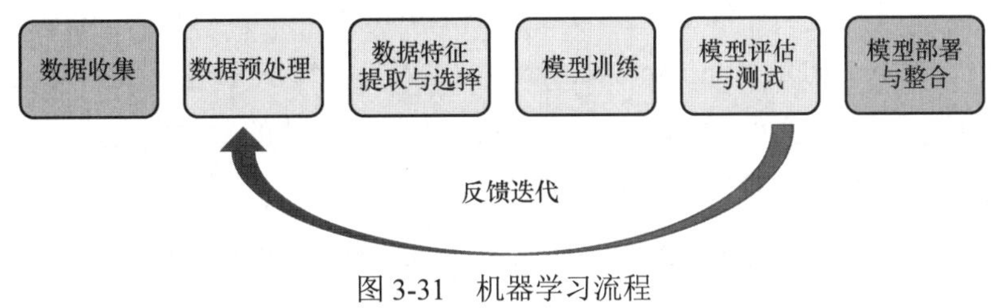

图 3-31　机器学习流程

a．数据收集

数据收集是机器学习流程的首要步骤，需要认真执行。该步骤涉及从各种数据源（如数据库、日志、传感器、API 等）收集原始数据，并将数据存储在合适的地方，以便后续进行数据处理和分析。数据收集要考虑数据来源、数据存储、数据质量、数据安全保障和数据处理等方面。

b．数据预处理

在机器学习流程中，数据预处理是至关重要的一步，它需要对原始数据进行清洗、转换和标准化等处理，以提高后续数据分析和建模的准确性和有效性。数据预处理通常需要考虑以下方面。

数据清洗：去除重复数据、包含缺失值的行或列、错误数据、异常数据等无用或不规范的数据。

数据转换：对文本数据进行分词、去除停用词、词干提取等处理，对数值数据进行归一化等处理，对时间序列数据进行数据平滑、数据聚合等处理。

数据标准化：将具有不同特征的数据单位和尺度转换成相同的标准形式，以便进行比较和建模。

数据集划分：将原始数据划分为训练数据集和测试数据集，以便对模型进行训练、调参和测试。数据预处理的水平对后续建模的质量和效果有着直接的影响，因此这一步骤需要认真对待和细致执行。

c．特征提取与选择

特征提取与选择也是机器学习流程中非常重要的一步，它涉及如何从原始数据中提取出具有代表性的数据特征来训练模型。一些常用的数据特征提取和选择方法如下。

数据特征抽象：将原始数据转化为具有一定语义的特征。例如，提取一篇文章的特征，将其转换为词袋模型。

数据特征的重要性评估：通过数据特征的重要性评估，确定哪些数据特征对模型预测的贡献更大。例如，使用决策树模型或随机森林模型计算数据特征的重要性得分。

数据特征衍生：通过对原始数据特征进行组合、转换等操作来生成新的数据特征。例如，将身高和体重组合成体重指数等。

数据特征降维：通过将高维数据投影到低维空间中来减少数据特征数量，从而避免出现过拟合问题。例如，使用主成分分析（Principal Component Analysis，PCA）或线性判别分析（Linear Discriminant Analysis，LDA）等算法来进行数据特征降维。

数据特征选择：从原始数据特征中选取最具有代表性的数据特征子集。例如，基于统计方法或模型学习的方法来选择数据特征。

进行数据特征提取和选择是为了减少数据特征的冗余和噪声，提高模型的泛化能力，同时加速模型训练过程并降低模型复杂度。

d．模型训练

经过数据特征提取和选择之后，就可以进行模型的训练了。模型训练基于给定的数据集，使用一定的算法和模型参数，让模型学习数据集中的规律和特征，从而实现对未知数据的预测或分类。在模型训练过程中，需要选择合适的算法和模型参数，并对训练过程进行优化，以获得更好的模型性能。通常的做法是将数据集划分为训练数据集和测试数据集，基于训练数据集进行模型训练，基于测试数据集评估模型的性能，从而确定模型的最优参数。

常用的机器学习算法包括决策树、支持向量机、朴素贝叶斯算法、K 近邻算法、随机森林等。在选择算法时，需要考虑数据的特征和问题类型，以及算法的优缺点。模型训练过程中也需要对数据进行进一步处理，如数据归一化、数据标准化等，以保证数据的稳定性和一致性。此外，模型训练还需要考虑过拟合和欠拟合问题，以避免模型基于训练数据集表现优秀但基于测试数据集上表现不佳的情况发生。

e．模型评估与测试

模型评估与测试是模型训练后的重要步骤，其目的是对训练好的模型进行性能评估，以确定其在实际应用中的可靠性和准确性。一些常用的模型评估指标和测试方法如下。

测量精度和召回率：精度指被正确预测为正例的样本数占总样本数的比例，召回率指真正为正例的样本数占所有正例样本数的比例。精度和召回率都是评估分类模型性能的重要指标。

测量 F1 值：F1 值是精度和召回率的调和平均值，它是一个综合评价指标，能够同时考虑精度和召回率。

受试者特征（ROC）曲线和曲线下面积（AUC）值：ROC 曲线是反映分类器性能的一种曲线，横坐标为假阳率，纵坐标为真阳率。AUC 值是 ROC 曲线下面积，它反映了分类器预测能力，AUC 值越大，分类器的预测能力越好。

混淆矩阵：一种可视化的评估方法，用于比较分类器的预测结果和实际结果之间的差异。

交叉验证：一种常用的评估方法，它将数据集分为若干个子集，每个子集轮流作为测试数据集，其余子集作为训练数据集，重复进行多次实验，最终计算平均值，以减小评估结果的偏差。

以上这些评估和测试方法需要根据不同的模型类型和任务来选择，以保证评估结果的准确性和可靠性。

f. 模型部署与整合

模型部署是一个将已经训练好的模型应用于实际场景中的过程。一般来说，模型部署可以分为离线服务和在线服务两种。

离线服务通常指将离线数据输入模型，如对历史数据的分析和基于历史数据的预测等。离线服务可以通过批处理的方式实现，一次性处理所有数据，并生成结果文件。离线服务的优点是可以快速处理大量数据，但是不能提供实时预测功能。

在线服务通常指将实时数据流输入模型，如在线广告投放或实时风控等。在线服务可以通过建立实时服务接口来实现，通过向服务接口发送请求获得实时预测结果。在线服务可以提供实时预测功能，但是在大量实时数据的处理方面存在较大压力。

模型部署在进行时还需要考虑将模型整合到业务流程中的问题，例如对模型与其他系统（如调度系统、数据库、API 网关等）进行整合，以便更好地满足业务需求。

② 机器学习分类

机器学习经过几十年的发展，衍生出了很多种分类方法。按学习模式的不同，机器学习可分为监督学习、无监督学习、半监督学习、强化学习和深度学习。

a. 监督学习

监督学习指在训练机器学习模型时，使用带有目标值的样本数据进行训练。它通过建立样本数据和已知结果之间的联系，提取数据特征值和映射关系，让模型不断地学习和基于已知的样本数据训练，并对新的数据进行结果预测。监督学习通常用于分类和回归任务。例如，手机短信和电子邮件分类使用一些带有标记的历史数据进行模型训练，然后在获取新的短信或电子邮件时进行模型匹配，以识别它是否为垃圾电子邮件或垃圾短信。监督学习的难点在于获取带有目标值的样本数据成本较高，因为获取这些训练数据依赖人工标注。

b．无监督学习

无监督学习与监督学习的区别在于前者选取的样本数据不需要带有目标值，我们无须分析这些数据对某些结果的影响，只分析这些数据内在的规律。

无监督学习常用于聚类分析。比如 RFM 模型的使用通过客户的消费行为——最近一次交易时间（Recency）、交易频率（Frequency）和交易金额（Monetary）——指标，来对客户数据进行聚类。重要价值客户的特征是最近一次消费时间近，消费频率和消费金额都很高。重要保持客户的特征是最近一次消费时间较远，但消费频率和消费金额都很高，说明这是近一段时间没消费的忠诚客户，需要主动和这类客户保持联系。重要发展客户的特征是最近一次消费时间较近，消费金额高但消费频率不高，这类客户忠诚度不高，但是有潜力发展为忠诚客户，必须重点发展。重要挽留客户的特征是最近一次消费时间较远，消费频率不高，但消费金额高，这类客户可能是将要流失或者已经流失的客户，应当采取挽留措施。此外，无监督学习也适用于降维处理。无监督学习相较于监督学习的好处是样本数据不需要人工标记，数据的获取成本低。

c．半监督学习

半监督学习介于监督学习和无监督学习之间。在半监督学习中，训练数据集中同时包含有标签（已标记）的样本数据和无标签（未标记）的样本数据。与监督学习只使用有标签数据训练模型不同，半监督学习同时利用有标签和无标签的数据来进行模型训练。半监督学习的核心思想是利用无标签数据中的结构信息，来增强模型的泛化能力。无标签数据提供了更多的样本数据，帮助模型更好地理解数据的分布和结构，从而提高模型面对未知数据时的表现。

半监督学习方法通常可以分为以分为 3 类，分别是自学习、半监督生成模型及图半监督学习。自学习是最简单的半监督学习方法，通过使用有标签样本数据训练模型，并用模型对无标签样本数据进行预测，将预测结果作为伪标签加入到有标签样本数据中，然后使用扩充后的数据集再次训练模型，迭代此过程直至收敛。半监督生成模型使用无监督生成模型（如变分自编码器、生成对抗网络等）来学习数据的潜在表示，然后将这些表示用于半监督学习模型的训练。图半监督学习通过构建图模型，将样本数据作为图的节点，并将有标签和无标签的信息作为边来连接节点，利用图结构来传递标签信息和学习样本之间的关系。

d．强化学习

强化学习是从动物学习、参数自适应控制等理论发展而来的，其流程如图 3-32 所示。强化学习有环境和智能体（Agent）两个基本概念。如果智能体的某个行为策略导致环境正向的奖赏强化信号，那么智能体以后产生这个行为策略的趋势便会加强。智能体的目标是在每个离散状态下发现最优行为策略，以使期望的折扣奖赏和最大。

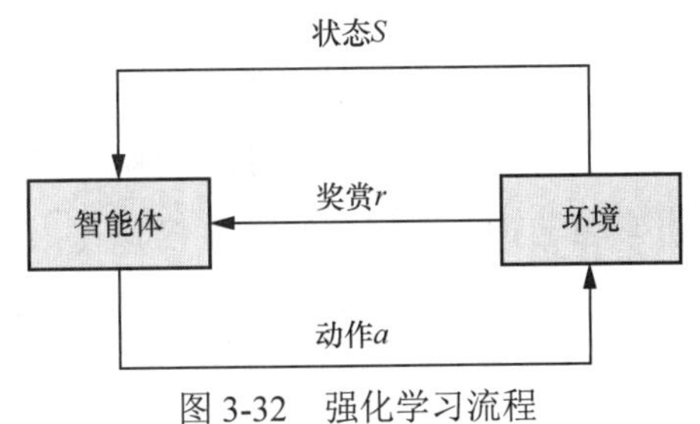

图 3-32　强化学习流程

强化学习对环境进行试探，并根据环境反馈进行评价的学习过程，即将学习看作试探评价过程。在这个过程中，智能体会选择一个动作并将它应用于环境，然后根据环境对该动作的接受情况及产生的奖惩信号来决定下一步动作。这个过程不同于连接主义学习中的监督学习，其中环境提供的奖惩信号是智能体对动作好坏的评价。由于外部环境提供的信息有限，智能体必须根据自身的经验来学习。通过这种方式，智能体可以在不断试错的过程中获取知识，改进其行动方案以适应环境要求。强化学习模型的目标是动态调整参数，以最大化奖励信号。由于奖励信号与智能体产生的动作之间没有明确的函数关系，需要一些随机单元来搜索可能的动作空间并发现正确的动作。

e．深度学习

深度学习是目前关注度很高的一类算法，属于机器学习。它来源于人类大脑的工作方式，是利用深度神经网络来实现特征表达的一种学习过程。人工智能、机器学习和深度学习之间的关系如图 3-33 所示。人工智能包括机器学习和深度学习，机器学习包括了深度学习。

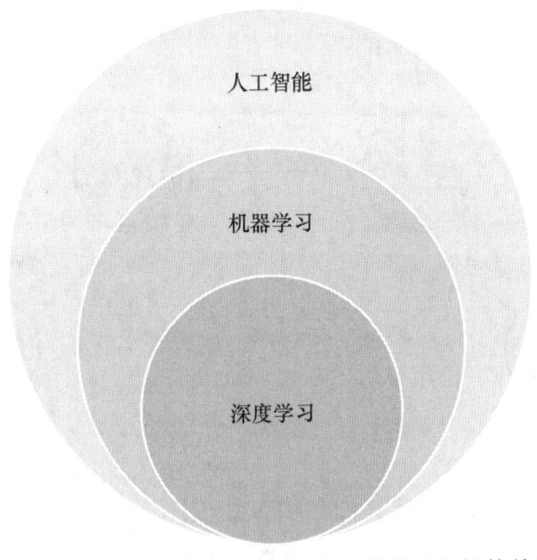

图 3-33　人工智能、机器学习和深度学习之间的关系

人工智能是计算机科学的一个分支。人工智能是对人的意识、思维的信息过程的模拟。人工智能不是人的智能，但能像人那样思考，也可能超过人的智能。机器学习是人工智能的核心，属于人工智能的一个分支。机器学习理论主要是设计和分析一些让计算机可以自动“学习”的算法。机器学习算法是一类从数据中自动分析获得规律，并利用规律对未知数据进行预测的算法。深度学习是机器学习研究中的一个新领域，其动机在于建立、模拟人脑进行分析学习的神经网络。它深度模拟了人类大脑的构成，在视觉识别与语音识别上显著性地突破了原有机器学习技术的界限，因此很有可能是真正实现人工智能梦想的关键技术。

（2）知识图谱

知识图谱旨在结构化描述客观世界中存在的概念、实体及概念与实体间的关系。它将互联网信息表达成更符合人类认知的形式，能更好地组织、管理和理解海量信息。知识图谱提升了互联网信息的语义搜索和智能问答能力，是互联网知识驱动的智能应用的基础设施。知识图谱描述真实世界中的实体或概念及其属性或者关系，形成一个语义网络图，其中的节点表示实体或概念，边表示属性或关系。当前，知识图谱已成为各种大规模知识库的代名词。

知识图谱三元组如图 3-34 所示。知识图谱中包含 3 种节点，其基本形式为“实体（1）—关系—实体（2）”“实体—属性—属性值”。实体指有区别且独立存在的事物，如国家、城市等。属性值指实体指向的属性的值，如某区域（实体）占地面积（属性）约 60000m^2（属性值）。关系指在知识图谱上把各个图节点（实体、属性值）映射为布尔值的函数。

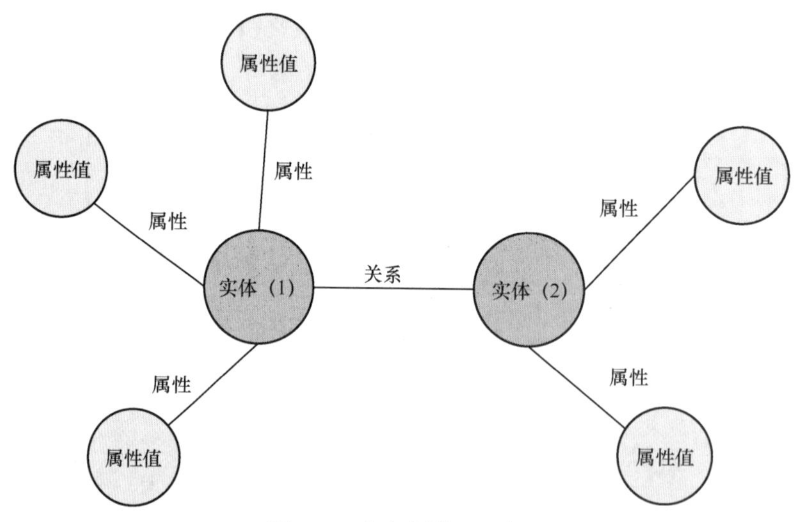

图 3-34 知识图谱三元组

知识图谱架构包含自身的逻辑架构和构建知识图谱的技术架构。逻辑架构分为模式层和数据层。数据层由一系列事实组成，通常使用三元组来表达，可使用图形数据库进行存储，如 Neo4j、FlockDB 和 GraphDB 等。模式层通常采用本体库进行管理，形成的知识库具有清晰的层次结构和较小的冗余。本体是对共享概念体系的明确而详细的说明，即对于特定领域中的某些概念及概念间相互关系的形式化表达。

构建知识图谱需要进行信息抽取、知识表示、知识融合和知识推理。从最原始的数据出发，采用自动化或半自动化技术提取实体、关系和属性等知识要素，并进行知识表示和知识融合，形成高质量知识库，存入知识图谱的数据层和模式层。利用知识推理进一步挖掘隐含知识，丰富、扩展知识库。

知识图谱的构建方式分为自顶向下的方式和自底向上两种。自顶向下先定义本体和数据模式，再向知识库中加入实体。自底向上从开放链接的数据中提取实体，选择置信度较高的实体加入知识库，再构建本体模式。知识图谱大多采用自底向上的方式构建，如谷歌的 Knowledge Vault 和微软的 Satori 知识库。

（3）自然语言处理

自然语言处理可让计算机理解和处理人类语言并支持语言输入。许多消费者可能已经使用过自然语言处理，如 Oracle 数字助手、Siri 和 Alexa 等虚拟助手。基于自然语言处理技术，这些虚拟助手能够理解用户的请求并用自然语言回应。自然语言处理支持所有人类语言，可处理文本和语音，并可用于 Web 搜索、垃圾电子邮件过滤、文本或语音翻译、文档自动摘要、情绪分析和语法/拼写错误检查等应用。例如，一些电子邮件程序可以利用自然语言处理技术来读取、分析和响应消息，并为用户提供建议，以助力用户更高效地回复电子邮件。

人工智能、机器学习、深度学习和自然语言处理之间的关系如图 3-35 所示。自然语言处理涉及处理人类语言的计算机技术，其中一些术语与自然语言理解（NLU）和自然语言生成（NLG）相似。自然语言理解和自然语言生成分别是计算机理解和生成人类语言的过程。自然语言生成可以识别口头描述，使用图形语法将信息转换为文本。自然语言理解常用来代表自然语言处理，因为它能够理解所有人类语言的结构和含义。自然语言处理的研究始于 20 世纪 50 年代数字计算机的出现，它涉及语言学和人工智能两个领域。自然语言处理技术的新突破是由机器学习驱动的，深度学习非常适合学习来自网络的数据集中的复杂自然语言。自然语言处理是计算机科学和人工智能领域的重要技术方向，涉及各种理论研究和方法研究，以实现人与计算机之间使用自然语言进行的有效通信。自然语言处理包括机器翻译、机器阅读理解、问答系统等。

机器翻译技术可实现从一种语言到另一种语言的翻译。深度神经网络和知识图谱的发展对于机器翻译具有重要推动作用。机器阅读理解是计算机理解文本并回答相关问题的过程，在智能客服和产品自动问答等领域中得到了广泛应用。问答系统让计算机像人类一样与人进行自然语言交流，分为开放领域的对话系统和特定领域的问答系统。

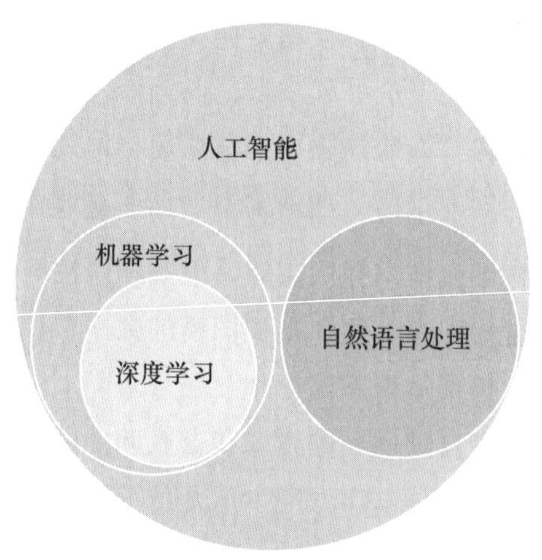

图 3-35 人工智能、机器学习、深度学习和自然语言处理之间的关系

自然语言处理面临四大挑战：不确定性、未知语言、数据资源不充分和语义模糊。突破这些挑战需要使用复杂的数学模型和参数庞大的非线性计算。

（4）人机交互

人机交互指人与计算机之间的信息交换过程，通过不同的交互方式和语言来完成特定任务。人机交互需要解决的一个重要问题是不同的计算机用户具有不同的使用风格，如计算机用户具有不同的教育背景、理解方式、学习方法、技能、习惯，甚至不同文化背景和民族。另外，研究和设计人机交互时需要考虑用户界面技术在迅速发展，以前的研究方式可能不适合新交互技术的研究。此外，当用户逐渐掌握新接口的使用方法后，他们可能会提出新的要求。

人机交互功能是影响操作系统用户友好性的一个重要因素，其实现主要依赖于可用于输入/输出的外部设备和相应的软件。连接计算机的人机交互设备主要有键盘、显示器、鼠标和各种模式识别设备，与这些设备对应的软件是操作系统提供的人机交互功能部分，主要作用是控制相关设备的运行和理解、执行通过人机交互设备传来的各种命令和要求。

在人机交互领域中，应用前沿技术展现了巨大的发展潜力：智能手机的地理位置跟踪功能，动作识别技术和隐形技术在可穿戴设备和游戏中的应用，触觉交互技术在 VR、遥控机器人和远程医疗等方面的应用，语音识别技术在呼叫路由、家庭自动化系统和语音拨号等领域中的应用，以及无声语音识别技术为语言障碍者提供帮助。供应商不断推出创新技术，如侧边滑动指纹识别以及触控与显示驱动器集成技术。人机交互应用开发是机遇也是挑战，需要提升手势识别率和实时性，研究各种算法，探索人类特征（如眼睛虹膜、掌纹、笔迹和 DNA）的应用，以及整合多通道的热点。此外，人机交互技术的发展方向包括触控交互、声控交互、动作交互、眼动交互、VR 输入、多模式交互和智能交互。人机交互与“无所不在的计算”“云计算”等相关技术的融合也需要继续探索。

人机交互技术的发展方向有以下几个。

触控交互：可通过电阻式触摸屏、电容式触摸屏、红外和表面声波 4 种技术实现。

声控交互：基于语音识别技术和语音合成技术实现。

动作交互：可识别静态手势和动态手势，包括基于模板匹配算法、状态空间和语义描述的动作识别方法。

眼动交互：利用人工智能技术提高精度和效率，常见眼动交互方式包括驻留时间触发、平滑追随运动、眨眼交互和眼势交互。

VR 输入：可通过实体键盘、虚拟键盘和新型输入技术实现，新型输入技术包括手部输入技术、圆形键盘输入技术和立体输入技术。

多模态交互：和多种输入方式相结合，支持自然用户选择。

智能交互技术：旨在利用信息技术弥补残障人士生理和认知能力的不足，使他们可以与人、物理世界和信息设备进行无障碍交互。

（5）计算机视觉

计算机视觉利用不同成像系统收集数据，通过计算机进行数据处理和解释，以取代人类视觉器官，实现视觉观察和理解世界的能力。计算机视觉的中期目标是建立一种视觉系统，该系统依据智能的视觉反馈完成任务。然而，人类视觉系统仍然是最完善的视觉系统。为了让计算机具备视觉、听觉、说话和理解语言的能力，人们设计了智能计算机。智能计算机可以控制各种自动化装置和智能机器人，实现自主决策和适应各种环境的能力，从而替代人完成繁重的工作，或完成危险和恶劣环境中的任务。机器视觉和计算机视觉有许多相似之处，但机器视觉通常结合其他方法和技术，以提供自动检测和机器人指导，而计算机视觉主要利用各种成像系统来完成视觉任务。

计算机视觉的应用非常广泛，其中包括在控制工业机器人、自动驾驶汽车和机器人的导航、监控和统计安全事件、构建图像数据库、医疗计算机视觉、面部识别、智慧农业等领域中的应用。医疗领域也是计算机视觉被广泛应用的领域，计算机视觉可以从图像数据中提取有关患者病情和医学研究的信息。在军事领域，计算机视觉可用于探测敌方士兵和车辆、导弹制导和战场感知。此外，电影也是计算机视觉的应用领域，如摄像头跟踪（运动匹配）。

（6）生物特征识别

生物特征识别技术是一种利用人体生物特征进行身份认证的技术。具体而言，生物特征识别技术通过计算机和光学生物传感器、声学生物传感器及生物统计学原理等的结合，利用人体固有的生理和行为特征实现个人身份认证。生物特征识别系统对生物特征进行采样并提取其中唯一的生物特征，将生物特征转换为数字代码，并将这些代码组合成特征模板。在与人互动时，系统获取此人的特征，并将该特征与特征模板进行比对，以确定是否匹配，从而决定接受或拒绝对方的请求。生物特征识别技术包括人脸识别、指纹识别、虹膜识别、声纹识别、笔迹识别、掌纹识别、指静脉识别、步态识别等多种技术，识别过程涉及图像处理、计算机视觉、语音识别、机器学习等多项技术。常见的 5 种生物特征识别技术如下。

① 人脸识别

人脸识别技术是一种基于人脸特征信息进行身份识别的生物特征识别技术。它利用摄像机或摄像头采集含有人脸的图像或视频流，并自动检测和跟踪人脸，进行一系列相关操作，通常也叫作人像识别、面部识别。人脸的唯一性和不易复制的特性为身份鉴别提供了必要的前提。为验证算法并提高识别准确性，人脸识别需要积累大量的人脸图像的相关数据，如神经网络人脸识别数据、人脸数据库中的数据、麻省理工学院生物和计算学习中心人脸识别数据库中的数据、埃塞克斯大学计算机与电子工程学院人脸识别数据等。

虽然人脸识别具有较高的便利性，但其安全性相对较差。识别准确率会受到环境、识别距离等多方面因素的影响。另外，用户通过化妆、整容等对面部进行的改变也会影响人脸识别的准确性，这都是人脸识别需要解决的技术难题。

② 指纹识别

指纹识别技术通过分类比对识别对象的指纹来进行身份鉴别。这种技术的优点之一是作为人体独一无二的特征，指纹的复杂度足以提供用于身份鉴别的特征。此外，登记更多的指纹可以提升指纹识别的可靠性，一个人最多可登记 10 个指纹，并且每个指纹都是独一无二的。用户必须将手指与指纹采集器相互接触，这是读取人体生物特征的可靠方法。指纹采集器可以更加小型，并且价格会更加低廉。

然而，指纹识别技术也存在缺点。一些人的指纹特征少，难以获取。过去，犯罪记录备案中会记录指纹，这使一些人害怕“将指纹记录在案”。实际上，指纹鉴别技术可以不存储任何含有指纹图像的数据，而只存储从指纹中得到的加密的指纹特征数据。每次使用指纹时，指纹采集器上会留下用户的指纹印痕，这些指纹印痕导致存在指纹被不法分子复制的可能性。另外，指纹是用户的重要个人信息，在某些应用场合中，用户会担心个人信息泄露。

虽然每个人的指纹都是独一无二的，但指纹识别并不适用于所有行业和所有人。例如，长期徒手工作的人的手指指纹可能会被磨损或者沾有异物，从而使指纹特征难被获取。在严寒区域或需要长时间戴手套作业的环境中，指纹识别也会变得不那么便利。

③ 虹膜识别

人眼包括角膜、巩膜、虹膜、脉络膜、睫状膜、视网膜等，其中虹膜在胎儿发育后便会保持不变，这使其成为可靠的身份识别特征。虹膜识别是当前非常方便和精确的生物特征识别技术之一，在安防、国防、电子商务等领域中的应用前景广阔。虹膜识别已经开始在全球各种应用中得到广泛应用，市场未来发展空间非常广阔。虹膜细节复杂，伪造难度大，相较于其他生物特征识别技术，虹膜识别更加安全。

④ 声纹识别

声纹识别也称说话人识别，包括说话人辨认和确认。声纹识别把声音信号转化成电信号，并使用计算机进行识别。不同任务和应用会使用不同的声纹识别技术。在缩小刑侦范围时可能需要利用说话人辨认技术，而进行银行卡交易时则需要利用说话人确认技术。然而，声纹识别也有缺点。例如，同一个人的声音易受身体状况、年龄、情绪等的影响，不同的话筒和信道也会影响声纹识别性能，环境噪声同样会干扰声纹识别，有多位说话人混合的情况下声纹特征不易提取等。目前，声纹识别主要应用于对安全性要求不高的场景中，如智能音响。

⑤ 笔迹识别

笔迹识别在全球生物特征识别领域中占据较小的市场份额，其应用场景主要是一些对法律效力要求较高的领域。每个书写者的笔迹均具有相对稳定性，局部变化则体现其固有特性，因此可以作为生物特征识别的重要技术。在强司法场景中，如协议签署、银行金融部门的签名对比、公安司法部门的刑事调查、法庭证据笔迹比对等方面，笔迹识别得到了广泛应用。

（7）VR、AR 和 MR（混合实现）

VR 指创建一个虚拟的三维空间，为用户提供逼真的感官体验。AR 将虚拟物体、场景或系统提示信息叠加到真实场景之上，增强用户的视觉体验。而 MR 更强调虚拟与现实的融合，创造出新的可视化环境，让用户能够与物理对象和数字对象进行实时互动。这些技术各有不同的应用场景，VR 主要应用于游戏、娱乐等领域，AR 被广泛应用于教育、旅游、医疗等领域，MR 则在制造业、建筑业、培训等领域得到广泛的应用。

VR、AR 和 MR 的关系如图 3-36 所示，VR、AR 和 MR 是以计算机为核心的新型视听技术，通过结合相关科学技术，在一定范围内生成与真实环境在视/听体验、触感等方面高度近似的数字化环境。用户通过必要的装备与数字化环境中的对象进行交互，获得近似用户在真实环境中所产生的感受和体验。这些技术可以从不同的处理阶段进行分类，其中包括获取与建模技术、分析与利用技术、交换与分发技术、展示与交互技术，以及技术标准与评价体系。获取与建模技术研究如何对物理世界或人类的创意进行数字化和模型化。分析与利用技术重点研究对数字内容进行分析、理解、搜索和知识化的方法。交换与分发技术主要强调各种网络环境下数字化内容的流通、转换、集成和面向不同终端用户的个性化服务。展示与交互技术研究符合人类习惯的数字内容的各种显示技术及交互方法。技术标准与评价体系研究 VR/AR 基础资源、内容编目、信源编码等的规范标准及相应的评估技术。这些技术需要通过显示设备、跟踪定位设备、力触觉交互设备、数据获取设备、专用芯片等进行实现。

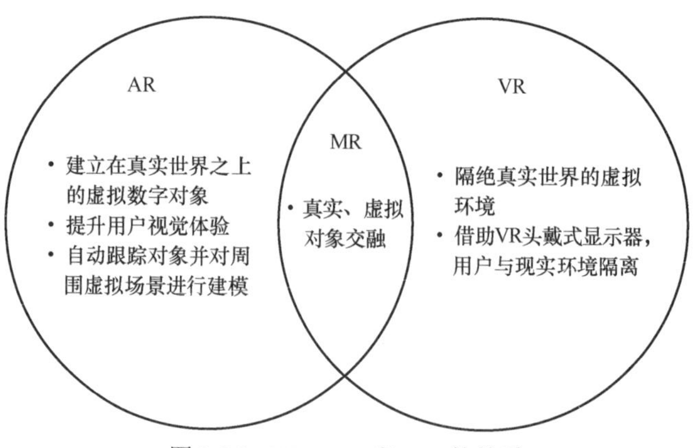

图 3-36 VR、AR 和 MR 的关系

3.5.2 5G+人工智能

1．5G+人工智能应用场景

5G 和人工智能是当前应用非常广泛的技术，二者都有各自的技术优势。人工智能技术能够快速运算和处理大量信息，并具有智能性和交互性。5G 和人工智能技术的融合主要体现在 5G 网络中利用人工智能算法和解决方案的优势，提高 5G 网络性能，提升创新的发展高度和智能维度。在人工智能应用场景中，5G 的应用得益于其的高速率和低时延优势。5G 网络中包含了大量的人工智能数据，而人工智能应用所需的各种模型和数据也能够在 5G 的支持下更快速、精准和高效地实现，因此，5G 和人工智能可以看作相互促进的能量源和动力源。

（1）智慧体育+5G

基于 5G 网络的智慧体育部署如图 3-37 所示。

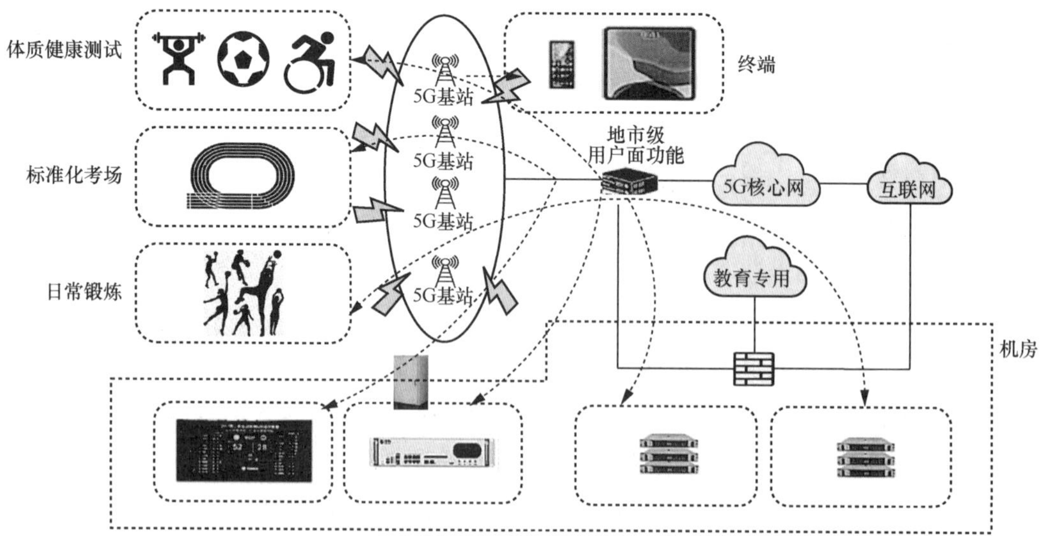

图 3-37 基于 5G 网络的智慧体育部署

5G 网络具有大带宽、低时延和海量连接的特性，可与智慧体育完美结合，摄像头和其他终端可以通过 5G 网络进行连接，实现快速部署和高清视频传输，大大方便了家庭与学校之间的互动。边缘计算也可以实现人工智能算力的下沉，根据需求灵活进行本地或区域部署，既满足了快速运算的需求，也降低了大规模应用的成本。此外，5G 网络还支持海量终端的连接，方便主管部门和学校开展大规模考试、体质健康测试等活动，并确保数据的安全性。

（2）智慧环保

5G 和人工智能的融合可以实现环境区域的可视化，通过数据分析展示决策的实际应用效果，为环保应用带来新特色，实现高效的环保应用。生态环境智能监测体系的最后一环是物联网终端，5G 和人工智能的融合可以推进智能传感器的应用及人工智能可视化监测，促进智能终端产品的开发和使用，提升技术的实际价值。5G 和人工智能的融合应用可以满足环保数据在传输方面的要求，加快数据传输速率，提高环境监测的质量和效率，完善和加强人与平台、人与终端的互联通信。环保应用高效智能化系统的终端环境数据最终要通过数据分析形成智慧决策，为环境保护工作提供核心动力。

（3）智慧城市

5G + 人工智能在智慧城市管理中起着重要作用，可以帮助城市管理者进行科学规划和治理，同时也具备日常事件管理和应急联动指挥的能力。此外，它还可以维护道路安全，调度和优化资源，实现智能化决策。例如，通过采集城市高清监控摄像头数据并经过大规模人工智能模型训练，可以实现自动有效识别和检测交通违规行为，如闯红灯。

（4）智能机器人

智能机器人借助人工智能技术，能够承担过去需要人类参与的任务。为了应对不确定性，智能机器人需要配备更多种类的传感器，以便感知环境并收集足够的数据来训练人工智能模型。在外科手术中，5G 和人工智能技术可以协作，通过高清摄像头、三维智能摄像头及传感单元，利用超高清音视频技术等多种先进技术，全面采集手术室内的情况和医护人员状态信息。机器人可以与麻醉机、监护仪、呼吸机等多种设备相连，全方位采集患者的术中信息。医护人员可以远程操控智能机器人，实施手术。

（5）智慧医疗

随着 5G 商用进程的推进，医疗领域中的人工智能技术应用迎来了新的发展机遇。拍摄医学影像、辅助诊疗、医院管理等多个环节中有了人工智能技术的应用。在诊疗过程中，计算机视觉技术可以帮助医生识别患者病灶、标注关键信息。此外，进化计算算法在医学影像、三维可视化方面也有着广泛的应用，可以有效解决配准缺陷周期性复发等问题，提高影像重建的准确性。

2．5G+人工智能应用案例

（1）5G+智能协同工作机器人

随着5G时代的到来，人工智能及相关机器人技术的不断发展，生产车间对于自律化工作的需求更加迫切。为了满足这个需求，机器人制造企业不断研发更智能、协同能力更强的工业机器人，智能协同工作机器人工作流程如图3-38所示。KUKA公司研发的LBR iiwa机器人非常灵活，由计算机控制，最大工作范围为800~820mm，并且在5G通信的基础上，应用了多种人工智能技术，如语音识别、图像识别、生物特征识别等技术，能够更灵活、智能地协同工作。

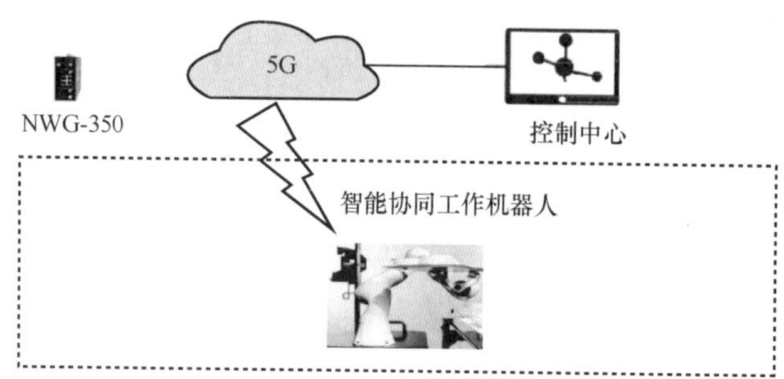

图3-38 智能协同工作机器人工作流程

（2）华为公司在5G与人工智能应用的融合示例

5G和人工智能应用各自具有独特的优势和应用场景。然而，将它们融合起来，可以带来更多的应用场景。华为公司的人工智能芯片非常引人注目，它能提供更强的计算能力，可以更好地发挥人工智能应用的作用。华为将5G和人工智能应用相结合，推出了一系列新产品和服务，例如，将神经处理单元（NPU）和Ascend（昇腾）相融合。昇腾是华为公司推出的人工智能芯片，能够更快速地启动和运行智能手机的人工智能应用。此外，华为公司还将人工智能和5G应用于汽车领域中，开发出基于车联网的智能驾驶解决方案。

（3）5G赋能深圳市南山区先行示范智慧城市治理标杆

中国电信股份有限公司广东深圳分公司（简称深圳电信）与深圳市南山区合作，开展5G赋能先行示范智慧城市治理标杆项目。5G赋能智慧城市示意如图3-39所示，利用5G、大数据、云计算和人工智能等技术，全面提升城市规划、建设、治理和服务的水平，共建共治共享的社会治理格局逐步形成，实现社会治理现代化，提高城市治理效率和群众满意度，促进实体经济的数字化转型，打造更高水平的智慧城市示范区。

在深圳市南山区，群众足不出户便可与审批部门“面对面”联系，深圳电信为深圳市南山区行政服务大厅与审批部门科室安装了远程视频设备，已覆盖全区28个部门的60个科室，共计处理500余个事项。政务服务中已落地应用“5G消息”，“5G消息”是传统短信业务的升级，一键式多维提升用户服务体验，“一站式”全覆盖缩短办事时间。

深圳市南山区的 5G 应用示范区建设如火如荼，智慧政务、智慧教育、智慧医疗、智慧社区、智慧旅游、智慧警务、智慧应急等各方面都已经渗透到城市发展中。

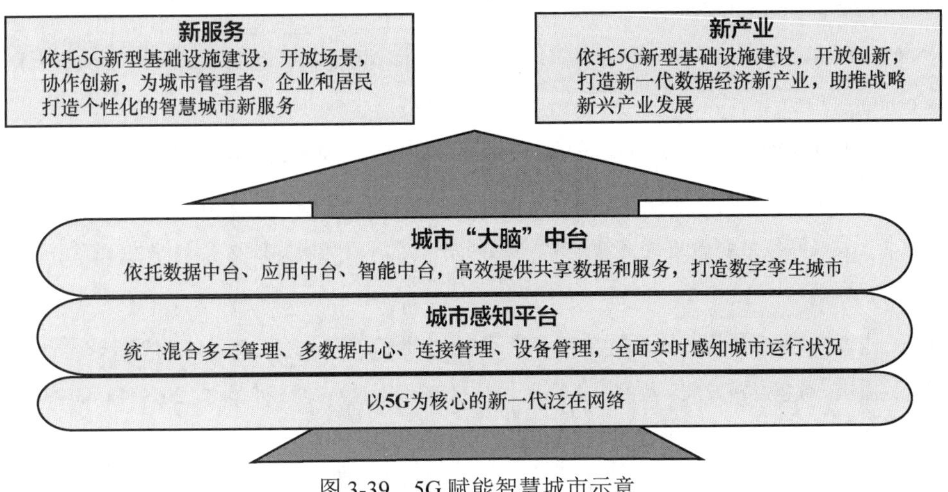

图 3-39　5G 赋能智慧城市示意

3.6　本章小结

在本章中，我们探讨了 5G 与新技术的融合创新。首先，数字经济作为当今重要的经济发展方向之一，通过广泛应用数字技术提高了信息流动和交易效率，催生了新兴产业和新的就业机会。其次，物联网技术架构揭示了物联网系统的多样性和复杂性，物联网关键技术涵盖了感知技术、通信技术、数据处理技术和安全技术等技术。云计算作为关键技术之一，包括虚拟化技术、分布式存储技术、分布式计算技术和分布式资源管理技术等，同时结合 5G 展示了一些应用场景。此外，大数据与 5G 的融合推动了各行各业的深刻的变革，尤其在智慧城市、医疗和工业自动化领域中产生了显著影响。最后，5G 与人工智能的结合代表了数字化时代的巅峰合作，为各个领域带来了革命性的应用和发展机遇。

参考文献

[1] TAPSCOTT D. The digital economy: promise and peril in the age of networked intelligence[M]. New York: McGraw-Hill, 1996.

[2] KLING R, ROBERTA L. IT and organizational change in digital economies: a socio-technical approach[J]. Computers and Society, 1999, 29(3): 17-25.

[3] TEO T S H. Understanding the digital economy: data, tools, and research[J]. Asia Pacific Journal of

Management, 2001(18): 553-555.

[4] MILLER P, WILSDON J. Digital future: an agenda for a sustainable digital economy[J]. Corporate Environmental Strategy, 2001, 8(3): 275-280.

[5] KNICKREHM M, BERTHON B, DAUGHERTY P. Digital disruption: the growth multiplier[M]. Dublin: Accenture, 2016.

[6] BUKHT R, HEEKS R. Conceptualising and measuring the digital economy[D]. Manchester: University of Manchester, 2017.

[7] 乌家培. 发展网络经济改进经济治理:“网络经济与经济治理国际研讨会”综述[J]. 经济学动态, 2001(7): 45-48.

[8] 王玉, 张占斌. 数字经济、要素配置与区域一体化水平[J]. 东南学术, 2021(5): 129-138.

[9] 刘方, 孟祺. 数字经济发展: 测度、国际比较与政策建议[J]. 青海社会科学, 2019(4): 83-90.

[10] 吕欣, 李阳. 统筹发展和安全推进数字经济高质量发展[J]. 中国信息安全, 2020(5): 71-73.

[11] 罗军舟, 金嘉晖, 宋爱波, 等. 云计算: 体系架构与关键技术[J]. 通信学报, 2011, 32(7): 3-21.

[12] 陈全, 邓倩妮. 云计算及其关键技术[J]. 计算机应用, 2009, 29(9): 2562-2567.

[13] 王意洁, 孙伟东, 周松, 等. 云计算环境下的分布存储关键技术[J]. 软件学报, 2012, 23(4): 962-986.

[14] 田辉, 范绍帅, 吕昕晨, 等. 面向 5G 需求的移动边缘计算[J]. 北京邮电大学学报, 2017, 40(2): 1-10.

[15] 吴吉义, 平玲娣, 潘雪增, 等. 云计算: 从概念到平台[J]. 电信科学, 2009, 25(12): 23-30.

[16] 周悦芝, 张迪. 近端云计算: 后云计算时代的机遇与挑战[J]. 计算机学报, 2019, 42(4) : 677-700.

[17] 范伟, 彭诚, 朱大立, 等. 移动边缘计算网络下基于静态贝叶斯博弈的入侵响应策略研究[J]. 通信学报, 2023, 44(2) : 70-81.

[18] 王田, 沈雪微, 罗皓, 等. 基于雾计算的可信传感云研究进展[J]. 通信学报, 2019, 40(3): 170-181.

[19] NAISBITT J. Megatrends: ten new directions transforming our lives[M]. New York：Warner Books, 1982.

[20] 阿尔文•托夫勒. 第三次浪潮[M]. 黄明坚, 译. 北京: 中信出版社, 2006.

[21] 廖建新. 大数据技术的应用现状与展望[J]. 电信科学, 2015, 31(7): 1-12.

[22] HARRINGTON P. 机器学习实战[M]. 李锐，李鹏，曲亚东. 等 译. 北京: 人民邮电出版社, 2013.

[23] 陈为, 沈则潜, 陶煜波, 等. 数据可视化[M]. 北京: 电子工业出版社, 2013.

[24] TERA DATA. The threat beneath the surface: big data analytics, big security and real- time cyber threat response for federal agencies[R]. USA: Tera Data, 2012: 1-35.

[25] ZHANG X Y, LIU C, NEPAL S, et al. Privacy preservation over big data in cloud systems[J]. Security, Privacy and Trust in Cloud Systems, 2014 (3): 239-257.

[26] 张锋军. 大数据技术研究综述[J]. 通信技术, 2014, 47(11): 1240-1248.

[27] 刘智慧, 张泉灵. 大数据技术研究综述[J]. 浙江大学学报(工学版), 2014, 48(6): 957-972.

[28] 邹蕾, 张先锋. 人工智能及其发展应用[J]. 信息网络安全, 2012(2): 11-13.

[29] 贺倩. 人工智能技术的发展与应用[J]. 电力信息与通信技术, 2017, 15(9): 32-37.

[30] 张妮, 徐文尚, 王文文. 人工智能技术发展及应用研究综述[J]. 煤矿机械, 2009, 30(2): 4-7.

[31] 韩晔彤. 人工智能技术发展及应用研究综述[J]. 电子制作, 2016(12): 95.

[32] 贺倩. 人工智能技术在移动互联网发展中的应用[J]. 电信网技术, 2017(2): 1-4.

[33] 杨俊龙, 柳作栋. 人工智能技术发展及应用综述[J]. 计算机产品与流通, 2018(3): 132-133.

[34] 肖博达, 周国富. 人工智能技术发展及应用综述[J]. 福建电脑, 2018, 34(1): 98-99, 103.

[35] 叶强, 魏宁. 智慧体育：体育信息化必然趋势[J]. 南京体育学院学报（自然科学版）, 2011, 10（5）: 117-119.

[36] 史琳, 何强. 智慧体育产业定位论析[J]. 冰雪体育创新研究, 2022(2): 185-187.

[37] 风荷. 天翼云+5G, 技术让智慧环保变简单[J]. 互联网周刊, 2019(15): 24-25.

第 4 章
5G 移动通信基础业务能力

本章主要内容

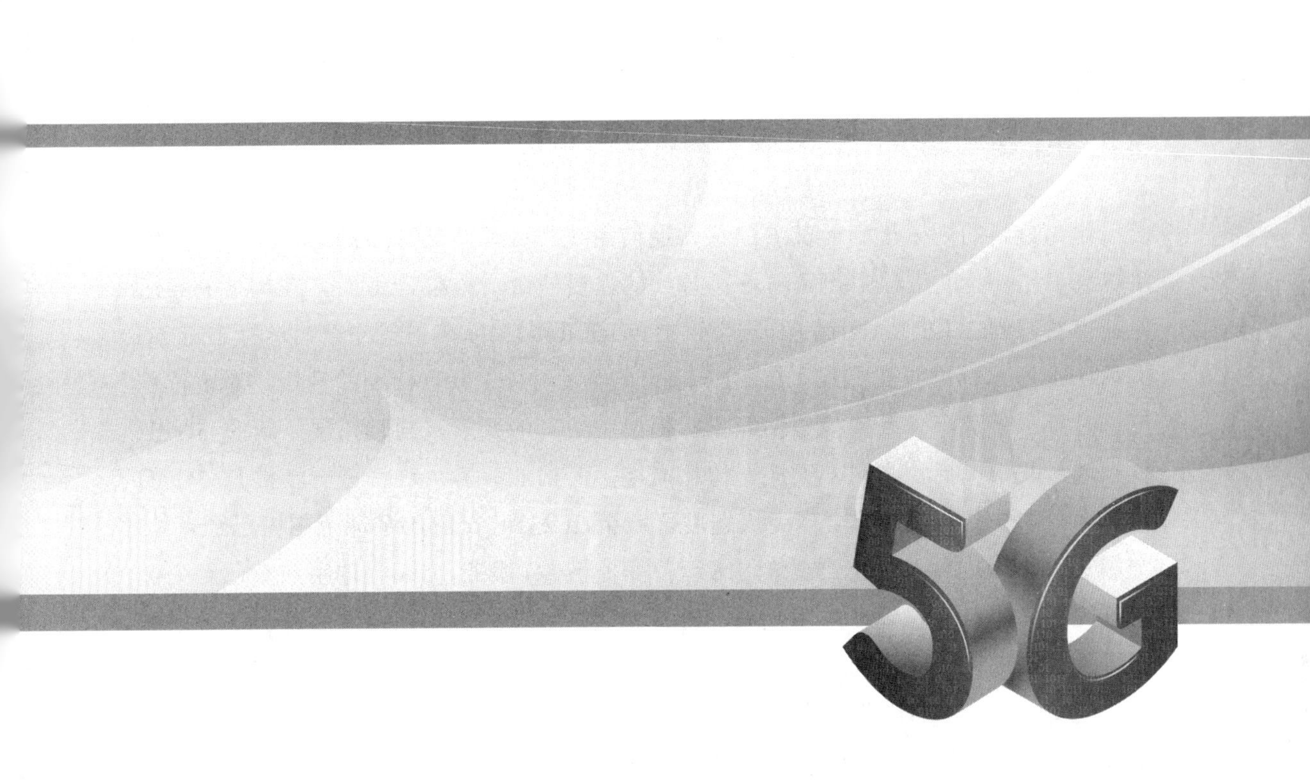

4.1 5G 移动通信产业理解

作为最新的规模化商业部署的移动通信系统，5G 移动通信系统在建设数字化经济、数字化社会的进程中担负着不可替代的重要使命。2022 年 6 月，在匈牙利布达佩斯市召开的 3GPP RAN 第 96 次会议上，5G Rel-17 标准正式冻结，这标志着 5G 的第 3 个版本标准正式完成。Rel-17 标准实现了对 5G 原有标准的升级，对定位精度、时延、带宽等一系列核心性能指标提出了更高的要求，同时拓展了新的 5G 业务领域，其中包括物联网、天地一体化网络、广播业务等，这将进一步提升 5G 的渗透率，加快 5G 网络的全球商用速度。截至 2023 年 5 月，全球范围内已经有 95 个国家（地区）共计超过 256 家网络运营商提供 5G 服务，5G 全球用户数已经突破 11 亿。目前，5G 已经在技术创新、标准制定、产业生态构建及网络部署等方面取得了重大的成果，5G 产业应用场景已成为业界关注焦点。

随着 5G 技术与产业的成熟和商业网络的迅速扩展，预计到 2035 年，5G 产业链投资额达到 3.5 万亿美元规模，而我国 5G 产业应用市场将占据其中 30%的市场份额，成为全球最大的 5G 产业应用市场。5G 技术驱动的全球行业应用将创造超过 12 万亿美元的产值，在制造、信息与通信、零售和公共服务等领域中形成超万亿美元行业市场。对 5G 产业链的投资涵盖对网络运营、OEM 终端、内容和应用开发、核心技术和组件及基础设施建设等方面。

5G 与 2G/3G/4G 不同，它面对的主要用户从传统移动通信系统的个人用户全面转向行业应用终端用户，实现了从人与人的连接向人与物、物与物的万物互联发展，因此，5G 在技术发展和功能定位上更多地考虑了行业应用的需求。对于 5G 的认识，不能仅仅停留在给个人用户带来更高的接入质量、更快的传输速率、更广泛的网络覆盖等特征上，而应该从工业自动化、智慧城市等行业产业的通信需求角度，思考 5G 的系统架构升级、核心技术指标的提升如何能够推动和促进行业产业的应用发展。

4.1.1 5G 移动通信面向产业需求

国际电信联盟于 2016 年发布了 5G 三大应用场景，分别是 eMBB、mMTC、URLLC。5G 通过与特定行业的深度融合，能够实现对行业的技术赋能，加速各个行业的数字化转型，创造行业发展的新价值。5G 融合应用已在工业、农业、交通、能源、媒体、医疗、教育、金融等多个行业领域中发挥了赋能效应，覆盖 40 个国民经济大类，应用案例数超过 2 万，推动我国数字经济快速、高效发展。5G 网络性能的全面提升也赋予了工业制造更多可能性，传统产业的智能化升级步伐加快，让工厂生产更高效、港口运输更便捷、电力供应更智能，助力企业降本提质、降耗增效；推动远程医疗、虚拟教育、电子商务等具有线上化、远程化特征的新型服务模式快速发展。

不同产业对 5G 提出了不同的需求。5G 为给工业互联网带来了“以移代固”“机电分离”“机器换人”三大要求。智慧工厂需要借助 5G 整合各生产要素，配合智能化技术，实现不同生产要素间的高效协同，从而提高生产效率，使智慧工厂的智能感知、泛在连接、实时分析、精准控制等需求得到满足，实现制造环节中的操作空间集中化、运维辅助远程化、服务线上化，更多的操作岗位采用机器人，把员工从生产现场解放出来，实现少人甚至无人作业，彻底解决工业制造领域的现阶段痛点。

在非接触式信息服务需求爆发性增长的环境中，5G 充分发挥了技术优势，在智慧医疗、在线教育、远程办公和城市治理等领域的应用取得了快速的发展，为提高行业服务能力、扩展业务应用发挥了不可替代的关键作用。

开展 5G 行业产品的生产和 5G 服务的提供需要遵循一定的路径。5G 产业化应用的产品化路径主要包含 5G 网络建设、5G 网络基础业务能力的提供、基础业务应用的构建、行业解决方案的构建等环节，其中，5G 网络建设需要实现抽象建模基础业务能力，一般由运营商统一实施。5G 网络基础业务能力主要是基础业务能力产品定义、标准化、编排上架。基础业务应用是基础业务能力编排、支持基础业务应用标准化。行业解决方案是提供基础业务应用组合场景化解决方案。

4.1.2　5G 移动通信面向产业需求解决方案

5G 网络具有超大带宽、超低时延、超高可靠性、广覆盖等技术特性，结合人工智能、移动边缘计算、端到端网络切片等技术，在超高清视频、云化 XR、无人机、远程控制和无人驾驶，以及智能制造、智慧电力、智慧医疗、智慧城市等领域中有着广阔的应用前景，5G 与垂直行业的深度融合带来了行业业务的巨大变革。

超高清视频应用场景的典型特征是大数据、高速率。按照产业主流标准，分辨率达到 4K、8K 的视频的传输速率至少分别为 12～40Mbit/s、48～160Mbit/s，4G 网络已无法完全满足超高清视频应用对网络流量、存储空间和回传时延等技术要求。5G 凭借具有超大带宽、超低时延等特性的优异的网络承载力，成为满足该场景需求的有效手段。

在云化 XR 应用场景中，高质量 VR/AR 业务对带宽、时延的要求逐渐提升，速率从 25Mbit/s 逐步提高到 3.5Gbit/s，时延从 30ms 降低到 5ms。随着大量数据和计算密集型任务转移到云端，云化 XR 已成为 VR/AR 与 5G 融合创新的典型范例。5G 通过超宽带通信和高速传输能力，可以解决 VR/AR 渲染能力不足、互动性不强和终端移动性差等痛点问题，推动通信行业转型升级。

在无人机应用场景中，具有低时延、高速移动性和大容量特性的5G与边缘计算相结合，实现了远程实时操控无人机，同时极大地提高了无人机操控的可靠性，有效解决了使用传统方式中无人机点对点微波通信受距离限制的问题，突破了卫星通信对无人机承载要求极高的限制，让无人机具备稳定传输和精准定位的核心能力。

在车联场景中，融入5G的车联网将更加灵活，实现车内、车际、车载互联网之间的信息互通，真正实现“人-车-路-云”一体化协同，推动与低时延、高可靠性密切相关的远程控制驾驶、编队行驶、自动驾驶具体场景的应用。利用5G小于10ms的超低往返路程时间（RTT），车联网可实现远程驾驶、无人驾驶等能力。

4.2 5G 移动通信基础业务能力

4.2.1 超大宽带

5G移动通信基础业务能力首先体现在5G系统具有实现超大带宽的技术能力，在不同的应用场景中可提供丰富的、定制化的、差异化的超大带宽业务。

1. 典型场景带宽需求

5G可以满足多种应用的需求，包括移动互联网的高速上网体验需求，以及产业互联网的高可靠、低时延、大连接需求。移动互联网应用包含4K/8K视频直播、云游戏、云VR/AR等，产业互联网应用包含车联网、网联无人机、移动医疗、智能电网、智能制造等。针对差异化需求、复杂场景下的垂直行业项目，传统运维模式中依靠一张通用网络以满足千行百业的需求，会造成网络资源的浪费。为满足行业用户的业务需求，5G网络需能够提供定制化、差异化组网和服务。

5G是当前规模化部署商用网络的新一代移动通信系统。典型的5G应用首先是对“随时随地接入网络”有需求或是有线网络不便部署，同时还需要至少对高速率、大连接、高可靠、低时延中的一个有特别的要求。对“随时随地接入网络”需求不强烈的场景可采用有线通信（如专线、家庭宽带等解决方案），对高速率、大连接、高可靠、低时延性能要求不高的场景可采用4G网络。

智慧城市是5G的重要应用场景。智慧城市的5G网络部署可实现城区信息资源的全面整合协同，使城市生活治理变得数字化、智慧化，并能够实时监控城市运行状态，预判事态发展，主动预警可能出现的城市生活治理隐患。5G智慧城市典型业务包括超高清视频、高精度定位、语音/视频实时通话、无人机远程操控、智能机器人巡检等。智慧城市对5G网络的性能要求见表4-1。

表 4-1　智慧城市对 5G 网络的性能要求

典型场景	带宽/(Mbit·s^{-1})	时延/ms	定位精度/m	隔离性
超高清视频	UL>31；DL>50	<100	—	有
高精度定位	UL>10；DL>10	<50	<5	无
语音/视频实时通话	UL>30；DL>30	<100	<10	无
无人机远程操控	UL>30；DL>100	<20	<5	有
智能机器人巡检	UL>30；DL>100	<100	<5	有

注：UL 表示上行链路数据传输速率，DL 表示下行链路数据传输速率。余同。

工业互联网包含智能制造、工业控制等场景，业务需求涵盖工业园区生产生活等方面，涉及 3 类 5G 应用场景。工业互联网对 5G 网络的性能要求见表 4-2。

表 4-2　工业互联网对 5G 网络的性能要求

典型场景	带宽/(Mbit·s^{-1})	时延/ms	移动性/(km·h^{-1})
工业视觉：缺陷检测	UL>51；DL>20	<100	<10
工业视觉：空间引导	UL>100；DL>20	<50	<10
工业视觉：光学字符识别	UL>51；DL>20	<100	<10
远程操控：机械远程操控	UL>110；DL>20	<150	>30
远程操控：场内生产控制	UL>60；DL>20	<50	<10
远程操控：矿区无人操控	UL>100；DL>20	<150	>10
远程生产现场协作：AR 辅助运维	UL>60；DL>20	<50	<10
远程生产现场协作：VR 辅助装配培训	UL>50；DL>50	<50	<10

智慧医疗涉及智慧医院、远程医疗等场景，包括医疗设备检测与护理、视频与图像交互医疗、远程操控与移动交互三大类典型场景。智慧医疗对 5G 网络的性能要求见表 4-3。

表 4-3　智慧医疗对 5G 网络的性能要求

典型场景	带宽/(Mbit·s^{-1})	时延/ms	定位精度/m
医疗设备检测与护理：患者及设备定位	>0.1	<200	<20
医疗设备检测与护理：移动医护	UL>0.2；DL>13	<200	<10
视频与图像交互医疗：远程 4K 视频会诊	>40	<50	—
视频与图像交互医疗：远程 VR 探视	>100	<50	—
远程操控与移动交互：远程超声	>5	<20	—
远程操控与移动交互：应急救援	>40	<50	<10

智慧媒体涉及超高清视频采集、播放等场景，根据所用视频分辨率的不同，对 5G 网络的速率、时延、可靠性等指标有不同要求。智慧媒体对 5G 网络的性能要求见表 4-4，应用场景视频采集带宽需求见表 4-5。

表 4-4 智慧媒体对 5G 网络的性能要求

典型场景	带宽/(Mbit·s^{-1})	时延/ms	误包率	可靠性	隔离性
4K 超高清视频（普通）	>45	<50	<1%	99.9%	无
8K 超高清视频（普通）	>120	<50	<1%	99.9%	无
4K 超高清视频（专业）	>55	<30	<1%	99.9%	有
8K 超高清视频（专业）	>130	<30	<1%	99.9%	有
4K VR	>55	<30	<1%	99.9%	无
8K VR	>150	<30	<1%	99.9%	无
全息影像	>60	<20	<1%	99.9%	无

表 4-5 应用场景视频采集带宽需求

<table>
<tr><th>业务类型</th><th>视频制式</th><th>应用场景</th><th>所需带宽</th></tr>
<tr><td>广域定点监控</td><td rowspan="3">以多路 1080P 为主</td><td rowspan="3">• 公交车监控，每辆车部署 4～8 个摄像头（1080P），高峰期公交车密度为 2 辆/km
• 港区内自动化集卡，密度为 2～3 辆/km^2；在港区内的每个龙门式起重机上有 18 个摄像头拉流，加上远程控制时并发 12 路视频，每路视频压缩后为 2Mbit/s，3～6 台龙门式起重机/堆垛，每堆垛面积约为 0.15 km^2；矿区内无人重型卡车每车 6 路 1080P 视频数据压缩后需要带宽 30Mbit/(s·车$^{-1}$)
• 工业应用场景下使用 AR 辅助装配，每路 AR 需要带宽 30Mbit/s</td><td rowspan="3">20～30Mbit/s</td></tr>
<tr><td>移动监控指挥</td></tr>
<tr><td>远控</td></tr>
<tr><td>媒体直播</td><td rowspan="2">以多路 4K 为主</td><td rowspan="2">• 央视 4K 直播，每 4 小时允许出现一次花屏
• 每辆 AGV 叉车有 4 路摄像头，需要带宽 40~60Mbit/s，最大密度为 100 辆车/km^2，最小密度为 20 辆车/km^2
• 叉车、矿车远程驾驶采用多路 4K</td><td rowspan="2">40～50Mbit/s</td></tr>
<tr><td>物流自动导引车（AGV）</td></tr>
<tr><td>工业机器视觉</td><td>以多路 8K 为主</td><td>• 杭汽轮叶片制造三维检测
• 商飞部件制造拼缝检测
• 商飞飞机着陆滑行时上传试飞数据，4 个用户驻地设备（CPE）
• 无人机激光测绘</td><td>100～200Mbit/s</td></tr>
</table>

VR 技术主要涉及立体呈现、多感官互动通信，在直播、视频、游戏、广告等领域中的应用越来越广泛。VR 业务的类型和网络指标要求见表 4-6。

表 4-6 VR 业务的类型和网络指标要求

标准	带宽/(Mbit·s^{-1})	时延/ms	分辨率	分辨率	帧率/(frame·s^{-1})
入门级 VR	>100	<40	全视图 8K 2D	1920 像素×1920 像素	30
高级 VR	>418	<25	全视图 12K 2D	3840 像素×3840 像素	60
终极 VR	>1024	<15	全视图 32K 3D	7680 像素×7680 像素	120

联网无人机涉及安防保障、智慧消防、巡查监控、表演及娱乐等场景，利用 5G+VR 技术完成高清视频实时回传。无人机通信网络指标要求见表 4-7。

表 4-7　无人机通信网络指标要求

无人机参数	参数要求和说明
指挥控制	遥测、无人机自主操作的巡逻侦查、农业植物保护、搜寻抓捕、勘查取证、活动安保等；单向时延为 10～50ms、上下行数据传送速率为 0.05～30Mbit/s，分组丢失率<10^{-3}
应用数据	高清视频、超清图像、传感器数据采集等，上下行数据收发速率均达到 50Mbit/s
飞行高度和速度	目标飞行高度达到 300m，水平飞行速度达到 160km/h

结合 5G 垂直行业通报和通信行业论坛信息，本书整理出典型行业应用涉及的 10 类主要行业应用终端，其中高清摄像头和 VR/AR 设备的应用较为广泛。典型场景及主要行业应用终端见表 4-8。

表 4-8　典型场景及主要行业应用终端

涉及行业	主要行业应用终端类型
工业互联网	高清摄像头、AGV、机器人、无人机、VR/AR 设备
智慧园区	全息展示终端、高清摄像头、AGV、传感器
智慧文旅	VR/AR 设备、高清摄像头
智慧医疗	VR/AR 设备、高清摄像头、无线远程会诊医疗车
智慧能源	传感器、高清摄像头、机器人
智慧城市	高清摄像头、无人机、机器人、执法记录仪
高清视频	高清摄像头
智能交通	高清摄像头、传感器、网联无人车
智慧金融	机器人、高清摄像头、VR/AR 设备、全息展示终端
智慧媒体	VR/AR 设备、高清摄像头
智慧农业	无人机、高清摄像头
无人机	无人机、高清摄像头
智慧校园	VR/AR 设备、高清摄像头

针对行业终端技术需求及典型场景业务特征，行业需求可拆分为不同场景下使用终端的能力需求。对典型业务和终端能力的研究能够指导后续行业拓展，快速获取用户需求并转化为对网络能力的要求，明确网络组网目标。典型行业应用终端网络需求见表 4-9。

表 4-9　典型行业应用终端网络需求

垂直行业应用终端	需求下载速率/(Mbit·s^{-1})	需求上传速率/(Mbit·s^{-1})	需求时延/ms
高清摄像头	>50	>50	<100
VR/AR 设备	>150	>150	<20
机器人	>20	>5	<10
无人机	>20	>5	<10
传感器	>0.1	>0.2	<200

续表

垂直行业应用终端	需求下载速率/($Mbit \cdot s^{-1}$)	需求上传速率/($Mbit \cdot s^{-1}$)	需求时延/ms
AGV	>2	>2	<10
全息展示终端	>5	>40	<50
网联无人车	>5	>20	<10
执法记录仪	>2	>20	<100
无线远程会诊医疗车	>20	>100	<10

2．空口带宽保障

（1）信号电平要求

5G 新空口（NR）首版规范在 2017 年 12 月发布的 3GPP Rel-15 标准中首次公布。根据规范，基站配置参数为 64TRx/32TRx（通道数），发射功率为 53dBm，带宽为 100MHz；终端设备采用 2T4R，上下行时隙配比为 4:1，在网络轻载条件下，信道状态信息中参考信号电平大于 −103dBm，可以满足上行传输速率达 10Mbit/s 的要求。信号电平要求如图 4-1 所示。

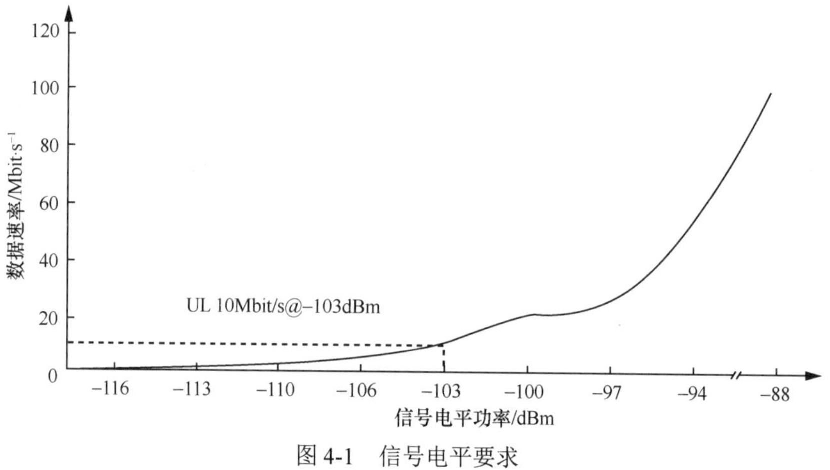

图 4-1　信号电平要求

（2）用户数量控制

用户数量的控制，根据基站配置中的上下行时隙配比、上行专线带宽的不同而不同。在系统带宽为 100MHz 的城区场景中，全部用户终端均为室外型终端，且终端天线为满话务的 2T4R 业务模型的条件下，用户数量配置见表 4-10。在基站配置参数为 64TRx 时，在上下行时隙配比为 4:1 和 8:2 的条件下，上行 5Mbit/s 和下行 10Mbit/s 专线方案支持的用户数分别为 46 和 23；在上下行时隙配比为 7:3 的条件下，上行 5Mbit/s 和下行 10Mbit/s 专线方案支持的用户数分别为 66 和 33。在基站配置参数为 32TRx 时，在上下行时隙配比为 4:1 和 8:2 的条件下，上行 5Mbit/s 和下行 10Mbit/s 专线方案支持的用户数分别为 42 和 21；在上下行时隙配比为 7:3 的条件下，上行 5Mbit/s 和下行 10Mbit/s 专线方案支持的用户数分别为 60 和 30。

表 4-10　用户数量配置

基站配置参数	上下行时隙配比	上行 5Mbit/s 专线方案支持的用户数/人	上行 10Mbit/s 专线方案支持的用户数/人
64TRx	4:1 和 8:2	46	23
	7:3	66	33
32TRx	4:1 和 8:2	42	21
	7:3	60	30

（3）网络切片机制

5G 基站的切片机制共有 3 种类型，分别是 QoS 调度、资源预留及载波隔离。QoS 调度指该类型的切片共享无线侧公共资源，基于 5G QoS 标识符（5QI）的优先级开展 QoS 调度工作。资源预留是在某个范围内将单独的资源预留给安全级别要求较低但有较强业务感知保障的切片。载波隔离指基站上一个载波中的软/硬件资源被下一个切片使用，主要应用于有较高安全级别要求或较大带宽要求的切片。

在 QoS 调度中，网络不会预留无线资源给切片，但是，当资源紧张时，优先级较高的业务可以优先调度空口资源。若资源出现拥塞，优先级较高的业务也会受一定的影响。对通用行业或企业宽带等仅有较低隔离及保障能力要求的业务适合采用 QoS 调度。QoS 调度的类型分为 5QI 调度及 ID+5QI 调度两种。在 5QI 调度中，即使切片类型不同，若有着相同的 5QI，仍可以在同一类型的无线侧数据无线承载（DRB）上进行映射，使它们拥有相同的调度策略。在 ID+5QI 调度中，对于切片不同的情况，即使有相同的 5QI，也可在不同类型的无线侧 DRB 上进行映射，使它们拥有不同的调度策略。类型不同的 DRB 进行差异化调度的关键在于配置相应的媒体接入控制层、无线链路控制协议层及分组数据协议层的参数。

在 5G 网络中，切片被划分成切片组，基于切片组可以有效管理无线资源，确保切片间可以有效隔离和共享无线资源。资源预留有两种方式，分别为接纳控制和物理资源块（PRB）预留。无线资源管理方案对比如图 4-2 所示。

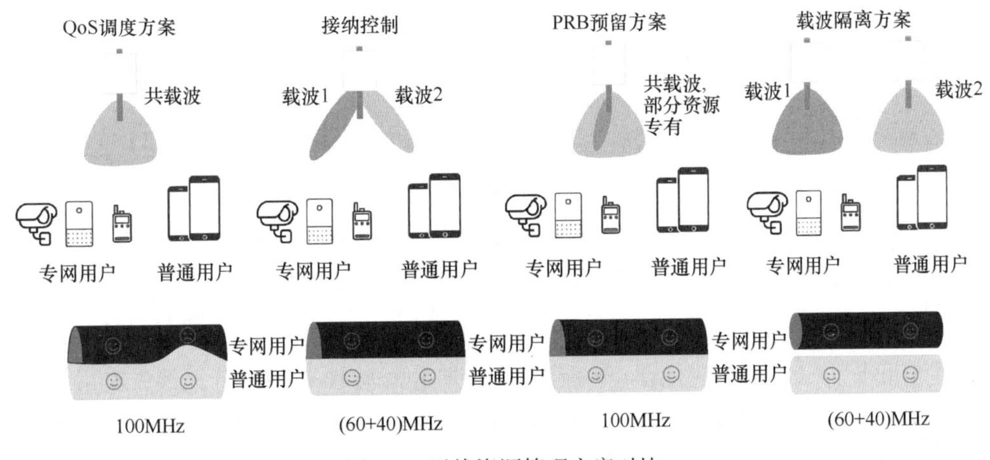

图 4-2　无线资源管理方案对比

载波隔离指在用户/业务种类不同时采用不同的载波小区。载波隔离技术需协同配置核心网及无线侧，确保有效隔离种类不同的用户/业务使用的资源。

上述几种 5G 基站切片机制，从产业链发展角度来看，QoS 调度机制拥有最高的支持度且最成熟。资源预留机制在 Rel-15 中首次引入，但在 Rel-116 中才正式确定方案。终端虽然支持资源预留，但是对切片并发的支持度仍然较低。载波隔离机制的最终目标是公网专用（PNI-NPN），在 Rel-16 中，终端可选支持该机制。从产业链的成熟度来看，无线切片的部署可以划分为如下情况。

① 仅依靠 QoS 调度实现对无线侧不同切片的差异化感知。在这种情况下，网络可将有独占无线资源需求的服务提供给 5G 用户。

② 通过资源预留及 QoS 调度确保实现对无线侧不同切片的差异化感知。在这种情况下，网络除了可以满足第一种情况的业务需求，还可将独占部分资源的服务提供给 5G VIP 用户。

③ 通过 QoS 调度、资源预留及载波隔离 3 种方式确保实现对无线侧不同切片的差异化感知。在这种情况下，网络除了可以满足第一种和第二种情况的业务需求，还可将独占全部资源的服务提供给 5G 特需用户。

（4）超级上行

5G SA 上下行覆盖不均衡问题的传统解决方案主要有两种：上下行解耦补充上行链路（SUL）和载波聚合（CA）。

在 SUL 方案中，在近点使用 3.5GHz 的上行作为 5G 网络的上行；在远点，3.5GHz 上行覆盖能力不足但 Sub-3G 覆盖能力较高的区域调用 Sub-3G 的上行频谱作为 3.5GHz 的上行，利用 Sub-3G 低频覆盖范围大的特性解决 3.5GHz 高频上行覆盖能力不足的问题。这种方案可以解决上下行覆盖不均衡问题，但是对时延并没有改善。

在 CA 方案中，NR@C-band 频段和 NR@Sub-3G 频段进行载波聚合，采用两个异频频段同时向用户终端传送数据，分为上行 CA 和下行 CA。上行 CA 在 3.5GHz 的基础上增加低频通道作为上行，让高频段+低频段同时承载流量，提升覆盖能力和体验。但 CA 方案存在两个问题，一个是两个频段上行只能各占一个通道，导致 3.5GHz 频段无法充分发挥双通道大带宽优势；另一个是终端产业发展缓慢，目前无 TDD+FDD 上行载波聚合的终端。

CA 方案相较于 SUL 方案，既提高了上行覆盖能力，也提高了下行覆盖能力和用户速率。SUL 方案是特殊情况的过渡方案，CA 方案是更加完善的方案。

除了以上两种解决方案，在 SUL 方案的基础上，针对 ToB 业务对低时延的诉求，中国电信和华为公司联合提出了一种新的解决方案——5G 超级上行。该方案采用低频 FDD 网络的上行频谱来补充上行带宽，充分利用 TDD 的高频谱利用率特性和 FDD 的无须等待的低时延及大带宽特性，发挥了两种制式的优点。这种方式相当于加开了一条 FDD 上行车道，从此上行车辆不用分时段限行，实现全时段畅通无阻。

超级上行的主要原理是 FDD/TDD 时、频域复用聚合，超级上行如图 4-3 所示。通过将 2.1GHz 与 3.5GHz 时频域聚合，增强 NR 上行。超级上行空口 3.5GHz 的下行时隙在上行时隙发送信息时不可用，上行时隙资源仅占总时隙资源的约 30%；只能在上行子帧接收 ACK/NACK 时反馈。在 3.5GHz 频段的上行时隙可用时，2.1GHz 频段不发送信息；在 3.5GHz 频段被下行时隙占用时，通过调用 2.1GHz 频段的时隙发送上行信息，数据包的传输无须等待，最终可降低 4.2ms 的时延。开启超级上行后，中近点数据传输速率最多提升 40Mbit/s，远点数据传输速率提升最多可达到 3 倍。

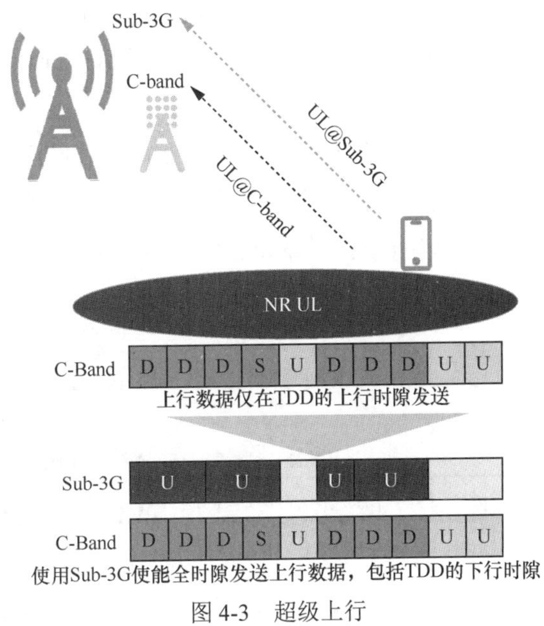

图 4-3　超级上行

超级上行具有明显的技术优势，主要优势包括提升上行带宽、降低网络时延和增强上行覆盖能力。

① 提升上行带宽

由以上描述可知，在 3.5GHz 上行 100MHz 的带宽和 7:3 的时隙配比的情况下，上行数据传输速率可以达到 280Mbit/s，2.1GHz 上行最大带宽为 20MHz，上行数据传输速率最大可达约 90Mbit/s。采用超级上行解决方案后，上行速率的提升是 3.5GHz 上行 100Mbit/s 带宽 7:3 时隙配比和 2.1GHz 上行最大带宽 20MHz 这两种方案的数据传输速率之和，最大可达到 343Mbit/s，上行带宽提升量超过 20%。

② 降低网络时延

从时延改善上来分析，超级上行相较于 3.5GHz TDD 时延大幅下降，可以更好地支持低时延类业务。超级上行相较于 3.5GHz TDD，能够结合低频频谱，快速反馈和传输数据，RTT 最大降低 27%。

③ 增强上行覆盖能力

因为 3.5GHz 上行覆盖受限，在下行能达到 100Mbit/s 的数据传输速率的情况下，上行覆盖能力不足仍会导致网络不可用，由此可知，网络的整体覆盖率受限于上行覆盖能力。超级上行则可以从根本上解决 C-band 的高频问题，引入新频谱，增强上行覆盖能力，最终实现运营商少建站，节省建网成本。

（5）专属频段引入新的时隙配比

5G 系统以符号为粒度实现无线资源的调度，支持符号级的上下行变化。相较于 LTE 的子帧级别，5G 能更有效地利用时域资源。5G NR 提出了自包含时隙/子帧设计，可以在一个时隙内完成下行混合自动请求重传（HARQ）反馈和上行数据调度，达到降低 RTT 的目的。一个时隙内的 OFDM 符号可以灵活地被定义为下行符号、上行符号和灵活符号。

5G NR 采用了多种时隙配比的帧结构制式，帧结构由全下行时隙 D、全上行时隙 U 和特殊时隙 S 组成。其中，特殊时隙的下行符号、保护间隔（GP）和上行符号的配比灵活可调，GP 可占 2～4 个符号长度。时隙配比如图 4-4 所示。

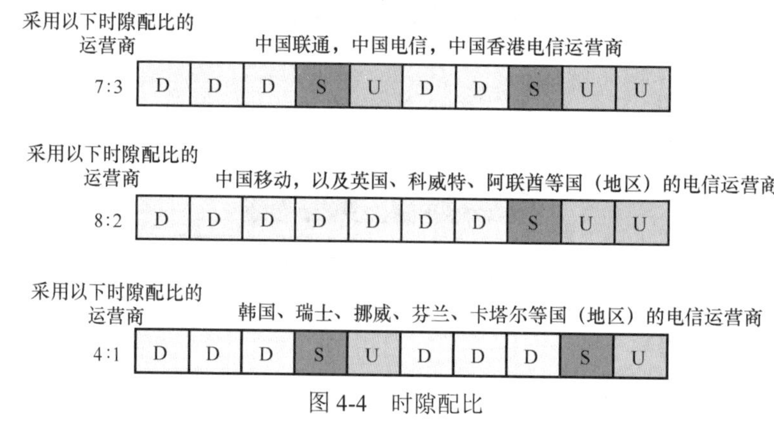

图 4-4 时隙配比

4.9GHz 频段引入新的时隙配比 2:3，以增加上行带宽。新时隙配比如图 4-5 所示。采用 4.9GHz 频段的所有运营商均需选择 2:3（DSUUU），避免系统间的串扰。

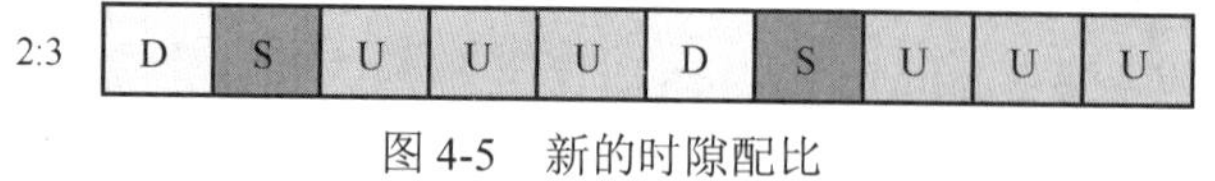

图 4-5 新的时隙配比

4.2.2 超低时延和超高可靠性

1．时延和可靠性需求

URLLC 作为 5G 三大典型应用场景之一，广泛存在于 VR/AR、自动驾驶、工业控制、智能电网、远程医疗、智能家居等多个领域，这些领域对时延和可靠性提出了更高的要求。原则上，只要是对时延和可靠性有要求的业务都属于 URLLC 业务。URLLC

是端到端的概念，涉及核心网、传输、RAN 等多个方面。

在 3GPP Rel-15 中，URLLC 仅实现了迷你时隙、自包含帧、上行免授权传输、支持 10^{-5} 的目标块差错率（BLER）对应的低码率信道质量指示（CQI）/编码调制方案（MCS）表格、上行重复、eMBB 和 URLLC 的多路复用（上下行半静态复用）、CCEAL16、CBG-HARQ 和 PDCP duplication（2 个 RLC 实体）等基础功能。Rel-16 标准侧重于对 URLLC 进行全面增强，补充了移动性协议、eMBB 和 URLLC 的多路复用（上行动态复用）等功能，还增强了下行控制信息（DCI）、上行控制信息（UCI）、HARQ、PUSCH 迷你时隙重复、PDCP duplication（4 个 RLC 实体）、TRP 的频分与时隙时分冗余传输分集能力及对 TSN 的支持等，进一步提高了通信的可靠性并降低时延，但仍留下很多优化工作待 Rel-17 研究。在 Rel-17 中，URLLC 的主要演进发生在网络架构、调度和垂直应用上，以及继续完成 Rel-16 没有完成的工作，进一步研究用户设备内具有不同优先级的业务的多路复用和优先级划分等。

在 3GPP TR 38.913 中定义了 URLLC 的指标，即在时延方面要求 10ms 的控制面时延，上下行均为 0.5ms 的用户面时延，小于 1ms 的空口环回时延，0ms 切换中断时间。该标准在可靠性方面要求用户面时延在 1ms 内，32B 大小的数据包的可靠性达 99.999%。但在实际应用中，不同业务对低时延和高可靠性的要求不尽相同，很多应用的要求低于协议的定义，TS 22.261 中给出了实际的服务需求。

根据 ITU IMT-2020 标准的定义：对于低时延、高可靠性场景，要求空口时延为 1ms，要求端到端时延降至毫秒级。为了满足 ITU 所设置的时延要求，3GPP 开始了 5G 的需求分析和研究项目，并提出了 5G 网络针对低时延通信业务的用户面时延的指标要求——上行时延为 0.5ms，下行时延为 0.5ms，即 RTT 为 1ms。根据不同的业务特点，3GPP 已在 Rel-16 协议的 TR 38.824 中针对工厂自动化、工业运输和配电等 5G 典型应用定义了时延与可靠性要求。Rel-16 协议中的低时延业务典型应用需求评估见表 4-11，不同行业应用需求见表 4-12。

表 4-11　Rel-16 协议中的低时延业务典型应用需求评估

应用场景	可靠性要求	时延要求	数据分组大小及传输模型	描述
配电应用	99.9999%	端到端时延为 5ms；空口时延为 2～3ms	下行及上行数据分组大小为 100B，传输模型为 FTP 模型 3，数据到达间隔为 100ms	配电网故障及断电管理需求
	99.999%	端到端时延为 15ms；空口时延为 6～7ms	下行及上行数据分组大小为 250B，传输模型为固定周期数据传输模型，数据到达间隔为 0.833ms，终端间的偏移量随机	差动保护需求
工厂自动化	99.9999%	端到端时延为 2ms；空口时延为 1ms	下行及上行数据分组大小为 32B，传输模型为固定周期数据传输模型，数据到达间隔为 2ms	运动控制需求

续表

应用场景	可靠性要求	时延要求	数据分组大小及传输模型	描述
Rel-15 允许用例（如 AR/VR）	99.999%	32B 下空口时延为 1ms； 200B 下空口时延为 1ms 和 4ms	下行及上行数据分组大小为 32B 和 200B； 传输模型为 FTP 模型 3 或不同到达率的固定周期数据传输模型	—
	99.9%	空口时延为 7ms	下行及上行数据分组大小为 4096B 和 10kB； 传输模型为 FTP 模型 3 或不同到达率的固定周期数据传输模型	—
工业运输	99.999%	端到端时延为 5ms； 空口时延为 3ms	上行速率为 2.5Mbit/s，数据分组大小为 5220B； 下行速率为 1Mbit/s，数据分组大小为 2083B； 传输模型为每秒传输 60 个数据分组的固定周期数据传输模型	远程驾驶需求
	99.999%	端到端时延为 10ms； 空口时延为 7ms	下行及上行速率为 1.1Mbit/s；数据分组大小为 1370B； 传输模型为每秒传输 100 个数据分组的固定周期数据传输模型	智能运输系统需求

表 4-12　不同行业应用需求

场景	应用	端到端时延	抖动	可靠性
自动驾驶	队列控制	<3ms	1μs	99.9999%
	协同控制	<3ms	1ms	99.9999%
	传感器信息共享	10～30ms	20ms	99.99%
	远程驾驶	<3ms	5ms	99.9999%
	运动意图预测	<100ms	20ms	99.9%
	动态高精地图上传	～100ms	20ms	99.9%
VR/AR	VR 关键业务	10～20ms	5ms	99.9999%
	VR 360°赛事直播	10～20ms	5ms	99.99%
	VR 协同游戏	10～20ms	5ms	99.99%
	VR 远程教育/购物	10～20ms	5ms	99.9%
	AR	20ms	5ms	99.9%
智能电网	高压电网通信	<5ms	1ms	99.9999%
	中压电网通信	25ms	5ms	99.9%
智能制造	实时动作监控	≤1ms	1μs	99.9999%
	自动分离	10ms	100μs	99.9%
	远程控制	50ms	20ms	99.999%
	监控	50ms	20ms	99.99%

续表

场景	应用	端到端时延	抖动	可靠性
医疗健康、智慧城市、无人机	远程手术	10ms	1ms	99.9999%
	智能运输系统	20ms	5ms	99.9999%
	传感数据回传	30ms	5ms	99.99%
	远程操作无人机	10～30ms	1ms	99.9999%

URLLC 业务的实现需要从低时延和高可靠性两方面入手，低时延、高可靠性实现技术如图 4-6 所示。

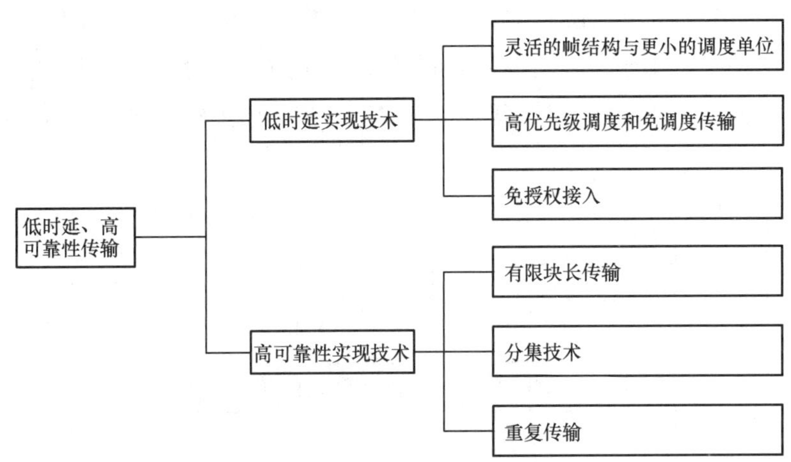

图 4-6　低延时、高可靠实现技术

2．网络架构超低时延保障

通用的网络架构是由终端、基站、核心网、应用服务器组成的，除了终端与基站属于空口传输，其他采用光纤汇聚的形式传输。总之，经过的节点越多，业务流的时延就越大。移动通信系统通用网络架构如图 4-7 所示。

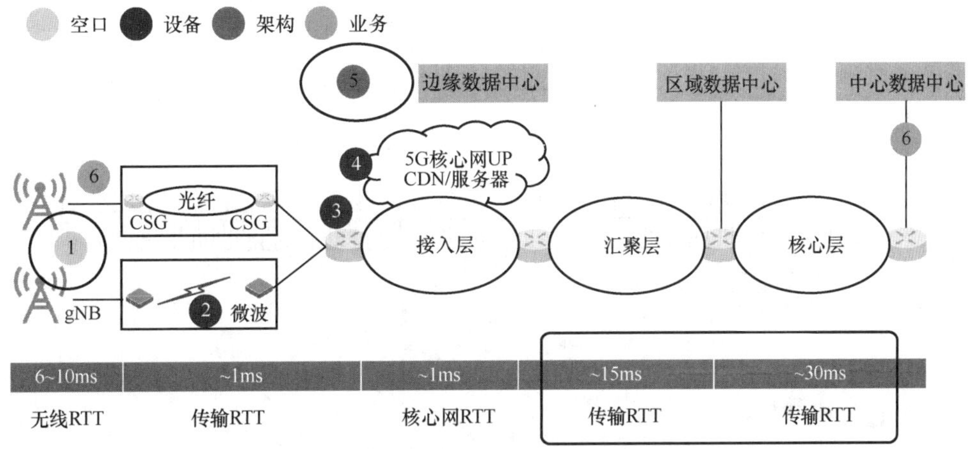

图 4-7　移动通信系统通用网络架构

可以看出，回传链路引入了传输时延。当然，这不包括业务部署位置差异（如电信网、外网等）引入的时延。为实现 URLLC 业务 1ms 的端到端时延（如自动驾驶业务），必须将核心网元、业务服务器下移，直接部署在接入侧，完全摒弃传输链路，将原有的多跳传输简化为一跳传输，因此，网络中必将引入网络切片、MEC、控制面和用户面分离（CUPS），以及用户面功能（UPF）下沉等技术。

3．空口超低时延保障

（1）缩短时隙间隔技术

与 4G 网络的固定子载波间隔方案不同，5G 网络采用可变参数集，根据不同的频段可以选择从 15kHz、30kHz 到 120kHz 的子载波间隔（SCS），而每 RE（资源元素）的时频资源相同。频域子载波间隔整倍增加意味着每 RE 在时域上时间间隔相应缩短，相应的时隙长度（TTI）及空口时延也相应缩短。5G 帧结构如图 4-8 所示。

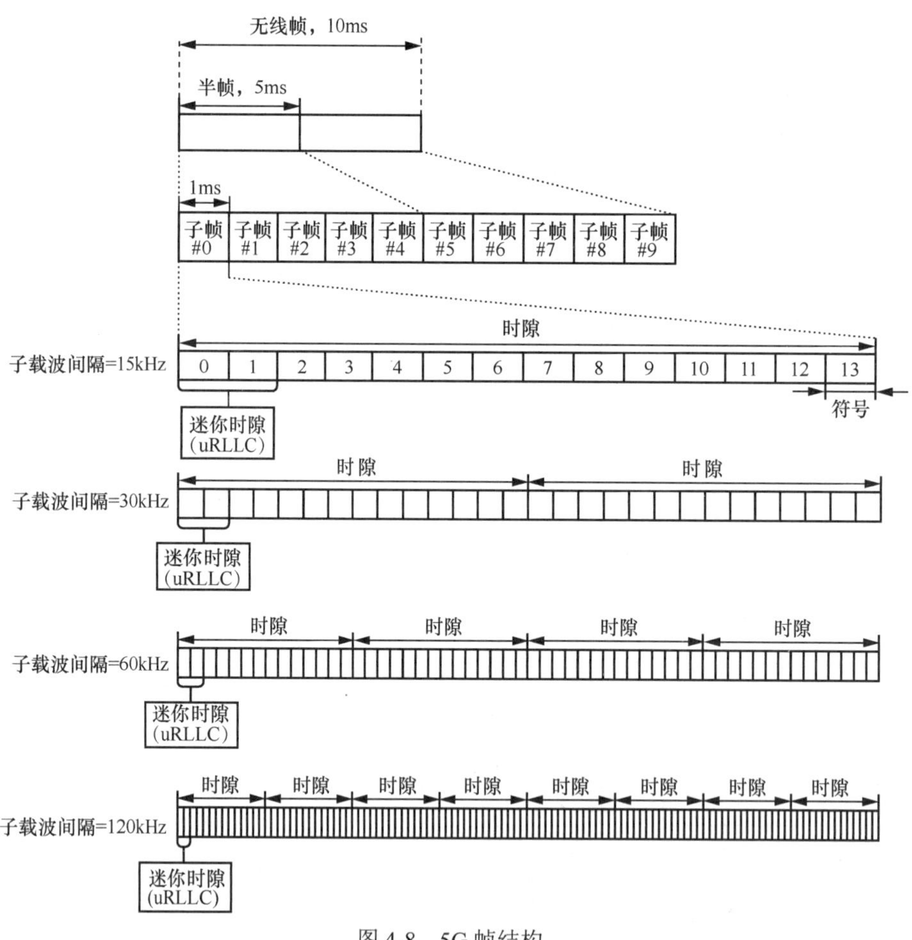

图 4-8 5G 帧结构

（2）迷你时隙结构

5G 定义了一种叫作迷你时隙的子时隙架构。迷你时隙由两个或多个符号组成，将最小的传输时间间隔由子帧拓展到了 OFDM 符号，实现符号级别的调度，满足低时延小分组的 URLLC 业务的需求。

1 个 5G 正常时隙包含 12 个或 14 个 OFDM 符号。它支持基于时隙的资源调度。1 个时隙是可能的调度单位，也允许时隙聚合。迷你时隙占用 2 个、4 个或 7 个 OFDM 符号，支持基于非时隙的调度。迷你时隙最少占用 2 个 OFDM 符号，并且长度可变，目标时隙长度至少为 1ms、0.5ms，实现相对于时隙的异步定位，迷你时隙可降低 22%～48%的平均时延，从而满足超低时延的业务需求。RAN RTT 平均值如图 4-9 所示。

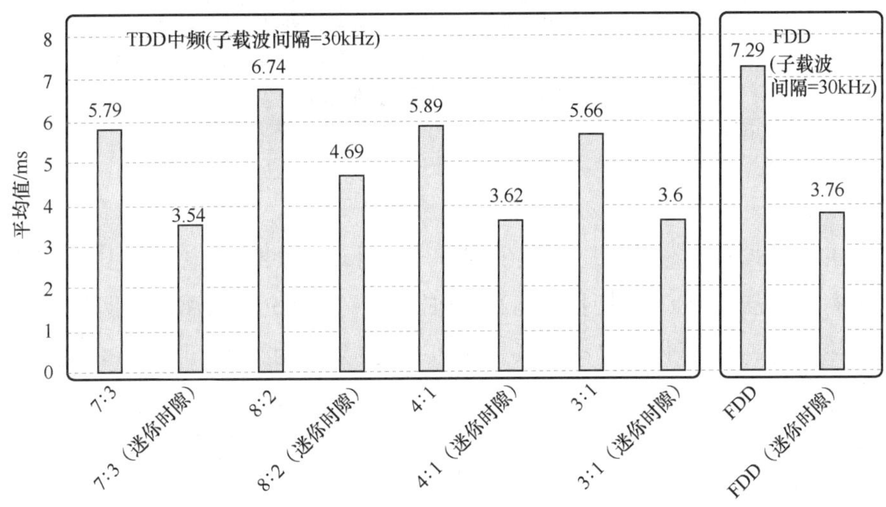

图 4-9　RAN RTT 平均值

（3）灵活的帧结构

对于 TDD 系统，上下行时隙配比直接影响数据与信令的传输间隔，5G 帧结构比 4G 帧结构更加灵活，支持 0.5ms、1ms、2ms、2.5ms、5ms 和 10ms 这 6 种配置周期，同时支持双周期配置。灵活的帧结构配置能满足 5G 三大应用场景对时延和上下行业务的多种需求。对于低时延业务，可考虑 2ms 的单配置周期、2.5ms 的单配置周期和 2.5ms 的双配置周期这 3 种配置方案。5G 典型帧结构配置如图 4-10 所示。

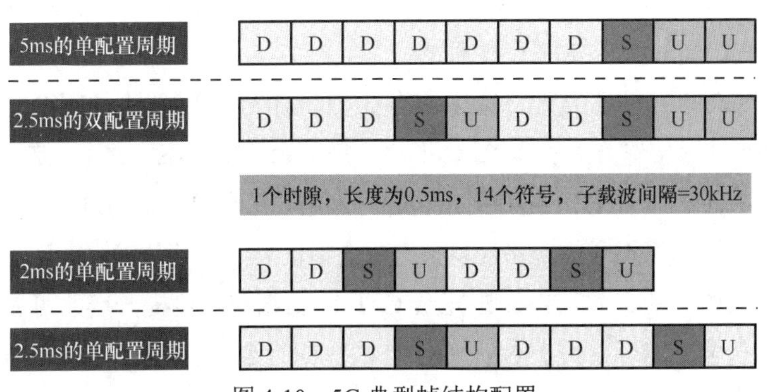

图 4-10　5G 典型帧结构配置

（4）自包含帧结构

TDD 制式的 5G 无线帧结构中引入了自包含帧结构，该帧结构在同一帧中传输上/下行调度信息、数据和确认信息等。每一帧经过模块化处理，具备独立解码的能力，避免了跨帧的静态时序关系，从而大大降低了系统时延。5G 的自包含帧结构如图 4-11 所示。

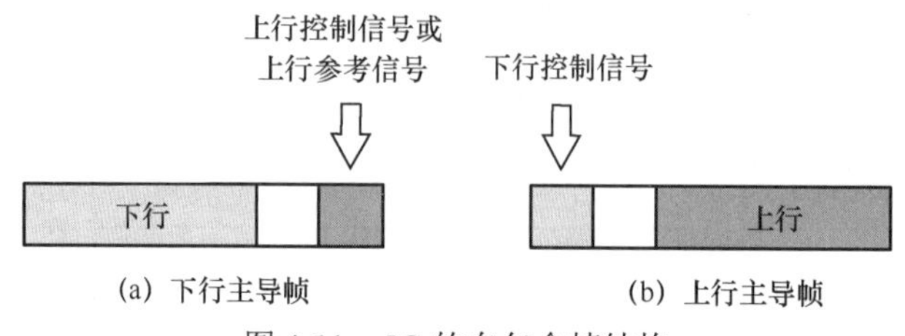

图 4-11 5G 的自包含帧结构

4. 超高可靠性保障技术

（1）冗余设计

CPE 主备模式的基本原理是，主用 CPE 与备用 CPE 同时通电，一旦主用链路出现故障，业务自动从主用 CPE 切换到备用 CPE 上，减少 CPE 故障对工业生产的影响。主用链路恢复正常后，业务自动从备用 CPE 切换到主用 CPE 上。CPE 主备模式如图 4-12 所示。

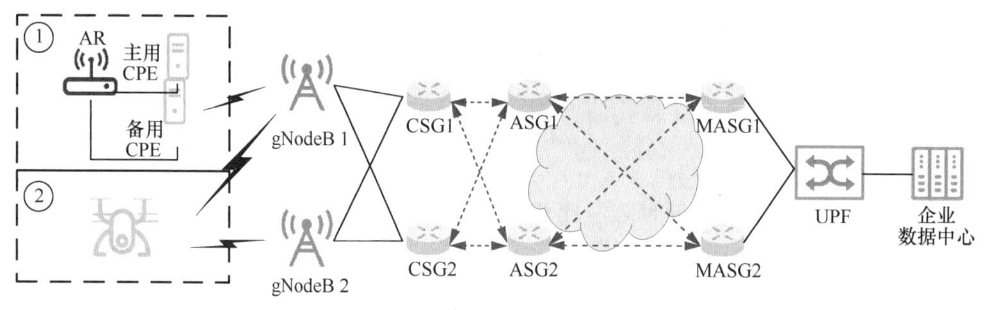

图 4-12 CPE 主备模式

建议对视频业务的可靠性要求较高的场景使用 CPE 主备模式，视频业务所在的主用 CPE 出现故障时可以自动切换到备用 CPE 上，以此来提升业务的可靠性。

（2）3GPP 定义的可靠性提升方案

3GPP 中定义的可靠性提升方案主要有 3 种，分别是 E2E 路径冗余传输方案、双 N3 Tunnel 路径冗余传输方案和多 RLC 链路空口冗余传输方案，3GPP 定义的可靠性提升方案如图 4-13 所示。在 E2E 路径冗余传输方案中，冗余的会话通过相互独立的传输路径进行传输，可以确保不同传输路径单独完成会话信息的完整传输。在双 N3 Tunnel 路径冗余传输方案中，基于 N3 Tunnel 冗余 GTP-U 数据包传输提升链路可靠性。多 RLC 链路空口冗余传输方案可适用于 CA、DC 及 CA+DC 架构的传输，该方案中每个无线承载最多可支持 4 RLC 链路传输。

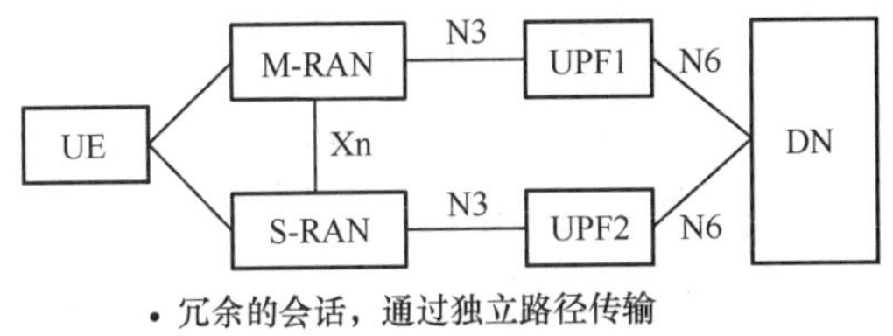

• 冗余的会话，通过独立路径传输

（a）方案1：E2E路径冗余传输

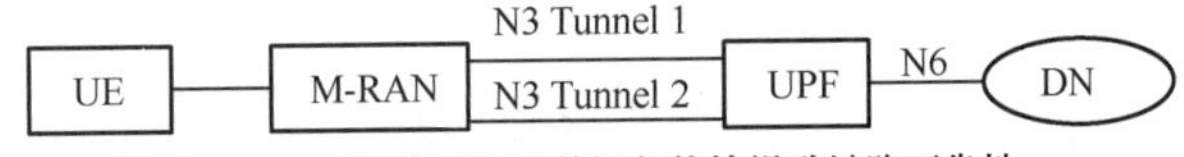

• 基于N3 Tunnel冗余GTP-U数据包传输提升链路可靠性

（b）方案2：双N3 Tunnel路径冗余传输

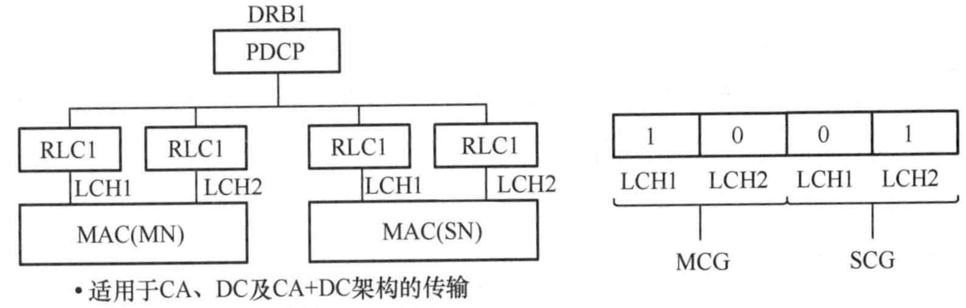

• 适用于CA、DC及CA+DC架构的传输
• 每个无线承载最多支持4 RLC链路

（c）方案3：多RLC链路空口冗余传输

图 4-13　3GPP 定义的可靠性提升方案

5．空口超高可靠性保障

（1）波束域干扰协同

波束赋形技术通过空间滤波可将频率重叠但来自不同空间位置的信号区分开，因此广泛应用于多用户系统中，以提高系统资源的利用率。在单小区场景中，已有大量关于波束赋形向量设计的研究。在实际应用中，考虑实现的复杂度，主要采用两类基本方法：固定波束扫描法（GOB）和特征向量法（EBB）。虽然在单小区场景中，利用波束赋形技术可有效提升系统性能，但在实际系统的多小区场景中，不同小区的天线方向图主瓣可能同时在相同的频率上对准位置邻近的用户，造成波束冲突，导致严重的小区间干扰。波束赋形技术在多个基站上对用户数据进行联合处理，可将干扰变为有用信号，提升系统性能。但是，该方法会导致基站间的信息交互量巨大，在实际系统中较难实现。考虑复杂度限制，一种不需要联合数据处理，而仅对不同基站的波束赋形向量进行协同计算的方法——协同波束赋形（CB）受到了越来越多的关注。实现协同波束赋形的一种直接方法是相邻小区间相互交换建议（或限制）使用的波束赋形向量。这类方法在采用固定波束扫描法时较易实现，但当采用特征向量法时，建议信息（或限制信息）不明确，因而不易实现协同波束赋形。在两小区场景下，采用特征向量法并考虑小区间干扰的协同波束赋形已有研究，但它只考虑了每小区单个用户的情况。波束域干扰协同方案示意如图 4-14 所示。

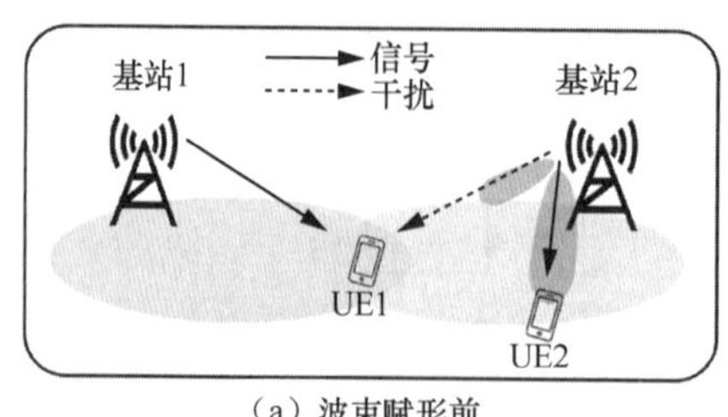

（a）波束赋形前

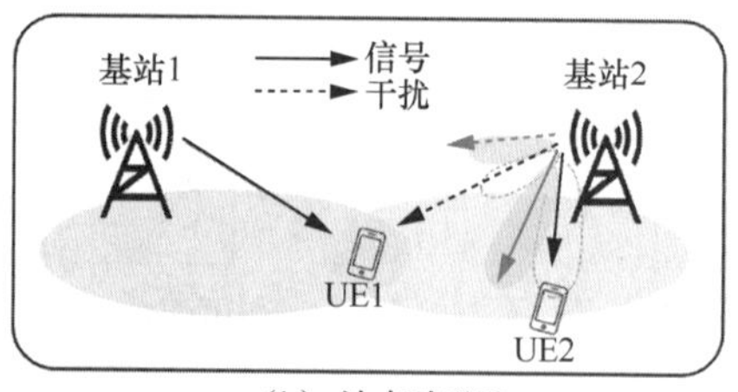

（b）波束赋形后

图 4-14 波束域干扰协同方案示意

在多小区（小区数≥3）系统中，各小区独立进行波束赋形时，波束冲突导致产生严重的小区间干扰，进而造成部分用户吞吐量受损。协同波束赋形向量计算算法可有效避免波束冲突，抑制干扰，其简化算法在降低系统复杂度的同时，还能使系统整体性能提升。仿真结果表明，协同波束赋形在独立波束赋形方法的基础上进一步提高了系统吞吐量。合理地选择使用协同波束赋形向量计算算法的用户范围，即设置合理的协同多点传输（CoMP），可在吞吐量提升和复杂度降低之间获得更好的平衡。

（2）时频域干扰协同

时频域干扰协同原理如图 4-15 所示。在该方案中，针对间距很小的用户设备（UE 1 和 UE 2），通过时频域资源的调度可使相近用户设备间适用相距较远的载波频率和时隙等时频资源，实现时频域资源的较大间隔，减少用户间干扰，提升终端性能。

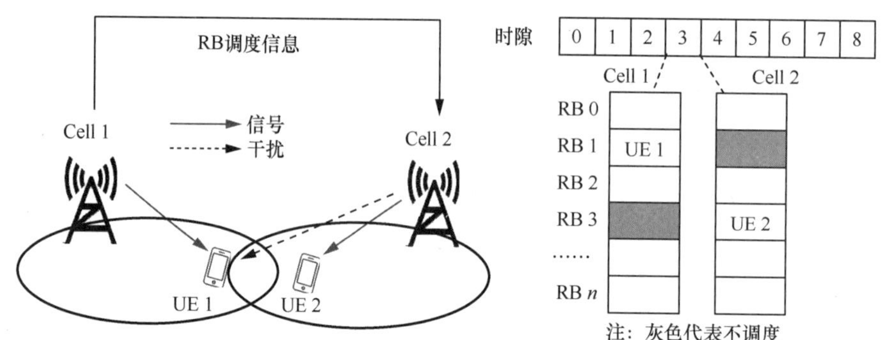

图 4-15 时频域干扰协同原理

4.2.3 移动性

1. 5G 移动性管理

在 2G/3G/4G 系统中，移动性管理方案通过采用各种切换技术，保持用户从一个小区移动到另一个小区过程中的通信连续性。在 5G 移动通信系统中，移动通信能力进一步增强，移动速率大幅提升，移动空间多维度扩张，移动业务更加多样化，这对通信质量的要求也越来越高，而现有的移动性管理方案已不能很好地满足用户的需求。

5G 移动通信系统不再是采用某种特定接入技术的单一通信网络，而是融合了多种无线接入技术的综合异构无线网络，能够满足不同类型业务的需求。接入 5G 移动通信系统的网络除了现有各种制式的 2G/3G/4G 网络，还包括蓝牙系统、Wi-Fi 系统等。网络和终端不仅需要支持特定无线网络中的移动性，还需要支持不同无线接入网之间的移动性，如在无线局域网与 3G/4G 网络之间的切换，在广域覆盖网与热点深度覆盖系统之间的切换。5G 移动通信系统将提供独立于无线技术的统一的移动性管理，无论用户位置如何改变，都能确保通信业务的连续性和通信质量。根据发起切换的网络实体的不同，5G 移动性管理有网络控制切换和终端自动控制切换两种方式。两种切换方式均包括以下关键步骤：

① 终端用户在源小区进行测量，并报告测量数据；

② 终端用户断开与源小区的连接，并与目标小区进行同步；

③ 终端用户接收目标小区的系统参数，随机接入目标小区；

④ 在切换过程中进行链路失败检测，对链路进行恢复与重建，回传链路传输数据。

2．5G 小区切换策略

（1）测量与测量报告解决方案

由于受到无线信道快衰落的影响，非连续测量的测量报告不能准确地反映无线链路质量，移动终端需要连续监测无线链路质量来触发切换流程，并且物理层和更高层上都需要有测量过滤机制，以保证切换过程中测量报告的稳定性。终端获得稳定测量报告需要的时间就是测量时间，测量时间越短，终端生产测量报告的时间就越短，也就越快触发切换，使切换反应时间越短。5G 移动通信系统需要支持时速高达 500km/h 的通信环境，用户在每个小区驻留的时间都很短，切换时间过长会使用户在获得稳定测量报告之前就已经离开小区了，无法及时触发切换，从而造成业务中断。由此可知，合理的测量时间是保证切换正常触发的重要条件。在 5G 移动通信系统中，通过采用超大规模天线减少信道测量时间，终端用户能够快速准确地检测到信道的衰落，从而缩短切换反应时间。

在测量报告方面，采用网络控制切换方式时必须由终端上报测量报告，采用终端自动控制切换方式时测量报告是可选的。在网络控制切换方式下，源基站的测量配置为周期性测量或事件触发测量，以触发终端用户测量报告，然后根据终端用户测量报告的参数信息，选择切换目标小区。终端用户在得到稳定的测量结果后需要将测量报告发送给网络，网络在目标小区接收了切换请求之后才向终端用户发起切换请求。可以看出，采用网络控制切换方式带来了较多的切换响应时间，增加了测量报告传输、源小区和目标小区交互及切换命令传输的时间。由于终端用户在上述过程中始终保持与源小区的业务传输，因而上下行业务中断时延并没有受到影响。在终端自动控制切换方式中，由终端自行选择目标小区，不需将测量报告上报网络，这在一定程度上节省了空中接口的高层信令开销，节约了一部分空口资源，减轻了网络接收、分析测量报告的负荷。

（2）下行同步解决方案

现有 2G/3G/4G 网络中的各个小区经常是不同步的。在切换过程中，终端用户在接收到网络的切换命令之后，需要先进行目标小区的下行同步，以便进行后续的随机接入。5G 移动通信系统是一个异构系统，采用不同网络接入方式的小区之间仍然是非同步的，但对于超密集的热点地区，连续覆盖的热点小区之间一般是同步的。在小区之间同步的情况下，终端用户进行小区切换时不需要和目标小区重新进行同步，可利用源小区的同步信息直接接入目标小区，如图 4-16 所示。采用小区下行同步方案，可以节省终端用户在切换过程中与目标小区下行同步的时间，降低切换中断时延。

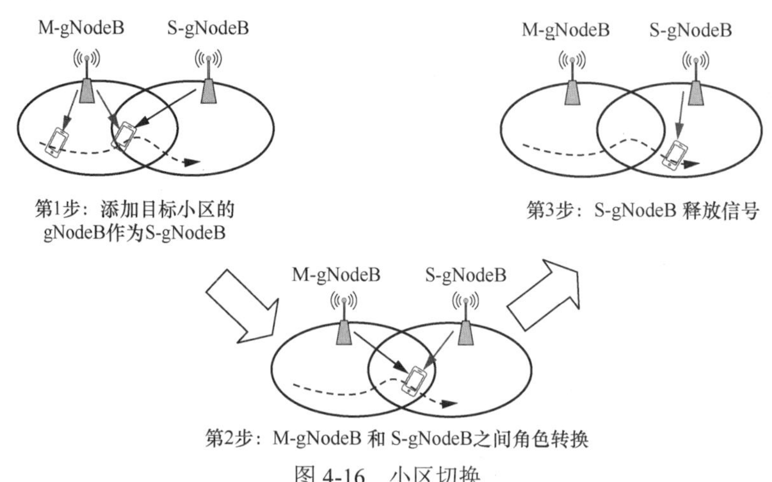

图 4-16　小区切换

（3）随机接入解决方案

在 5G 移动通信系统中，随机接入分为基于竞争的随机接入和基于非竞争的随机接入。终端用户在初始接入网络及在没有可用的调度请求资源时，需要通过竞争来获取网络的上行传送许可，有竞争就存在碰撞，有碰撞就会产生接入失败或接入性能降低的情况。在网络控制切换方式中采用基于非竞争的随机接入，在终端自动控制切换方式中采用基于竞争的随机接入。

在网络控制切换方式中，源小区与目标小区的切换准备过程发生在终端用户向目标小区发起接入请求之前，源基站在切换准备过程中请求目标基站预留随机接入资源，再通过发送切换命令通知终端用户。终端用户接收到切换命令之后，通过预留的随机接入资源以基于非竞争的随机接入方式接入目标小区，从而避免了碰撞，确保切换的成功。随机接入过程是 5G 移动通信系统中实现上行同步的重要流程。在随机接入过程中，目标小区在切换准备过程中把该小区的时间提前量发送给源小区，由源小区传递给终端用户，终端用户可以利用该信息来调整上行发送时间，实现和目标小区的上行同步。在 5G 移动通信系统中，热点小区之间已实现很好的时间同步，在随机接入过程中不再需要目标小区的时间提前量信息，目标小区在切换准备过程中直接为终端用户预留上行数据传输资源，通过源小区发送给终端用户，因此随机接入过程可以被进一步简化甚至省略。

在终端自动控制切换方式中，终端负责评估链路质量并自主选择目标小区进行切换，终端用户在目标小区发起随机接入之前没有机会请求目标小区预留随机接入资源，只能采用基于竞争的随机接入方式向目标小区发送切换请求。这种方式比基于非竞争的随机接入方式面临更大的切换失败风险。在保持同步的 5G 热点小区之间，可以同时发送用户的上行数据和随机接入序列，简化基于竞争的随机接入流程。

4.2.4　自主管理及快速服务

1．智能运维及网络极简

（1）智能运维

5G 新技术架构的引入和 5G 业务的多样性，使 5G 网络的运维难度空前增大。5G 网络承载着大量不同的 QoS 需求、差异化的业务保障需求，这对系统的运维能力提出新要求，无法延续传统运维模式。同时，在实际应用中，2G/3G/4G/5G 多制式网元共存，使运营商的运维成本大幅增加，电信业运营维护成本随着网络规模的扩大而急剧增加，严重限制了 5G 网络应用规模的进一步扩大。

为了应对 5G 网络运维面临的巨大挑战，必须提高网络运维自动化、智能化水平。行业各相关方提出了智能运维解决方案。智能运维技术的应用，能够使网络能源利用率、网络性能、网络资源利用率及网络运维效率的成倍提升。

智能运维要求先构建 5G 智能网络运维系统，通过集中监控、故障根因分析、性能数据分析、自动化运维和闭环控制，实现网络运维的全在线、自动化和智能化。在 5G 网络智能运维系统的管理下，实现 5G 智能保障、5G ToB 业务保障和 5G 网络故障智能预测预防。在 5G 智能保障方面，采用人工智能技术，实现巡检站数据的传输，通过对运营数据的统计和分析，实现对网络故障的诊断和维修，实现 5G eMBB 业务的可视可管。在 5G ToB 业务保障方面，实现 5G ToB 业务切片服务等级协定（SLA）智能保障和 5G ToB 业务切片的可视可管。在 5G 故障智能预测预防方面，实现 5G 无线硬件亚健康预测预防。

（2）网络极简

5G 极简网络指基于现有 5G 网络架构，通过进一步简化和扁平化，实现更高效和灵活的网络部署与应用。5G 极简网络的主要特点如下。

① 超分散架构。5G 极简网络采用超分散架构，网络功能和资源被分解为微服务，分散部署在网络中的各个节点上。这极大地简化了网络结构，提高了资源的利用率和网络可靠性。

② 软件定义一切。5G 极简网络广泛采用软件定义网络技术，实现从接入网到核心网的全网络软件化定义和控制。这简化了网络设备和协议，使网络更加灵活和可编程。

③ 自动驱动。5G 极简网络建立在人工智能技术之上，实现了网络的高度自动化部署、管理和优化，简化了人工操作，提高了网络运维效率与质量。

④ 云原生架构。5G 极简网络基于云原生架构，将网络功能以云化服务的形式在

公有云、私有云和网络边缘上虚拟化，实现网络功能的云化交付和部署，简化了网络功能的部署与管理。

⑤ 开放互联。5G 极简网络通过引入软件定义接口，实现不同网络域、不同厂商和位于不同地理位置上的网络的开放互联互通，简化了网络接口，提升了网络的开放性和互操作性。

2．5G 定制网络切片

（1）网络切片的概念和内涵

网络切片是逻辑上完全隔离的不同的专有网络，通过虚拟化技术实现不同网络切片的资源全生命周期管理。

网络切片全生命周期包含设计、购买、上线、运营、下线 5 个阶段，其中，设计阶段又分为网络切片设计及网络切片的商业设计。在网络切片设计过程中，设计人员根据切片上预期运行的特定业务的特点选择相应的切片特性，包括网络切片所需要的功能、性能、安全性、可靠性、预期业务体验、运维特征等。网络切片设计完成后生成切片模板。

网络切片的商业设计人员可以根据市场策略为切片进行商业设计，可根据网络切片运行的不同特点完成差异化的商业设计，如根据切片运行的区域、切片的能力规格（如支持的用户规模）、是否具备可拓展能力等完成差异化定价。

设计阶段的工作完成后，网络切片就可以被购买了。切片购买方根据自己的业务特征、地域特征、能力特征等选择适合的切片进行购买。切片购买完成后即可上线，网络切片上线是完全自动化的，在网络切片上线过程中，系统为网络切片选择最合适的物理资源/虚拟资源完成指定功能的部署和配置及切片的连通性测试。

这里需要说明的是，网络切片上线的过程是设计的切片模板的实例化过程，即切片模板是可以生成多个网络切片实例的。完成网络切片上线后，进入切片运营阶段，切片运营方可在网络切片上实施自己制定的切片运营策略、为用户发放切片服务、进行切片的维护、进行切片的监控等。在切片运营的过程中，切片运营方对网络切片进行实时监控，包括资源监控及业务监控，监控的粒度可以是系统级、子切片级及切片级，通过网络切片的监控结果，切片运营方案可及时进行相应的策略调整。这些策略包括对网络切片的动态修改，网络切片的动态修改又包括切片的动态伸缩及切片功能的增加和减少。此外，网络侧也可为切片运营方提供开放的运维接口，以便进行二次开发，按照特殊要求开发特定的运维功能。

网络切片是一个完整的逻辑网络，可以独立承担部分或者全部网络功能。不同类型的应用场景对网络的需求是不同的，有些需求甚至是相互冲突的，例如，通过单一网络同时为不同类型的应用场景提供服务会导致网络架构异常复杂、网络管理效率和资源利用效低下。5G 网络切片技术通过在同一网络基础设施上虚拟化独立逻辑网络的方式，为不同的应用场景提供相互隔离的网络环境，使不同应用场景可以根据各自的需求定制网络功能和特性。5G 网络切片要实现的目标是对终端设备、接入网资源、核心网资源及网络运维和管理系统等进行有机组合，为不同商业场景或者不同类型业务提供能够独立运维的、相互隔离的完整网络。

（2）网络切片的类型

网络切片可以分为独立切片和共享切片。

独立切片：即拥有独立功能的切片，包括控制面、用户面及各种业务功能模块，为特定用户群提供独立的端到端专网服务或者部分特定功能、服务。

共享切片：资源可供各种独立切片共同使用。共享切片可以提供端到端的功能，也可以提供部分共享功能。

（3）网络切片的典型部署场景

共享切片与独立切片纵向分离。端到端的控制面切片作为共享切片，在用户面形成不同的端到端独立切片。控制面共享切片为所有用户服务，对不同的个性化独立切片进行统一的管理，包括鉴权、移动性管理、数据存储与管理等。

独立部署各种端到端切片，每个独立切片包含完整的控制面和用户面功能，形成服务于不同用户群的专有网络，如蜂窝物联网、eMBB 网络、企业网等。

共享切片与独立切片横向分离，共享切片实现一部分非端到端功能，后接各种个性化的独立切片。典型应用场景包括共享的虚拟化 EPC（vEPC）+局域高科技网关互联网（GiLAN）业务链网络。

移动网络可以根据不同业务的需求，提供通用或专有网络服务，形成不同的网络切片。在 5G 网络中，网元概念被弱化，采用的是虚拟机上运行的各种功能模块。这些功能模块是从原有网元功能中剥离出来的，并经过优化、增强，通过网络功能虚拟化（NFV）技术实现。功能模块可以是自有能力模块或第三方 APP，模块划分粒度根据业务的需要自由定义（如以移动管理、会话管理、数据存储、鉴权等作为不同功能模块），不同用户可根据特定的需要调用不同的功能模块，形成不同的网络切片，为用户提供个性化网络服务，典型的网络切片包括但不限于 eMBB 网络、物联网、企业网、关键通信网络等。

网络能力开放平台对外提供网络的抽象能力和网络数据，利用大数据技术挖掘网络价值，提供特有的差异化业务，为用户带来更好的用户体验，推动 CT 与 IT 业务的协同发展。网络能力开放平台面向应用需求，提供开放的网络能力调用接口。面向上层（如自营业务、第三方业务提供商、租户、内容服务商）开放底层的网络能力，通过开放 API 提供开放网络能力和数据，通过交付面向应用需求的端到端网络能力实现业务与网络、网络与资源的高效协同，充分发挥虚拟网络功能灵活调度、网络能力开放的固有优势。在未来的 5G 移动通信系统中，自营公司或第三方公司可以深度参与运营商网络的建设，实现 PaaS 生态系统，为运营商打造更多的盈利模式。

3．MEC 快速集成

在移动通信网络中，MEC 的部署方式主要有 2 种：①将 MEC 集成到基站上，通过软件升级或增加板块，将 MEC 作为基站的增强功能；②将 MEC 作为独立的网元进行部署，同时实现与核心网的协同与统一管理。

此外，MEC 的部署位置可以根据网络性能、网络开销、已有网络部署等因素，结合业务的时延需求，采取不同层级的网络部署策略。一种网络部署策略是 MEC 可部署在无线接入点上。由于 MEC 靠近 BBU，没有传输时延，因此这种方式适用于对时延要求高的业务及应用。但是，由于覆盖范围小，只能提供小范围、本地化的服务，因此这种方式的节点使用效率较低。另一种网络部署策略是将 MEC 部署在汇聚点上，提供大范围、较近距离的服务及对云端业务的支持。但是，由于基站到 BBU 再到 MEC 之间存在传输时延，因此这种方式适用于要求低时延的业务及应用。

值得注意的是，当将 MEC 部署在无线接入点上时，传统核心网的整个网元/网关功能均需要随 MEC 的分布部署于网络边缘上，这将导致存在大量的接口配置、信令交互设计等，对现有网络架构改动较大。如果核心网采用控制面与用户面分离的架构，则只需将部分模块化的网元/网关功能（如接入和移动性管理功能、网络开放功能等）与用户面一起部署到 MEC 上，不仅实现随 MEC 的分布按需灵活部署，使业务处理更加快速，有效降低时延，同时还仍集中部署其他控制面网元/网关功能，减轻接口负担。

未来的 5G 网络与传统移动通信网络的架构有所不同，因此 5G 网络中的 MEC 部署有其独特性。未来 5G 网络将采用超密集组网技术来提升网络容量，即将小区覆盖半径进一步缩小，利用更多的小区网络实现对某一区域的覆盖，以便进一步提高频谱利用率。移动通信系统从 1G 发展到 5G，一直在采用缩小半径、增加小区数的网络扩容技术。到目前为止，这种技术已经为移动通信网络带来了 1000 倍的网络容量增长，未来 5G 网络将继续采用超密集组网技术提升网络容量。

传统的分布式移动通信网络架构下，在一个小区由一个基站管理且各基站基本互相独立的情况下，小区的密集化为 5G 网络带来众多挑战。由于基站需要进行大量的信号处理，需要有复杂的硬件设备进行支撑，需要一个专门的机房来放置这些设备，并配置散热设施对机房进行降温。但是，小区的密集化也带来了难以寻找基站站址、网络能耗增大与维护费用直线上升等问题。此外，传统分布式移动通信架构下各小区基站在物理上是互相独立的，因此各基站的计算存储资源难以共享。5G 网络将采用集中式网络架构来解决这些问题。与传统分布式架构不同，集中式网络架构将所有小区基站的天线与信号处理设备分离，天线留在基站处，信号处理设备集中到一个控制中心中。一方面，相比于整个小区基站，天线所需位置空间大大减少，容易寻址。另一方面，所有基站的信号处理设备集中管理，有利于减少网络能耗与维护费用，而且可以共享各基站的计算存储资源，带来资源的统计复用增益。目前已有多种集中式移动通信网络架构，如中国移动提出的 CRAN 架构、IBM 提出的无线网络云架构和中国科学院计算技术研究所提出的超级基站架构等。

相较于传统的网络架构和模式，MEC 具有很多明显的优势，能解决传统分布式移动通信网络架构和模式下时延高、效率低等诸多问题，也正是这些优势使 MEC 成为未来 5G 的关键技术。

（1）低时延

MEC 将计算能力和存储能力下沉到网络边缘，由于距离用户更近，用户请求不再经过漫长的传输网络到达遥远的核心网，而是由本地部署的 MEC 服务器对一部分流量进行卸载，直接处理用户请求并响应用户，因此通信时延会大大降低。MEC 的低时延特性在视频传输和 VR 等时延敏感的相关应用中表现得尤为明显。以视频传输为例，在不使用 MEC 的传统方式下，每个用户终端在发起视频内容调用请求时，首先需要经过基站，然后通过核心网连接目标内容，再逐层进行回传，最终完成终端和该目标内容间的交互。可想而知，这样的连接复杂和逐层回传的方式是非常耗时的。引入 MEC 解决方案后，在靠近终端用户的基站侧部署 MEC 服务器，利用 MEC 服务器提供的存储资源将内容缓存在 MEC 服务器中，用户可以直接从 MEC 服务器中获取内容，不需要再经过漫长的回程链路从相对遥远的核心网获取内容数据，这样可以极大地缩短用户发出请求与用户请求被响应之间的等待时间，从而提升用户服务质量、体验。在 Wi-Fi 和 LTE 网络中，使用 MEC 平台可以明显降低互动型和密集计算型应用的时延。通过微云在网络边缘进行计算任务卸载可以降低响应时延至中心云卸载方案的响应时延的 51%，因此，MEC 对于未来 5G 网络的 1ms 的 RTT 要求来说非常有价值。

（2）提升链路容量

部署在移动网络边缘的 MEC 服务器能对流量数据进行本地卸载，从而极大地降低对传输网和核心网带宽的要求。某些关注度较高的活动，如体育比赛、电子产品发布会等，经常以视频直播等高并发的方式发布，同一时间内有大量用户接入，并且请求同一资源，因此对带宽和链路状态的要求极高。通过在网络边缘部署 MEC 服务器，可以将视频直播内容实时缓存在距离用户更近的地方，在本地进行对用户请求的处理，从而减小回程链路的带宽压力，同时也可以降低发生链路拥塞和故障的可能性，从而提升链路容量。在网络边缘部署缓存节点可以节省近 22%的回程链路资源，对于带宽需求型和计算密集型应用来说，在移动网络边缘部署缓存节点可以节省 67%的运营成本。

（3）提高能量效率，实现绿色通信

在移动通信网络下，网络的能耗主要包括任务计算能耗和数据传输能耗两部分，能量效率提升和网络容量扩大将是未来实现 5G 网络广泛部署需要克服的一大难题。移动边缘计算的引入能极大地减少网络的能耗。移动边缘计算自身具有计算和存储资源，能够在本地进行部分计算任务的卸载，对于需要大量计算能力的任务再考虑上交给距离更远、处理能力更强的数据中心或云完成，因此它可以减少核心网的计算能耗。另外，随着缓存技术的发展，存储资源相对于带宽资源来说成本逐渐降低，移动边缘计算的部署也是一种以存储资源换取带宽资源的方式，内容的本地存储可以极大地减少远程传输，从而降低传输能耗。当前已有许多工作致力于研究移动边缘计算的能耗减少问题，移动边缘计算的部署能明显减少 Wi-Fi 网络和 LTE 网络下不同应用的能耗。将大型集中式数据中心的能耗和基于雾计算的小型数据中心的能耗进行对比，实验证明移动边缘计算能明显减少系统能耗。使用微云进行计算任务卸载，参照中心云卸载方案可以减少 42%的能耗。

（4）感知链路状况，提升用户服务质量、体验

部署在无线接入网上的移动边缘计算服务器可以获取详细的网络信息和终端信息，同时还可以作为本区域的资源控制器对带宽资源等进行调度和分配。以视频应用为例，移动边缘计算服务器可以感知用户终端的链路信息，回收空闲的带宽资源，并将其分配给其他有需要的用户，用户在得到更多的带宽资源之后，就可以观看更高分辨率的视频。在用户允许的情况下，移动边缘计算服务器还可以为用户自动切换到更高分辨率和质量的视频版本。当链路资源紧缺时，移动边缘计算服务器又可以自动为用户切换到较低分辨率和质量的视频版本，以避免卡顿现象的发生，从而为用户提供极致的视频观看体验。同时，移动边缘计算服务器还可以基于用户位置提供一些基于位置的服务，如用户附近餐饮信息、娱乐信息等的推送服务，进一步提升用户的服务质量、体验。

4.3 5G 移动通信基础业务应用

5G 移动通信可以提供丰富的基础业务应用。在高清视频、云化扩展现实（XR）、无人机、远程控制及无人驾驶等方面实现广泛的基础业务赋能。

4.3.1 摄影级视频

1．超高清视频

（1）超高清视频产业需求

超高清视频有更高的分辨率、帧率。相比于高清视频，超高清视频的分辨率和帧率提升至少 2 倍，位深在 10bit 以上、色域在 BT.2020 以上、高动态范围（HDR）。超高清视频和高清视频的基本技术参数对比见表 4-13。

表 4-13 超高清视频和高清视频的基本技术参数对比

视频清晰度	分辨率	帧率	位深	色域	动态范围
高清视频	1920 像素×1080 像素	250frame/s 或 30frame/s	8bit	BT.709	标准动态范围（SDR）
4K	3640 像素×2180 像素	60frame/s	10bit	BT.2020	HDR
8K	7680 像素×4320 像素	120frame/s	10bit 或 12bit	BT.2020	HDR

根据表 4-13 中超高清视频的基本技术参数可知，超高清视频的典型特征是大数据、高传输速率、高分辨率、高帧率、HDR 标准、高采样率和高比特数，基于此，超高清视频的传输要求带宽达到几十兆赫兹至上百兆赫兹，而 4G 网络的平均用户体验速率仅为 20～30Mbit/s，难以承载超高清视频。4K/8K 超高清视频网络能力要求见表 4-14。

表 4-14　4K/8K 超高清视频网络能力要求

超高清视频	上行速率/(Mbit·s^{-1})	下行速率/(Mbit·s^{-1})	时延/ms	抖动/ms	丢包率
4K 超高清视频	≥60	≥60	<30	<30	<5%
8K 超高清视频	≥120	≥120	<30	<30	<3%

（2）5G 超高清视频关键技术

5G 与超高清视频技术的融合，将推进视频业务在网络能力、业务能力及用户体验三方面的全面升级，5G 超高清视频关键技术主要为网络能力、平台能力及差异化承载能力。

① 网络能力

5G 对超高清视频业务的承载能力在网络方面主要体现在广连接、大带宽及低时延三方面。由于现有的 4G、Wi-Fi 网络带宽受限以及当前光纤网络达到千兆的情况下，有线传输出现了移动性不足的问题。超高清视频采用接入 5G 的方式，可以很好地解决此问题。将原始视频转换为 IP 数据流，可以用无线或有线方式发送到 5G 终端设备 5G 终端 CPE 上，并转接至 5G 基站，也可以通过将 5G 模组集成于编码设备中，直接发送给 5G 基站。在新架构方面，目前 5G 承载网及 5G 核心网均已经过相应的改造，5G 承载网采用基于叶脊（Spine-Leaf）的新型承载方式，5G 核心网侧基于不同业务采用独立组网（SA）或非独立组网（NSA）的模式，保障满足超高清视频差异化承载需求。

② 平台能力

现有的 OTT 互联网电视业务或 IPTV 业务主要使用内容分发网络（CDN）及视频镜像技术，让视频业务抵达更多用户。超高清视频同样也需要内容分发网络进行视频业务的分发，并对用户体验提出更高的要求，如零卡顿、零花屏、观看零等待。超高清视频业务的到来，尤其对要求带宽在 80Mbit/s 以上的超高清视频业务，要求内容分发网络流媒体服务器有更强的流处理能力、较低的时延。近些年来随着摩尔定律的逐渐失效、缓存“二八定律”失效和内容分发网络的时延要求，下一代内容分发网络流媒体服务器厂商需要重新考虑这些问题。同时在进行网络部署时，合理选择内容分发网络的部署节点，减少流量转发的跳数和经过的网络设备，以达到综合成本最优。在超高清视频素材制作上，可利用移动边缘计算。移动边缘计算通过将计算与控制能力下沉至边缘侧，满足就近服务用户的需求，并且与核心云和区域云组成一体化的组网模式，可满足超高清视频制作的需要，在云端完成视频的制作后，通过 5G 网络将视频分发至用户。MEC 的部署与内容分发网络技术的结合，可以减少视频业务对骨干网及核心网带宽的占用，使超高清视频业务最大限度地满足用户需求，降低时延。

③ 差异化承载能力

网络切片技术是实现 5G 网络业务差异化的关键技术。此技术打通了无线网、核心网、承载网子切片，在切片管理系统的统一管理下，实现了业务的端到端承载。实现网络切片技术需要采用 SDN、NFV、FlexE、虚拟化等关键技术的支撑。面向超高清视频场景的业务需要低时延切片控制时延，也需要高带宽的切片协同回传视频，5G 的大带宽、低时延、广连接特性为超高清视频的发展提供了广阔的空间，MEC 的应用满足了超高清视频的处理的算力需求，网络切片技术的应用保障了满足超高清视频业务的差异化承载需求，内容分发网络能让视频传播得更广、更远。

2．5G 赋能超高清视频产业

5G 赋能超高清视频产业具有大量的实际应用案例，形成了成熟的应用模式，推动了超高清视频产业的快速、蓬勃发展。

（1）5G 与超高清视频融合的应用场景分析

5G 与超高清视频融合的应用场景主要包括超高清视频内容制作，以及对传统的 OTT 互联网电视业务及 IPTV 业务的改进。未来超高清视频业务发展方向包括 VR 视频等内容服务，以及视频监控类的应用及面向工业互联网的应用。

① VR 视频等内容服务

超高清视频业务发展的主要方向包括 VR 视频。VR 视频业务即将实现内容上云、渲染上云。5G 网络基于边缘数据中心、核心数据中心及区域数据中心进行部署，选择多个位置进行云渲染资源节点的搭建，实现云 VR，可满足广大移动用户就近对 VR 视频进行渲染的需求。5G 固移融合的综合承载能力为 VR 视频业务的承载提供了速率及时延保障，同时可将本地的云渲染能力共享给宽带用户，满足宽带用户的 VR 视频体验需求。利用 5G 与超高清视频融合应用的优势，推动 VR 视频、VR 游戏、VR 教育及 VR 医疗等方面的发展。

② 视频监控类的应用

大型活动、科技场馆和智慧城市的安防视频监控都对视频的清晰度提出了要求，这些要求有一个共同的特点，即连接量大、时延低。视频优化需要借助云计算、大数据、深度学习等前沿技术，5G 和超高清视频融合应用的关键技术为承接视频监控类业务提供了保障。5G 的网络切片技术及其大带宽、低时延的特点，以及开放平台的能力，使视频监控业务能够通过视频监控系统内置的人工智能芯片完成视频业务的数据采集，通过移动边缘计算的处理能力完成不同视频数据的综合处理，满足超高清视频在平安城市、智能交通等领域中的应用需求。

③ 面向工业互联网的应用

采用 5G 和超高清视频融合组网模式的工业互联网，可以打破工业互联网原有的车间级、现场级、企业级组网架构，满足工业互联网广连接、低时延的传输需求，使信息传输更加扁平化、高效化，实现更高层次、更高精度的工业识别、工业可视化和人机交互。

（2）北京 2022 年冬奥会超高清视频转播

超高清视频对用户更有吸引力，可以有效增加流量入口。同时，超高清视频可以传递更多的信息，并具有更高的交互性，为用户带来更丰富的观看体验。北京 2022 年冬奥会（简称北京冬奥会）不仅首次全程采用 4K 超高清视频直播，还首次采用 5G+8K 技术来直播开幕式。构建安全、稳定、灵活、可靠的超高清视频传输网络，将超高清图像、视频传输回中央广播电视总台，由综合分发平台的云端进行接收，最终实现视频、图像的分发和采集，是保证北京冬奥会赛事直播顺利完成的关键。

① 网络架构

北京冬奥会超高清视频 5G 传输网络架构主要分为信源采集、业务编排及分发、终端收视、运营商 5G 虚拟专网四部分，其中，信源采集支持演播室场景、户外移动超高速场景、手机/计算机直播场景、互联网直播等多种场景；业务编排及分发主要由云直播平台构成，包含云转码+云导播系统、业务编排+全域分发系统；终端收视可分为大屏幕端和小屏幕端，如电视屏幕端、手机屏幕端和计算机屏幕端。北京冬奥会超高清视频 5G 传输网络架构如图 4-17 所示。该网络基于采用一云多屏、云管端的设计理念，结合 5G、云计算、视频人工智能分析、物联网、网络切片、移动边缘计算等技术，以有线+5G 为传输承载网，对不同应用场景的超高清信源进行采集、编码、发送，经过运营商核心网传输，由中央广播电视总台综合分发平台的云端接收，实现超高清视频节目的分发和收录。

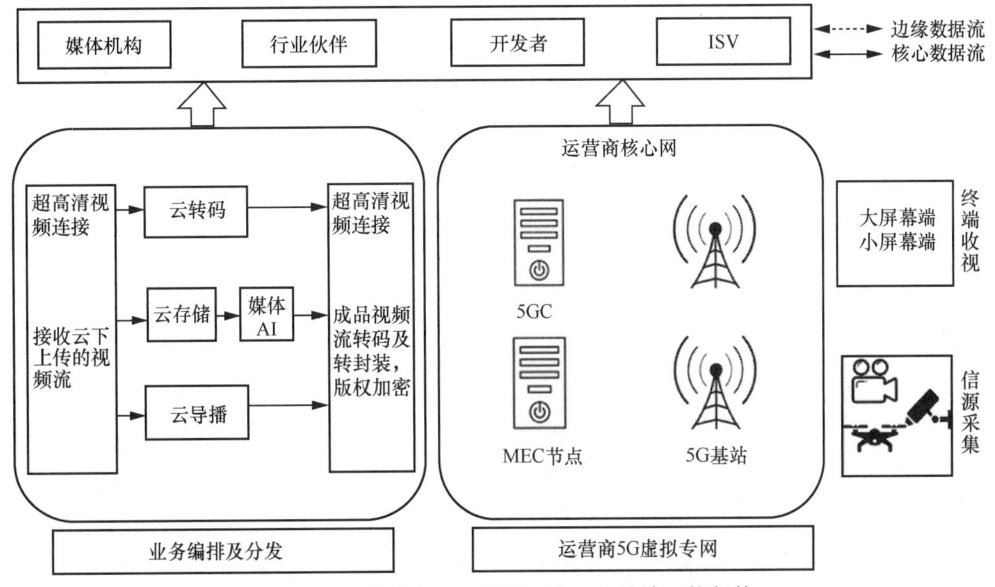

图 4-17　北京冬奥会超高清视频 5G 传输网络架构

② 资源配置

北京冬奥会超高清视频传输基于中国联通的5G传输网络，该网络使用端到端网络切片技术来实现快速部署。下面结合超高清视频传输的具体带宽和时延要求，讨论如何利用运营商的5G网络进行合理有效的资源配置。

在超高清视频的传输过程中，有效保证带宽和时延是超高清视频直播的基础。北京冬奥会4K超高清视频的分辨率为3840像素×2160像素，帧率为50frame/s。1路4K超高清视频节目的传输速率为6～8Mbit/s，带宽为40～50Mbit/s。考虑网络抖动等因素，实际的带宽应不低于50Mbit/s，这样才能保证用户获得良好的观看体验。以4路直播信号保障为例，要求带宽至少为200Mbit/s，整体网络时延平均小于500ms。

在整个超高清视频传输链路中，视频从产生、编码、传输到解码播放，各个环节都会产生时延。5G传输网络需要达到一定的标准才能进行4K超高清视频的传输，任何一个参数不满足要求，都会对超高清视频的传输造成较大影响，甚至会产生“损失叠加”效应。5G传输网络资源环境质量是影响时延的关键因素之一。从测量数据中可以看出，在低时延的传输模式下，编码和解码所耗时间有一定程度的减少，在测试回传的实时高清画面时，在常用的UDP传输模式下，传输速率达到40～50Mbit/s便可以满足4K标准画质要求。而在安全可靠传输（Secure Reliable Transport，SRT）协议低时延传输模式下，传输速率达到80～90Mbit/s才符合4K标准画质要求。北京冬奥会4K超高清视频直播采用SRT低时延传输模式，所以在进行带宽需求规划时，要充分考虑SRT低时延传输模式对网络带宽的要求更高这一特点。

超高清视频业务端到端网络切片均由运营商核心网、5G无线网、传输网子切片组合而成，并通过运营商端到端网络切片管理系统进行统一管理和资源分配，实现与终端、5G接入网、运营商承载网、运营商核心网的端到端逻辑隔离。它可以满足媒体机构在进行超高清视频直播时的差异化网络需求。通过5G网络切片技术，在公共通用系统平台上构建专用、相互隔离、虚拟化的超高清视频直播逻辑网络，保证超高清视频直播业务端到端的带宽和时延。直播工作人员通过5G+4K超高清直播背包在5G信号覆盖区域内实现高机动的视频采集回传，极大地提高了数据采集和传输的便捷性、灵活性和实用性。

4.3.2 云化XR

1. 云化XR技术

XR指通过计算机技术和可穿戴设备产生的一个真实与虚拟结合、可实现人机交互的环境。当前的XR产业发展形式以VR/AR业务的发展为主。VR最早提出于20世纪60年代初，指利用计算机系统和传感器技术生成三维环境，通过调动用户的视觉、听觉、触觉、嗅觉等，创造一种人机交互的新状态，为用户带来更真实、身临其境的体验。AR

指将现实中不存在的物体的图像与现实世界融合在一起，并进行图像生成和交互，通过投影装置将手机或计算机上的图像投影到其他介质上。

（1）技术原理

云 XR 以云计算和云流化技术为基础，以视频流作为云端与终端沟通的媒介，在云端运行 XR 应用，使用 XR 眼镜实现交互。云 XR 是对云计算技术的灵活运用，云计算和XR技术的有效结合解决了传统XR产品架构面临的XR应用承载和展现方面的问题。在云 XR 架构中，所有的 XR 应用均运行于云端，利用云端的强大计算能力和显卡的渲染能力实现 XR 应用运行结果的呈现，云端运行的画面和声音经过低时延编码技术的处理，形成实时的内容流。实时的内容流通过网络被发送到终端上，实现低时延解码并呈现于 XR 显示设备上。同时，XR 显示设备将用户的控制信令发送到云端用于操控 XR 应用，实现用户与应用的互动。云 XR 架构主要利用了云端的 XR 应用运行能力和 XR 眼镜的视频播放能力、控制信令采集能力，实现了运行能力由云端转移到终端的过程。云 XR 架构如图 4-18 所示。

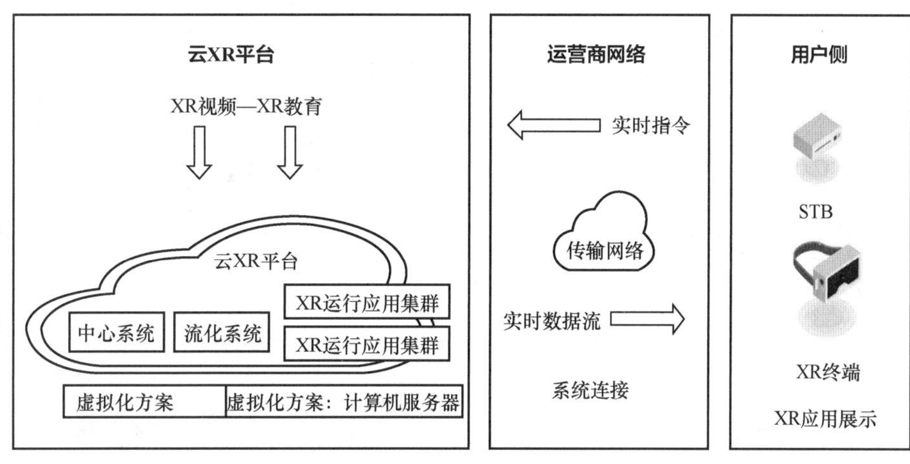

图 4-18　云 XR 架构

云 XR 架构将 XR 应用运行与 XR 应用展现分离，云端完成 XR 应用处理和结果下发，XR 一体机仅需要实现最基础的视频解码、画面呈现及控制信令上传，而不需要处理与实际业务相关的计算，大大简化了 XR 终端的内部结构，降低了 XR 终端处理性能要求。直观地说，就是将常见的主机（计算单元）与显示器、操控外设分离，把主机放到云端，将显示器、操控外设等留在用户侧，因为用户不需要独占一台主机或者使用性能很强的手机，且一台主机的处理能力可以由多个用户共享，从而实现按需访问。

云 XR 平台是一个开放平台，其开放性体现在以下两个方面。一方面是云端的开放，云端系统支持多种 XR 应用的运行，其中包括基于 Windows 操作系统的 XR 应用。另一方面是终端的开放，云 XR 平台的设计思想是将原来依赖或受限于本地的处理能力的主机转移到云端。终端的开放性体现在支持多种终端，包括手机+XR 眼镜、机顶盒+

独立 XR 眼镜、弱计算机[1]+独立 XR 眼镜等，终端只需要使用云 XR 终端软件开发工具包（SDK）可以很方便地接入基础云 XR 平台。

（2）系统架构

云 XR 平台采用分布式系统架构，通过这种架构减轻音/视频流给骨干网带来的压力，同时降低音/视频传输的网络时延，为用户提供更加优质的体验。云 XR 平台主要分为中心管理系统、业务系统、渲染调度系统、云渲染系统、云编辑系统、视频前端服务系统、视频后端服务系统及大数据分析系统等。

（3）网络架构

图 4-19 展示了一种面向教学场景的云 XR 网络架构。学生不需要在现场进行实际操作，只需要观看/互动操作便可以享受沉浸式 XR 体验，提升学习效果。5G 网络的大带宽特性和边缘云的低时延特性支持将本地计算机需要的渲染、识别、编码等计算能力转移到边缘侧，同时将 XR 内容云化，实现更加高效便捷的内容分发。

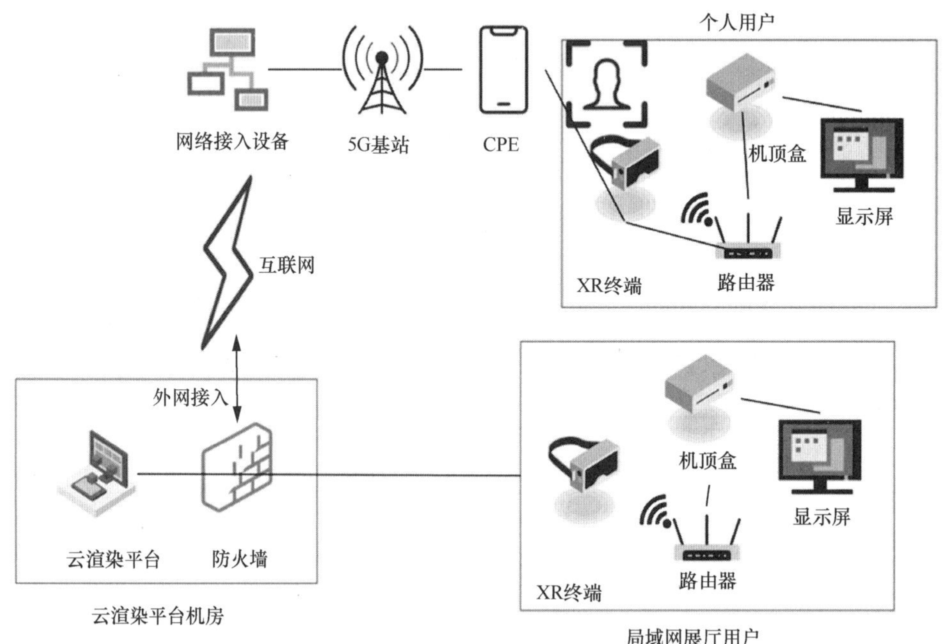

图 4-19 云 XR 网络架构

2. 云化 XR 应用场景

XR 技术包括 AR、VR、MR 技术，其中的 X 指 A、V、M。在这些技术的支持下，使用者可以调动多种感官参与互动，切身感受 360°环绕的真实情景。例如，某歌手在节目中进行的创意表演。开始时的画面是歌手在舞台中央唱歌的真实画面，随着表演的进行，画面从真实场景变为虚拟场景，变成了可爱的动画风格。屏幕前的大多数观

1 弱计算机即极简计算机，去掉了除基本计算功能之外的其他所有功能和部件的计算机。

众可能认为这是绿幕和通用网关接口（CGI）的结合，但实际上它利用了 XR 技术。在编程阶段，内容创作团队利用 disguise XR 工作流使歌手周围的 LED 屏幕显示计算机中准备好的平面图形。在云化 XR 技术的支持下，传统的表演变得更加丰富，场景更加有创意。

XR 技术的实现和在各种场景中的应用很大程度上都依托于 5G。例如，人们可以在家里利用 VR 眼镜在虚拟世界中感受现实，用手柄操控屏幕中的物体，这种沉浸式的与虚拟世界的多感官互动将为我们带来在现实中无法获得的体验。5G+XR 技术创造的物理真实世界与虚拟数字世界的融合场景，不仅可以为用户带来多元化的沉浸式体验，还可以调动用户的各种感官与虚拟世界中的物体进行交互。例如，依托深厚的历史文化底蕴，河南卫视播出的节目《唐宫夜宴》中，节目组利用 5G+AR 技术“复活”了古物。虚拟场景与真实舞蹈相结合，舞蹈演员们生动地演绎了 14 位“唐代少女”从梳妆打扮到参加宴会进行表演的全过程。

5G+XR 技术的应用可以大大减少设备不断更新和配置不断升级的投资成本，需要投资数字资源的开发，促进人的实践与创新的新结合，实现技能型创新人才的培养。例如，维修专业对学生动手能力的要求较强，因此，在专业的实践教学中，可以利用 XR 技术对汽车内部结构、仪表操作过程进行生动直观的展示，帮助学生掌握汽车维修、美容等的基础知识让学生在虚拟车间中边实践边学，更好地理解专业知识，掌握操作技能。

4.3.3　无人机

1．无人机的概念和类别

1927 年，英国海军的“喉”式单翼无人机试飞成功标志着无人机的正式诞生，无人机至今已有近百年的发展历史，并因科技进步历经多次演变和进化。中国民用航空局飞行标准司 2015 年在《轻小型无人机运行规定（试行）》中对无人机的定义是：无人机是由控制站管理（包括远程操纵或自主飞行）的航空器或飞行器，也称远程驾驶航空器。该文件还定义了控制站（也称遥控站、地面站）是无人机系统的组成部分，包括操纵无人机的设备。美国联邦航空总署（FAA）2016 年在 *Small Unmanned Aircraft Systems* 中定义无人机为无人在飞行器内直接进行操作的飞行器。在民间主流的定义中，无人机指具有动力系统且能携带一定量的任务设备，可执行多种任务并能重复使用的由无线电遥控设备或自身程序控制的不载人飞行器。在日常生活中，无人机泛指不需要驾驶员登机驾驶的各式飞行器，也称为远程遥控飞行器（RPV）、无人驾驶飞行器（UAV）、无人飞行器系统（UAS）等。无人机有多种类型，依据重量标准可划分为微型、轻型、小型、中型和大型无人机，依据自动化标准可划分为遥控、半自动和全自动无人机，依据易获取程度和技术复杂度标准可划分为消费级、商业级和军用级无人机，依据《无人驾驶航空器飞行管理暂行条例（征求意见稿）》，按执行任务性质，无人机分为国家级无人机和民用级无人机。民用级无人机又可细分为工业级无人机和消费级无人机。消费级无人机多为个人使用，入门简单，常用于航拍娱乐活动，多由爱好无人机航拍的兴趣爱好者使用。工业级无人机承重能力较强，功能性突出，可以应用于农业、能源、公共安全保障、建筑、基础设施及新闻媒体报道等领域。

2．5G 网络切片和边缘计算助力飞联网

网络切片将无人机的访问网络划分为多个虚拟网络，根据速率、持续时间、安全性、对可靠性服务的需求进行划分，以便在不同时间灵活响应无人机在不同应用场景的需求。

无人机视频传输的关键在于保障从发送端到接收端的端到端时延。无人机视频传输系统架构如图 4-20 所示。该架构主要包含两部分内容，分别为网络切片部署和速率自适应视频传输，其中，网络切片部署涉及的技术有网络切片技术和网络切片部署技术，速率自适应视频传输涉及的技术有速率自适应视频传输技术和网络演算技术。

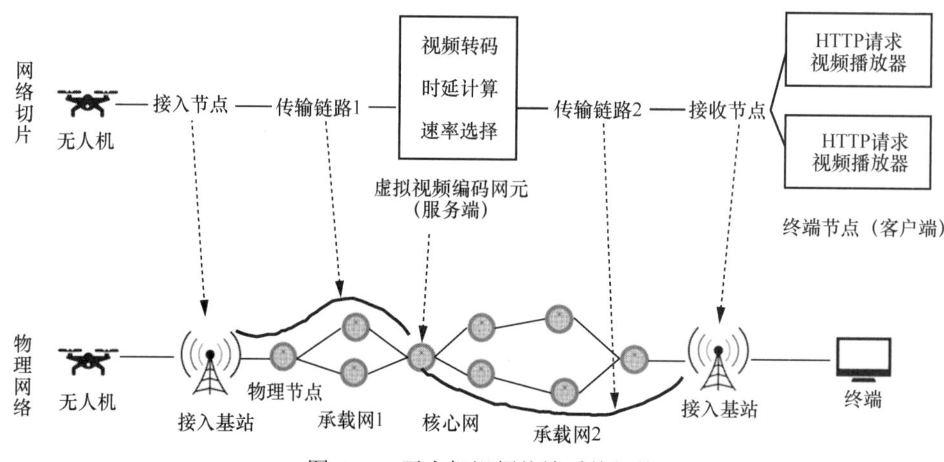

图 4-20　无人机视频传输系统架构

首先，将无人机视频传输过程抽象为一个虚拟网络切片，将物理实体设施抽象为包含节点与链路的物理网络。如图 4-20 所示，虚线箭头的上半部分表示无人机视频传输网络切片，其中包含无人机、接入节点、虚拟视频编码网元（服务端）、接收节点及对应的终端节点（客户端）；虚线箭头的下半部分表示物理网络，其中包含无人机、接入基站、承载网、核心网、接收基站及对应的终端。然后，根据所提出的网络切片映射算法将网络切片部署到物理网络上，最终得出部署结果（节点的部署与链路的部署）。

网络切片部署的主要功能是基于网络切片的特性（高灵活度、低成本等），为虚拟视频编码网元（服务端）在物理网络中选择合适的部署位置，以及为视频转发选择合适的传输链路，以此来保障无人机视频传输系统的端到端时延。速率自适应视频传输的主要功能是为不同网络环境中的用户选择合适的自适应视频码率。如图 4-20 的上半部分所示，无人机拍摄的原始视频被传输到虚拟视频编码网元（服务端）上，会被转码成各种码率的不同版本的视频。服务端中包含视频转码模块、时延计算模块及传输速率选择模块。

随着无人机市场的不断发展，民用级无人机已广泛应用于各个领域。在无人机的应用过程中，由于机载资源不足，无人机在执行数据处理任务时电能消耗会大大增加。由于设备处理效率低，无人机执行任务时会出现高时延等问题。而新兴的移动边缘计算技术通过将无人机采集到的本地数据传输到边缘服务器上，处理需要大量能量和计算开销的计算密集型任务，并将处理结果返回无人机，有效地解决了这一问题。边缘计算设备与无人机协同工作，用户端的数据通过无人机传输到附近的服务器上。另外，无人机还可用作空中基站，直接处理用户的计算任务，将待处理的数据卸载到边缘设备上，进一步降低了无人机的能耗。在面对各种自然灾害或突发事件时，与传统边缘服务器相比，将边缘计算设备搭载在无人机上，突破了设备位置固定的限制。根据无人机部署的高可扩展性、无人机的高机动性和灵活性等优点，无人机实现更高效、便捷的数据处理。

无人机辅助的移动边缘计算网络有几个突出的优点。首先，它们可以灵活地部署在大多数场景中。在野外如沙漠等地形复杂的环境中，陆地移动边缘计算网络可能无法方便且可靠地建立，而无人机通过利用自身的高机动性和灵活性，可以很好地解决部署问题。其次，在移动边缘计算网络中加入无人机后，由于在无人机和地面节点或其他无人机之间存在视距连接，网络能以较低的发射功率提供数据率高、覆盖面积大的可靠通信服务。根据自身的特点，无人机可充当空中基站为地面用户提供服务，或者作为通信的中继节点，在地面基站和用户之间转发服务信息，如图 4-21 所示。由此可知，在移动边缘计算网络中加入无人机，可提升系统服务的稳健性和部署能力的灵活性。

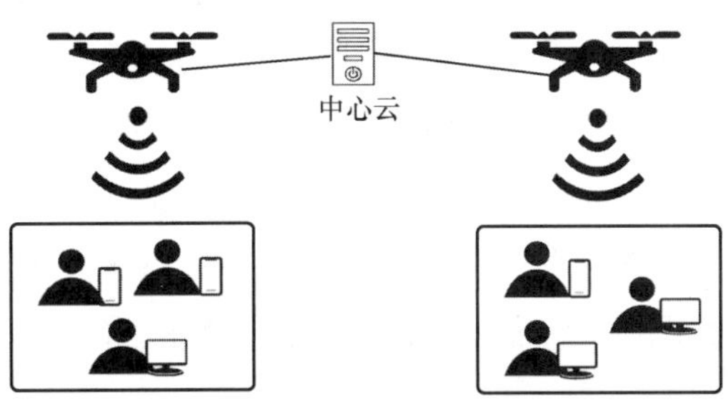

图 4-21　无人机作为通信的中继节点

3．无人机典型应用场景

（1）无人机在电力巡检中的应用

目前，无人机输电线路巡检主要有三大业务场景，分别是无人机可见光相机精确巡检、无人机红外热成像精细化巡检和无人机输电线路通道巡检。

① 无人机可见光相机精准巡检：无人机可配备可见光高清拍摄设备，根据检查要求对塔架各检查部位进行可见光摄影，以使相关人员通过照片分析缺陷和隐患，从而在第一时间进行处置。

② 无人机红外热成像精细化巡检：将红外热成像技术与无人机结合，打破了光线和空间的限制，可随时随地获得清晰、精准的热图像，找出温度异常部位，迅速锁定出现故障的地方，以便及时修复。

③ 无人机输电线路通道巡查：输电线路通道的环境对高压线路的安全有重大影响。无人机输电线路通道检查主要包括林木探测、山火监测、外力损伤探测等，可以准确发现、存在问题和隐患的位置，并测量该位置的高度、距离等信息。

（2）无人机在建设工程中的应用

建设过程包括勘察、测绘、施工、监理和后期维护等，涉及工作环境、建设进度、建设成本、建设效率等因素。基于无人机技术的建设工程应用，如航拍、测绘、消防等，具有效率高、成本低、准确度高、机动灵活，且受地理环境、天气环境制约比较小等优势，因而，无人机在建设工程中得到了广泛应用和快速发展，变革了传统建设工程部分过程。

目前，我国建筑项目的信息化、智能化建设取得了很大的进步，基本建立了较为完整的终端管理体系，对人、机、料、法、环、质量、进度等进行监控、智能感知和数据采集。基于无人机和必要的辅助设备可以及时读取各终端的数据，并对目标数据进行对比，及时分析和判断建筑项目建设的整体进度，进而制定相应的补救措施，实现信息化、智能化管理。

（3）无人机在安防救援中的应用

在安防救援方面，采用 5G 无人机+自动机场可以开展对水库、发电站、厂区等的全天候、全时段安全巡视。无人机搭载的可见光相机、红外相机等挂载可以全天候、全时段观测人员、车辆活动，对异常目标开展识别，并通过机载喊话器自动发出语音警示。以此为依托，结合地面安保巡防队伍，构建起空地协同的立体安全防控体系，提升安保管理的智能化水平，提升安保队伍科技含量。另外，在救援方面，利用 5G 无人机和远程控制技术实时拍摄救援现场，并回传现场高清视频画面，以进行灾情救援指挥、险情预防及勘探等工作，快速实现人员识别及周边环境分析，便于救援人员有针对性地开展营救工作。

4.3.4 远程控制

1．远程控制网络需求

5G 的出现为移动网络带来了大带宽、低时延、本地分流等新的特性。同时，远程控制作为 5G 的先导，对于智能化时代具有重要价值，5G 可以满足远程控制应用中更多信息的同步需求。可以说，5G 的成熟促进了远程控制的落地。

目前，5G 实时远程控制的典型应用场景主要有港口、露天矿等封闭区域，还包括在开放道路上发生事故时远程接管自动驾驶车辆，以及桥式起重机、塔式起重机、化工、地下开采等高风险或恶劣环境下的远程作业。

5G 实时远程控制主要面向车辆等复杂设备的远程操控，可支持基于实时场景的人机交互方式。为了更好地在远端还原真实的操作场景，方便人员进行更为细致的实时控制，除传统的状态数据同步外，在 5G 实时远程控制中还会引入现场侧视频、音频等媒体数据的实时同步技术。

以 5G 远程控制领域中非常有代表性的车辆远程控制场景为例，该场景对于车端视频画面等信息的及时回传有着严格的时延要求。在低速进行车辆远程驾驶时，建议的时延指标为 200ms，而较为理想的时延指标是 150ms。而目前基于传统视频监控的远程控制时延往往在 300～400ms。

实时音视频通信、控制信令同步、5G 网络优化等技术都是围绕 5G 远程控制的时延、可靠性等方面的不足进行优化改进的。5G 网络优化是基础，实时音视频通信优化是时延降低的核心，控制信令同步优化是保证远程控制可靠性和安全性的关键。除了这些技术优化，在 5G 远程控制的大规模应用中，系统架构也非常重要，这将直接影响 5G 远程控制的灵活性和可扩展性。

2．远程控制网络方案

对于远程控制业务，可以选择 Wi-Fi、光纤网络、4G 网络、5G 网络等不同的网络方案。根据应用场景的不同，网络方案的选择需要综合考虑带宽、工作频谱、传输时延、可靠性、安全性及建设成本/施工难度等多种因素。不同网络方案的性能对比见表 4-15。

表 4-15　不同网络方案的性能对比

网络方案	带宽、工作频谱	传输时延	可靠性	安全性	建设成本/施工难度
Wi-Fi	100Mbit/s，非授权频谱	200ms	99.9%	低	低/易
光纤网络	>1000Mbit/s	<1ms	99.999%	高	高/难
4G 网络	上行 10Mbit/s	40ms	99.99%	中	中/易
5G 网络	上行 100Mbit/s	<10ms	99.999%	高	中/易

从表 4-15 中可以看出，5G 网络方案具有带宽大、时延较低、可靠性高、安全性高等优点，因此在远程控制业务中具有极大的竞争优势和应用潜力。

5G 专网方案是 5G 网络方案的一种，指专门针对特定行业或应用场景而设计的 5G 网络方案，其中包括专用的 5G 网络基础设施和设备，以及专用的网络管理功能和安全保障功能。

5G 专网有 5G 私有网络、5G 共享网络和 5G 协同网络 3 种。5G 私有网络主要面向企事业单位，提供专用的5G网络基础设施和服务，具有安全性高、便于管理等特点。5G共享网络在共享基础设施的基础上为多个不同的组织提供网络服务，具有资源利用率高、部署和维护成本低的特点。5G协同网络主要针对不同组织、不同网络之间的协调和融合，具有网络效率高、覆盖范围广、可靠性高和安全性高的特点。

3．远程控制应用场景

（1）5G远程医疗应用

远程医疗指不受物理空间的限制，利用计算机技术、遥控、遥测、遥感等技术为患者进行远距离诊断、诊疗和咨询。与传统的医疗模式不同，患者不需要在现场与医生面对面交流。远程医疗不仅可以节省医生和患者的时间和精力，更重要的是，在一些医疗条件落后的地区，人们也可以不受物理空间的限制，及时就医。

5G具有大带宽、低时延、高可靠性的特性，可为医疗业务提供医学影像的传输、网络的低时延高可靠性的保障、移动化的网络覆盖能力、海量医疗设备的连接及高效的本地化计算能力。

① 5G+远程会诊

5G的高速、高效特性可以实现相关医疗数据的快速传输及同步调阅，如放射影像、病理情况、电子病历等的快速传输及同步调阅，推动就医从“面对面”会诊到视频远程会诊的转变。基于5G，患者可以通过高清视频与医生实时沟通，也可以通过可穿戴监测设备将监测数据实时传给医生，便于医生进行实时诊断和会诊。

② 5G+急救

5G+急救指急救医护人员、救护车、急救中心和医院之间基于5G网络通过沟通协作而开展的医疗急救服务，可以促进院前急救和院中救治的一体化衔接。在5G时代，应用高清视频通信技术、搭载基本医疗检测仪器的超级救护车将成为现实，患者的血氧、血压等生命特征数据将实时传输到医院，节约抢救时间。基于5G网络及GPS定位技术可以实现患者院内外的准确定位，促进医疗资源的科学调度。

③ 5G+远程手术

远程手术作为远程医疗的重要组成部分，在5G时代将有更多的应用。远程手术包括远程手术示教、远程手术指导和远程手术操作3个发展阶段。其中，远程手术操作指借助远程手术控制设备，对患者进行远程实时操作。远程手术的效果很大程度上取决于数据传输的时延和数据质量，因此传输网络面临重大挑战。

④ 5G远程医疗设计案例

2019年3月16日，中国移动携手华为公司助力中国人民解放军总医院，成功完成了全国首例5G远程人体手术——帕金森病“脑起搏器”植入手术。具有高速率、大带宽和低时延特性的5G网络，有效保障了跨越3000km的远程手术操控的稳定性、可靠性和安全性，4K高清音视频交互系统帮助医生随时掌控手术进程和病人情况。

基于上述案例，5G 远程手术端到端演示系统架构如图 4-22 所示。手术室内的通信设备、手术操控设备及医生端控制设备分别接入本地的 5G 基站，经中国移动 5G 核心网、承载网/传送网等，实现 5G 远程手术数据的传输和信号交互。网络架构采用非独立组网方式，在中国人民解放军总医院北京和海南两院内分别部署了 5G 室分站点，开通 2.6GHz 频段，保障网络覆盖面积精准可控。在本次 5G 远程手术中，5G 网络主要承载电极操控及患者生理监护数据、4K 高清视频信号和四方会诊信号共 3 类信号的传输。

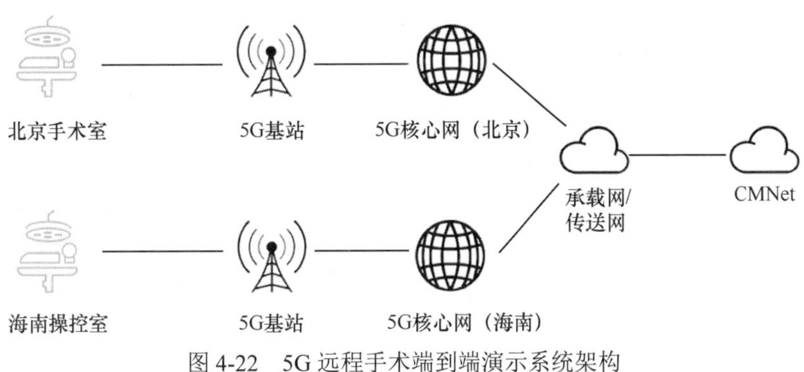

图 4-22　5G 远程手术端到端演示系统架构

在此次 5G 远程手术过程中，远程控制信号和生命体征监测数据、各类音视频信号均传输流畅。5G 网络峰值速率超过 700Mbit/s，上行速率平均达 71Mbit/s，下行速率平均达 500Mbit/s，为手术提供超高速率、超大带宽。从北京手术室到海南操控室的时延总计约 90ms，为手术提供了超低时延数据传输，网络未因信号超长距离传输而出现卡顿、处理不及时、反馈慢等不良事件，这充分证明 5G 远程手术的可行性。

（2）冶金行业中的“5G+远程控制”应用

在工业生产中，远程控制一直是保证人员安全、提高生产效率、实现生产协调的必要手段。由于远程控制直接影响产品质量和生产效率，大多数工业生产的远程控制是基于有线网络的。虽然有线网络很稳定，但它限制了生产的灵活性，尤其是对移动设备而言，更是如此。为了保证控制效果，保障网络的时延和可靠性显得更为重要。在工业生产中，有些环境不适合人工操作，如高温、高空、粉尘等恶劣环境，甚至有些工作很难仅由人工操作来完成。要实现远程控制，不仅需要足够高清的视频提供视觉支持，还需要可靠的网络来保证控制的实时性、灵敏性。

在运营商与工业企业共同挖掘 5G+工业互联网应用场景的过程中，发现 5G+远程控制成为工业场景的刚需之一。5G 的优势在于对移动设备远程控制的强支撑，特别是对于冶金企业来说，对于大型特种设备移动作业的场景，如用于钢材产品转运的天车（桥式起重机）、用于喷煤上料的天车、用于高炉抓渣的天车、用于废钢吊运的天车、用于物料倒运的天车、用于设备检修的天车等的移动作业场景，以及焦化四大车（装煤车、推焦车、拦焦车、熄焦车）的移动精准对位，煤场堆取料机的控制等。

难点在于 5G+远程控制与应用场景的深度融合。因为同样是移动作业，但操控的业务流程和内容却不同，存在复杂的现场情况和业务需求。所以 5G+远程控制要结合实际进行深入的个性化开发，不断提高 5G+远程控制的实用性和适用性，否则 5G+远程控制的效果不佳，会使操作人员对新的操控方式产生抵触心理，必将阻碍操控方式转变的进展，致使项目的效果不理想，使 5G 应用变成噱头和摆设。冶金企业对天车的应用十分常见。目前建龙西钢有上百台天车，从用于小型物料搬运的 5 吨、10 吨天车到用于钢坯、盘螺装运的 15 吨、20 吨天车，再到用于钢包吊运的 100 吨、150 吨天车等。传统的操作方式是由天车工攀登到天车驾驶室中进行作业，作业环境、作业强度、安全水平都面临考验，天车工岗位招人难也成为企业的难点问题。5G+远程控制方式将有效解决这些问题。

4.3.5 自动驾驶

1．自动驾驶汽车等级

根据国际汽车工程师协会（SAEI）的划分标准，自动驾驶汽车分为了 6 个等级，分别为无自动化（L0）、驾驶支援（L1）、部分自动化（L2）、有条件自动化（L3）、高度自动化（L4）和完全自动化（L5）。通俗来说，L3 等级指汽车可在一定条件下自主完成驾驶操作，司机根据系统的请求给予适当的回应；L4 等级则指汽车可以自主完成所有驾驶操作，汽车在符合条件的道路上行驶时，司机可以完全不操作。自动驾驶汽车等级见表 4-16。

表 4-16 SAEI 自动驾驶汽车等级

<table>
<tr><th>等级</th><th>等级名称</th><th>定义</th><th>操作者</th><th>周边监控</th><th>支援</th><th>系统作用域</th></tr>
<tr><td>L0</td><td>无自动化</td><td>由司机完成驾驶操作，在汽车驾驶过程中可以得到警告和保护系统的辅助</td><td>司机</td><td rowspan="2">司机</td><td rowspan="4">司机</td><td>无</td></tr>
<tr><td>L1</td><td>驾驶支援</td><td>根据驾驶环境对方向盘控制和加减速控制中的一项操作提供驾驶支援，其他的驾驶操作由司机完成</td><td>司机和系统</td><td rowspan="3">部分</td></tr>
<tr><td>L2</td><td>部分自动化</td><td>根据驾驶环境对方向盘控制和加减速控制中的多项操作提供驾驶支援，其他的驾驶操作由司机完成</td><td rowspan="2">系统</td><td rowspan="2">系统</td></tr>
<tr><td>L3</td><td>有条件自动化</td><td>由无人驾驶系统完成所有的驾驶操作，根据系统请求司机提供适当的应答</td></tr>
</table>

续表

<table>
<tr><th>等级</th><th>等级名称</th><th>定义</th><th>操作者</th><th>周边监控</th><th>支援</th><th>系统作用域</th></tr>
<tr><td>L4</td><td>高度自动化</td><td>由无人驾驶系统完成所有的驾驶操作，司机不一定要对所有的系统请求进行回答，限定驾驶道路和环境条件等</td><td rowspan="2">系统</td><td rowspan="2">系统</td><td rowspan="2">系统</td><td>部分</td></tr>
<tr><td>L5</td><td>完全自动化</td><td>由无人驾驶系统完成所有的驾驶操作，司机在可能的情况下接管，在所有的驾驶道路和环境条件下驾驶</td><td>全程</td></tr>
</table>

真正的自动驾驶需要实现车联网（V2X）连接，其中 X 表示车、路、行人及周围环境（详见第 5 章车联网相关内容）。一般认为在未来自动驾驶中，每辆车每小时需要处理的数据量将达到 100GB，且需要时延低至几毫秒，而目前 4G 网络的时延还不足以满足未来自动驾驶的需要。同时在遇到突发状况需要紧急停车时，低时延也能够保证足够短的制动距离，确保行车安全。假如汽车的行驶速度为 60km/h，以 4G 网络的时延来说，时延为 50ms 的制动距离为 0.83m，而以 5G 的时延为 1ms 来计算，制动距离仅为 0.0167m，这极大地提升了驾驶的安全性。同时，4G 网络还面临着功耗大、传输带宽不足、稳定性差等问题，而 5G 网络特有的优势为自动驾驶的发展提供了技术支持。自动驾驶涉及感知、决策、执行 3 个层面，且需要与多达几十种零部件高效、稳定地配合。感知层主要采用摄像头、激光雷达、毫米波雷达、高精度地图等的数据。决策层和执行层通过感知层的数据建立相应的模型，分析制定出最适合的执行策略，以实现自动驾驶。

2．*自动驾驶应用场景*

自动驾驶技术的应用场景众多，呈现百花齐放的景象，有的专注于矿山场景中的自动驾驶技术应用，有专注于环卫领域中的应用，如港口和干线物流中的自动驾驶技术应用。目前自动驾驶已经从半封闭区域向城市复杂路况演进了。

（1）园区物流

园区物流是一个相对容易实现自动驾驶应用的场景，它的特点是汽车行驶路线、汽车载重载货类型相对固定。汽车行驶速度基本在 30km/h 以下，实现了人车分离，有固定车道，并可进行适当改造，非常适合自动驾驶应用落地。当然，这个场景也会涉及一些特殊的作业要求，如自动驾驶轻卡需要在停靠时保证精准度，并保证接货时的衔接，同时还需要有远程监控，在发生拥堵的时候云端能够对车辆进行调度，实现如绕过障碍、超车等，这样的场景一般会出现在智慧工厂、智慧园区中。

（2）园区接驳

园区接驳场景一般设置循环行驶的路线，并且设有固定的站点接驳。但是，这个场景技术实现上存在部分难点，如需要考虑驾乘舒适性，同时还需要考虑行人和要接的人周围的驾驶行为或者对其他驾驶动作的预判。目前园区接驳对智能化水平的要求越来越高，如在一些景区或者园区中，需要实现红绿灯、V2X 的交互等功能。

（3）港口

港口是自动驾驶技术非常重要的应用场景。交通参与者面临严格的通行管理要求，因为要跟塔式起重机进行协同，对定位精度的要求也特别高。比较大的港口会有需要交叉通行的路口，如何设定通行优先级是一个需要解决的问题，还会出现自动驾驶车辆和人工驾驶车辆混行的情况。自动驾驶车辆已经融入生产作业系统，助力港口的智能化改造。如何在港口中进行车辆调度、路线规划，以及平台的智能化管理及数据智能化监控等，都是港口智能化改造要解决的问题。

（4）矿区

矿区场景通过搭建一套包括地面控制中心系统、车地无线通信系统、车载控制系统的自动驾驶控制系统，实现矿用自卸车的“装、运、卸”。在 5G 网络的支持下，矿区可实现自动驾驶卡车、辅助车辆、智能化调度中心之间的高速通信，在保证安全的前提下，缩短车辆编组之间的安全间距，提高整体运行速度与运行效率。

矿用电机车的 5G 自动驾驶改造方案，以高速 5G 无线通信网络及工业环网为传输平台，以矿用轨道运输监控系统为安全依托，采用井下机车精确定位技术、图像识别处理技术和机车安全调度运行技术，并结合电机车智能化控制的矿井安全生产运输综合监控系统，可以实现电机车与井下自动放矿物料装载、运卸全过程的无人化驾驶作业，降低了井下放矿作业、运输作业安全风险，提升了井下日常管理的安全可靠性。

4.4 本章小结

本章介绍了 5G 移动通信基础业务能力及其应用。随着 5G 技术的发展，5G 系统具备了超大带宽、超低时延、超高可靠性、移动性支持能力强等特性，以及网络和系统的自主管理及快速服务等技术能力。以上基础业务能力的发展驱动 5G 发展出多样化的基础业务应用。在高清视频、云化 XR、无人机、远程控制及无人驾驶方面进行大量的应用和实践，不断推动智能交通、智慧医疗、工业互联网、金融科技、智慧城市等领域的快速发展。5G 系统的不断发展和成熟，必将在工业产业各个领域中创造出新的、更大的价值。

参考文献

[1] 中国联合网络通信有限公司网络技术研究院，华为技术有限公司. 中国联通“5G+8K”技术白皮书[R]. 2019.

[2] 张宇，解伟. 5G 移动与广播电视融合网络[J]. 网络新媒体技术, 2018, 7(5): 6-12.

[3] 亚信科技（中国）有限公司. 5G 时代的网络智能化运维详解[M]. 北京：清华大学出版社, 2021.

[4] 牛嵩峰，黎捷，肖柳，等. 5G 智慧电台：融媒传播时代广播媒体突围的新载体[C]//全国互联网与音视频广播发展研讨会（NWC）暨中国数字广播电视与网络发展年会（CCNS）论文集（2020 年特辑）. 2020: 132-138.

[5] 张传福，赵立英，张宇，等. 5G 移动通信系统及关键技术[M]. 北京：电子工业出版社, 2018.

[6] 埃里克·达尔曼，斯特凡·巴克浮，约翰·舍尔德. 5G NR 标准：下一代无线通信技术（原书第 2 版）[M]. 刘阳，朱怀松，周晓津，译. 北京：机械工业出版社, 2021.

[7] 朱常波，张沛，乔治，等. 物联网与超高清视频 [M]. 北京：电子工业出版社, 2021.

[8] 苏东. 基于双目视觉的小型无人飞行器的导航与避障[D]. 成都：电子科技大学, 2014.

[9] 黄楠楠，刘贵喜，张音哲，等. 无人机视觉导航算法[J]. 红外与激光工程, 2016, 45(7): 269-277.

[10] 张岩. 无人机卫星导航的接收定位故障实验[J]. 电子测试, 2016(14): 66-67.

[11] 杨淑媛. 小型无人机 SINS/GPS/视觉组合导航研究[J]. 山东工业技术, 2016(22): 296-298.

[12] 中国民用航空局飞行标准司. 轻小无人机运行规定(试行): AC−91−FS−2015−31[S]. 2015.

[13] MILAN F F, TABRIZI A B. Armed, unmanned, and in high demand: the drivers behind combat drones proliferation in the middle east[J]. Small Wars＆Insurgencies, 2020: 31.

[14] 高志宏. 低空空域管理改革的法理研究[M]. 北京：法律出版社, 2019.

[15] SAH B, GUPTA R, BANI-HANI D. Analysis of barriers to implement drone logistics[J]. International Journal of Logistics, 2020, 24: 1-20.

[16] 丁文锐，黄文乾. 无人机数据链抗干扰技术发展综述[J]. 电子技术应用, 2016, 42(10): 6-10.

[17] 刘屹巍，朴海音，肖林，等. 无人机数据链抗干扰技术综述[J]. 飞机设计, 2017, 37(6): 13-16, 21.

[18] 张曾. 基于无人机的频谱感知算法研究[D]. 桂林：桂林电子科技大学, 2020.

[19] 浦玉梅. 钢铁行业智能制造发展现状[J]. 安徽冶金, 2018 (4): 52-54.

[20] 王大文. 论长庆油气田建设工程中电气安装工程的电气试验[J]. 石油工业技术监督，2013，29(7): 25-27.

[21] 陈燕燕，刘文涛，姜雪松，等. 基于 5G 网络的远程控制机器人应用及测试[J]. 移动通信，2020, 44(2): 45-49.

[22] 陆平，李建华，赵维铎. 5G 在垂直行业中的应用[J]. 中兴通讯技术, 2019, 25(1): 67-74.

[23] 赵福川, 刘爱华, 周华东. 5G 确定性网络的应用和传送技术[J]. 中兴通讯技术, 2019, 25(5): 62-67.

[24] 徐健. 5G 环境下的工业互联网应用探讨[J]. 数字通信世界, 2019(3): 28.

[25] 朱雪田, 王旭亮, 夏旭, 等. 5G 网络技术与业务应用[M]. 北京: 电子工业出版社, 2021.

[26] 朱晨鸣, 王强, 李新, 等. 5G 关键技术与工程建设[M]. 北京: 人民邮电出版社, 2020.

[27] 夏亮, 刘光毅. 3GPP 中 V2X 标准研究进展[J]. 邮电设计技术, 2018(7): 11-16.

[28] 朱红梅, 林奕琳. 蜂窝车联网的标准、关键技术及网络架构的研究[J]. 移动通信, 2018, 42(3): 70-74.

[29] 朱雪田. 5G 车联网技术与标准进展[J]. 电子技术应用, 2019, 45(8): 1-4, 9.

[30] 肖占军, 赵志杰, 吴宝明. 对移动 5G 网络在军事领域应用问题的思考[J]. 数字通信世界. 2019(2): 64, 77.

[31] 曹先震. 5G 将给产业链带来巨大机遇[J]. 中国电信业. 2019(1): 34-35.

[32] 黄海峰. 华为丁耘: 持续创新让 5G 商用部署变得“高效便捷”[J]. 通信世界. 2018(31): 35.

[33] 田溯宁. 5G 不是 4G 的简单进化, 而是一场“革命”[J]. 网络新媒体技术. 2019, 8(1): 63-65.

[34] 王强, 陈捷, 廖国庆. 面向 5G 承载的网络切片架构与关键技术[J]. 中兴通讯技术, 2018, 24(1): 58-61.

[35] 陈山枝, 胡金玲, 时岩, 等. LTE-V2X 车联网技术、标准与应用[J]. 电信科学, 2018, 34(4): 1-11.

[36] 朱雪田, 夏旭, 齐飞. 5G 网络关键技术和业务[J]. 电子技术应用, 2018, 44(9): 1-4, 8.

[37] 田思波, 樊晓旭. 自动驾驶测试场景标准体系建设的研究和思考[J]. 中国标准化, 2020(4): 87-91.

[38] 张艺炜, 张涛, 郭鑫钢. 5G 垂直行业能力需求及业务模型研究[J]. 山东通信技术, 2021, 41(4): 1-6.

[39] 伍秀梅. 浅析 5G 的典型行业应用需求[J]. 数字通信世界, 2019(12): 119, 137.

[40] 杨一帆, 姚键, 吴祖辉, 等. 面向 5G URLLC 业务的时延分析与无线超低时延技术研究[J]. 电信工程技术与标准化, 2021, 34(2): 10-15.

[41] 尹光辉, 尼俊红, 岳顺民, 等. eMBB 与 URLLC 混合业务场景下的用户调度和资源分配[J]. 电力信息与通信技术, 2019, 17(12): 1-8.

[42] 黄智瀛, 白锡添, 杜安静. 5G SUL 上行增强技术研究及应用[J]. 广东通信技术, 2021, 41(8): 49-51, 71.

[43] 陈超. 5G 网络端到端 QoS 保障技术分析[J]. 通信与信息技术, 2022(1): 55-58.

[44] 肖雨. 5G 新空口帧结构分析[J]. 通信与信息技术, 2022(5): 14-16.

[45] 陆威, 方琰崴, 陈亚权. URLLC 超低时延解决方案和关键技术[J]. 移动通信, 2020, 44(2): 8-14.

[46] 齐彦丽, 周一青, 刘玲, 等. 融合移动边缘计算的未来 5G 移动通信网络[J]. 计算机研究与发展, 2018, 55(3): 478-486.

[47] 吕平宝, 柏青, 韦宇, 等. 5G 系统增强的移动性空口测量[J]. 邮电设计技术, 2017(7): 39-42.

[48] 周宏成. 5G 移动性管理解决方案[J]. 电子技术与软件工程, 2017(7): 39-41.

第 5 章
5G 行业应用

本章主要内容

5G 网络自正式商用以来，得到了地方各级政府的大力支持。几年间，5G 技术标准制定、5G 网络建设和 5G 产业构建等各个方面取得了积极进展，为 5G 在各行各业中的应用与发展奠定了坚实基础。5G 利用其大带宽、低时延、海量连接等特点，为人们带来了超越 4G 等现有移动通信网络的全新体验。本章通过对 5G 行业应用的介绍及列举 5G 在车联网等一系列智慧场景中的解决方案，让读者对 5G 在移动通信行业中的应用与相应的应用解决方案有所了解。通过对本章内容的学习，读者能够了解 5G 在垂直行业中的应用和发展趋势，掌握利用 5G 满足行业应用需求的办法，掌握车联网解决方案，了解智能电网、智慧医疗、智慧教育和智能制造的解决方案。

5.1 5G 行业发展

5.1.1 5G 的分阶段发展

相比于 4G 网络，5G 在信息传输、用户体验、网络覆盖能力等方面优势明显。用户在沟通过程中提出的多样化需求，可以通过 5G 网络得到满足。

近年来，我国在 5G 方面取得的发展成就令人瞩目，但 5G 的建设与繁荣发展并不是一蹴而就的，其业务需求需要随着时间与技术的积累发展逐步得到满足。5G 的发展历程如图 5-1 所示，根据技术的演进大致可以分为 5G 发展初期、5G 发展中期和 5G 发展成熟期 3 个阶段。在这 3 个阶段中，5G 网络根据 RAN、承载网、核心网的发展与演进可以逐步满足前文中三大应用场景的业务需求。

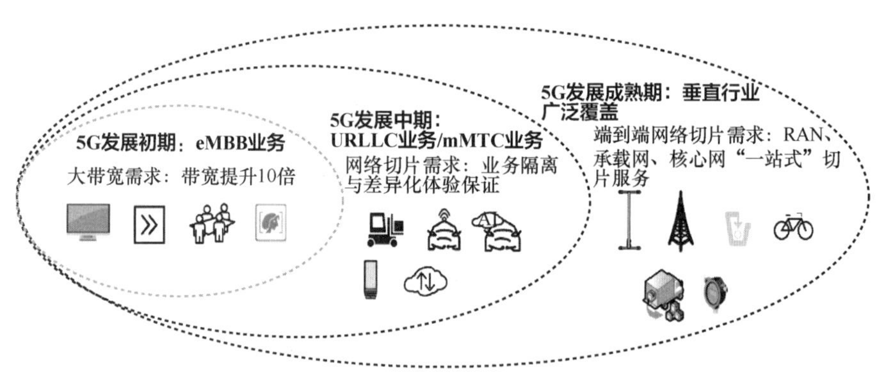

图 5-1 5G 的发展历程

1．5G 发展初期

针对不同时期的实际情况，5G 通过分阶段发展的方式，最终满足差异化的业务诉求。在 5G 发展初期，网络主要提供 eMBB 业务，利用 5G 超大带宽、超高速率的特性满足部分高清视频、VR/AR 等对于带宽要求比较高的业务的需求。支撑大带宽的能力对 5G 网络也会有相应的要求：在无线侧，对 5G 基站的传输带宽要求变得更高。相对于给 4G 基站预留的几百 Mbit/s 传输速率而言，5G 基站的传输速率需要做到 1Gbit/s、2Gbit/s 甚至 5Gbit/s 级别。

当然，基站的数据需要通过承载网发送给核心网，所以对基站速率的要求也会影响承载网。对承载网而言，传输速率需要达到 10Gbit/s、50Gbit/s 甚至 200Gbit/s，而且承载网的各个环节（接入、汇聚及核心）都有这样的传输速率要求。承载网的传输速率将随着 5G 网络的演进而进一步提高。对核心网来说，它不仅要达到上述要求，还要进一步实现云化及全融合的演进。这就是 5G 发展初期提供的 eMBB 业务。3GPP Rel-15 标准完成了 eMBB 场景的技术标准化。

2．5G 发展中期

随着 5G 的进一步发展，处于发展中期的 5G 网络面向的场景进一步增加了。5G 引入了 URLLC 业务，未来还将推出 mMTC 业务。3GPP Rel-16 标准关注超可靠低时延通信，满足车联网、工业互联网等领域的需求。新业务要求 5G 具备网络切片能力，以承载不同业务。面对超高清视频、4K 视频直播等应用，5G 需要首先保证满足超大数据容量需求。面对海量物联网，5G 则需要把握物联网具有大规模连接但绝大多数节点静止不动的特点。面对无人驾驶技术，5G 则需要满足其的低时延、高可靠性要求。网络切片对于 5G 网络的各部分，（RAN、承载网、核心网）都有技术上的要求。例如，承载网被要求通过灵活以太网（Flex Ethernet）技术来提供网络硬切片的能力，核心网则需要具备 CUPS 功能，以实现控制面与用户面的分离以及用户面的灵活布放。5G 网络的带宽很大，而用户常常处于移动状态，具有很强的分散特性，传统的集中式网络架构显得带宽利用率低下。尽管 4G 网络采用了扁平化的网络架构，通过撤销控制器、直连核心网等方式降低了时延，但也带来了信息交互的低效率。5G 的 CUPS 架构可以让控制面进行集中处理，实现资源的集约化部署，对全局资源进行统筹，提高资源利用率，节约空间。而用户面可以实现用户按需部署并靠近用户侧，两个不同组织可通过 CUPS 实现数据的就近访问，如图 5-2 所示。用户面可以下沉到工厂的某一办公区进行部署，也可以下沉到校园进行部署，这种方式的好处是用户在访问组织的业务时，数据可以不离开该组织，从而保证数据的安全性。

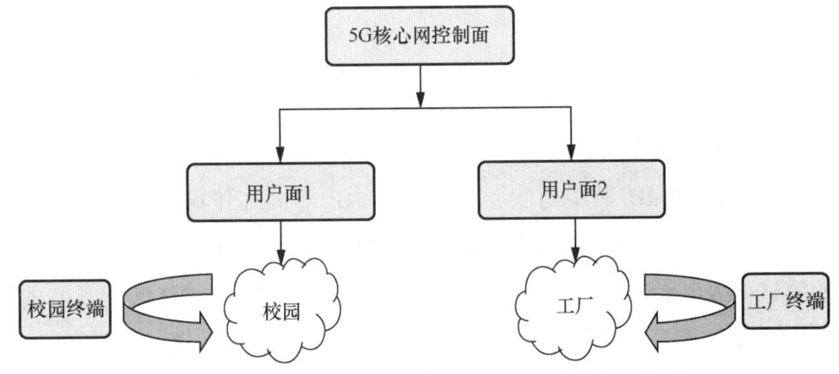

图 5-2　两个不同组织通过 CUPS 实现数据就近访问

3．5G 发展成熟期

在 5G 发展成熟期中，5G 网络会广泛覆盖垂直行业，提供各种各样的垂直行业应用。垂直行业的概念来源于被称为客户关系管理（CRM）的 IT 技术。与京东、淘宝、阿里巴巴等大而全的“百货店”型企业不同，垂直行业的相关企业将目光瞄准了某一领域（或区域），如医疗、娱乐、运动。而 5G 垂直行业广覆盖是指对能源、交通、娱乐、医疗、农业等不可避免地要使用 5G 的行业进行大范围的覆盖。垂直一词可以理解为：5G 通信领域作为一个平面，这些行业与 5G 通信领域存在特定的垂直交叉点，则这些行业可以称为 5G 垂直行业。当然，不同的行业应用提供的服务千差万别，这要求 5G 网络能够提供差异化的服务和不同的技术能力，5G 网络实现端到端的网络切片管理，RAN、承载网和核心网等都要具备“一站式”的网络切片管理能力。当然，为了满足垂直行业需求，RAN 侧、承载网侧和核心网侧都会引入一些新的技术应用。在 RAN 侧和承载网侧，网络会引入一些低时延方案。例如，RAN 侧的低时延方案可以通过预调度和无线资源预留实现。在承载网侧，网络则通过 CDN 下沉实现时延的降低。在核心网侧，通过使用边缘计算来降低整个网络的时延，满足差异化业务的特殊要求。

为了利用 5G 网络抢占覆盖垂直行业的先机，我国的电信运营商纷纷成立了创新中心。中国移动成立 5G 联合创新中心，深耕九大垂直行业，涉及交通运输、能源、影音娱乐等领域。中国电信成立了 5G 创新中心，重点布局基础设施、农业、公交、公共安全等 11 个 5G 垂直领域。为了服务垂直行业，此阶段的 5G 网络需要满足各个行业的个性化需求，关键产品及成熟解决方案能够批量上市，应用范围从龙头企业扩大到中小企业并凸显 5G 对重点行业的赋能作用。这一阶段的关键是充分发挥市场作用，结合各行业及企业的数字化水平，打造可复制、低成本的产品和解决方案，并实现快速、高质量交付，加速 5G 行业应用的普及速度和范围。

5.1.2 5G 的分场景应用

在 5G 发展中期和 5G 发展成熟期，一些新业务形态的引入与演进，也是分阶段发展、逐步实现的。2020 年以后，3GPP 的 Rel-16、Rel-17、Rel-18 及未来的标准会逐渐实现这些新业务的标准化。

1．eMBB 应用场景

通过前面对 5G 分阶段发展的介绍可知，5G 的三大应用场景是逐步推进的。第一批 5G 行业应用场景是 eMMB 应用场景。为了满足用户对高速传输数据日益增长的需求，eMMB 应用场景的特点主要是大幅提高数据传输速率，能够承载更多的流量和更完整地覆盖人口密集区域及转接路径。AR、VR 和 XR 都是丰富的 eMMB 应用场景的代表，对网络的速率及带宽都有较高的要求。通信的稳定性、高速和精确性可以帮助 5G 技术在 eMMB 应用场景中高效地发挥作用，更高效地实现应用的功能。例如 360° VR 直播、

AR 指导工程布线、无人机视频回传、高清视频传输等都是 eMBB 应用场景在日常生活中的应用。360° VR 直播、AR 指导工程布线和无人机视频回传追求通信的实时高效。在 360° VR 直播中，用户除了可以跟随镜头的视角，还可以从自身的视角出发通过自主操控来进行多视角观看。实现 360° VR 直播则需要至少几十 Mbit/s 的码率和 4K 的分辨率，4G 网络显然无法达到这一要求，5G 网络的高速率与大带宽才能达到要求。AR 和 XR 在实时音视频领域中的应用也十分重要，5G 技术可以提供 AR 社交、远程购物协助和 AR 远程维修等业务，提升了工作效率，提高了用户满意度。以 AR 技术为例，在元宇宙的风口下，AR 正在重塑用户的购物体验。利用 AR 技术，数字商品能够被投射在物理空间中，给消费者带来身临其境般和极具真实感的产品使用体验。例如，购买者可以直接看到鞋子上脚的效果，让在线购物尽可能获得接近实体店购物的感觉，实现所见即所得的购物体验。

2. URLLC 应用场景

第二批 5G 行业应用集中于 URLLC 应用场景，URLLC 具有的低时延、高可靠性特性是 5G 区别于前几代移动通信网络的一个典型特征。URLLC 技术的低时延、高可靠特性适合车联网、云服务、机器人、智能制造及其他时延高度敏感型业务。在车联网的自动驾驶中，车辆需要及时交换信息以保证驾驶安全。目前，4G 网络的端到端时延一般在 50～100ms，对于自动驾驶来说，这样的端到端时延对实现安全驾驶来说是不可能的，因此，5G 网络需要提供更低的时延，才能够在通信上体现出 URLLC 应用的及时性和可靠性，才能保证驾驶安全。应用 5G 网络可以创建出高可靠性和高性能的车辆间连接能力。

URLLC 应用场景是移动通信行业切入垂直行业的重要突破口。利用对 URLLC 典型应用场景的探索，人们可以快速联合行业客户，聚合生态合作伙伴，构建 5G 产业链和生态圈。5G 相对于 4G 在稳定性、速率、精确性方面的优势，显然能够最大限度地推动 URLLC 应用场景的实现，从而促进 5G 的应用。我国在 URLLC 应用场景探索方面的发展、创新和应用走在世界前列。以自动驾驶汽车为例，在我国，近年来，自动驾驶技术已经在无人配送、无人驾驶出租车、干线物流无人化、无人公交、无人环卫、无人代客泊车等领域中进行了一定的商业化探索。

3. mMTC 应用场景

第三批 5G 行业应用集中于 mMTC 应用场景。考虑 3GPP 早期所定义的窄带物联网（NB-IoT）和基于 LTE 演进的物联网技术（eMTC）在现网中已经实现了规模部署，所以当前阶段 3GPP 没有定义新的 mMTC 技术标准，仍然使用 NB-IoT 和 eMTC 技术标准。为了把这两个标准纳入 5G 的 mMTC 体系，NB-IoT 和 eMTC 技术需要不断增强，所以发展基于 4G 的 NB-IoT 和 eMTC，其实就是发展 5G 的物联网应用。在 5G mMTC 应用场景中，智慧城市是最典型的例子，各种需要承载超过百万个连接设备，交通设施、电表等都可以在智慧城市中进行连接，而且每个连接设备所需传输的数据量不大。5G 为智慧城市提供了更快、更可靠的网络，其特点是带宽大、速率高、时延低、可靠性高。mMTC 应用场景之智慧城市如图 5-3 所示，涉及人们生活的方方面面，如智能家居、建筑，新能源汽车、智慧医疗和智慧机器人等都在智慧城市的范畴内。智慧城市本质上是一张庞大的，利用先进通信技术、人工智能、大数据等技术形成的万物互联的物联网。

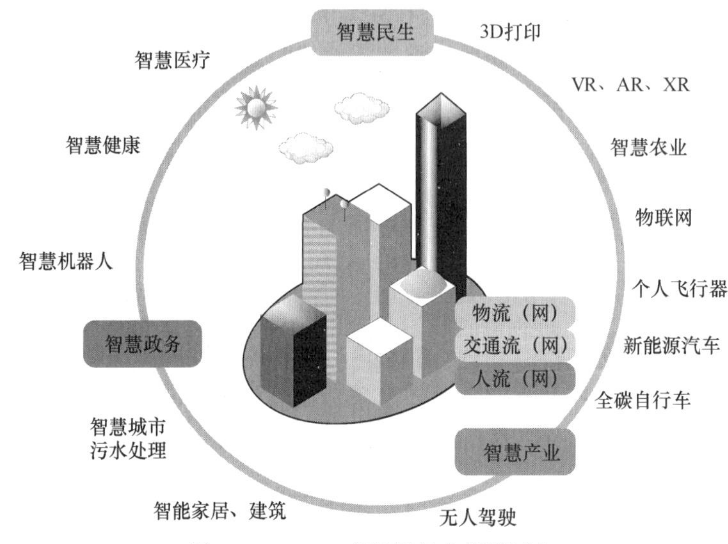

图 5-3 mMTC 应用场景之智慧城市

以上对 eMMB 应用场景及 URLLC 应用场景的描述均是从 5G 微观层面来进行的，唯有 mMTC 应用场景拥有强连接功能。无论是 eMMB 应用场景还是 URLLC 应用场景，它们均没有强连接功能。强连接功能的主要优势在于，它不仅可以覆盖生产和消费两个环节，将生产和消费两个环节融入互联网，还可以将市场融入物联网，从而实现万物互联互通。在智慧城市中，更多、更广泛的智能应用场景要求更高的连接密度，智能电网集成了多种先进技术，如信息通信、传感测量、自动化、智能控制技术等，除了可以保证电网日常正常工作，还能实现自动化检测和维护、科学抵抗风险和管理等。5G 网络帮助城市实现了电网的大规模全面化铺开、大规模自动化监督与大规模管理，实现了故障的实时监控和准确判断。

5.1.3 5G 成功的关键——行业应用

1．5G 网络切片支持垂直行业应用

5G 网络能够支撑很多垂直行业的应用场景的关键在于网络切片。简言之，除了上述介绍的对一系列基于新技术的行业应用与场景进行创新外，实现提供差异化的场景服务及对产业生态的构建能力也是 5G 商用成功的关键。

运营商可以在同一张 5G 网络上通过网络切片技术，为不同用户提供差异化的服务保障，从而使 5G 的服务领域得到拓展，同时也丰富了 5G 应用。5G 网络切片技术助力行业应用如图 5-4 所示，通过网络切片，5G 可以为不同业务提供低时延、高吞吐量的保证，可以为用户提供真正提升用户体验和控制灵敏度的支撑方案。5G 渗透到各行各业并通过不同的网络切片满足各行各业的需求，智能制造、远程医疗、远程教育、车载信息娱乐系统和自动驾驶主要利用了 5G 在 URLLC 应用场景中的优势与特点，而智能交通、智慧电网、无人机物流和无人机巡检等行业则体现了 mMTC 应用场景对 5G 网络技术的要求。在个人、家庭方面，5G 也可以通过提供定制化的服务给人们的生活提供便利，VR 视频、VR 游戏、VR 直播、数字生活、4K 视频、家庭宽带、家居控制和电视直播等更多地利用了 eMMB 应用场景所带来的高速传输和大带宽等特点。

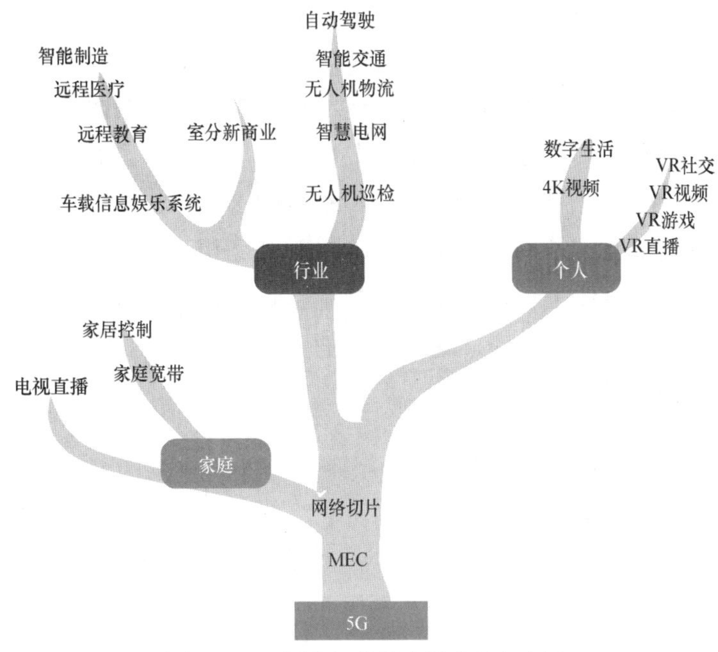

图 5-4　5G 网络切片技术助力行业应用

网络切片将为 5G 的发展与推广带来三大益处。一是以较低的成本使能行业应用，企业使用 5G 的门槛也随之降低。网络切片可以基于已有的公网来建设虚拟专网，部署快、成本低、调整灵活，为 5G 提供了进入行业市场的新选项。二是推动业务创新，网络切片能为不同业务提供差异化的业务保障，5G 应用商能协同运营商推出针对所有人群或特定客户的差异化服务，让 5G 业务多姿多彩。这样，运营商不仅能够进入更多 ToB 垂直行业，还能够带来先 ToB 后 ToC 的 ToB-ToC 商业创新模式。三是增加运营商收入。运营商在提供差异化的业务保障后，可以进行差异化的收费，对于重点保障的业务，除了收取正常的流量费，还可以按保障级别收取一定的增值服务费。例如，运营商部署的 5G 网络正在推动基于差异化服务的连接服务套餐创新，包括提供游戏、音乐、体育、教育等方面的差异化网络连接服务。

2．5G 行业应用推广

发展和推广 5G 在行业中的应用，需要对我国国情、5G 的发展趋势和行业数字化转型的具体需求进行有机结合。由工业和信息化部、国家互联网信息办公室、国家发展和改革委员会等十部门联合印发的《5G 应用“扬帆”行动计划（2021—2023）》提出，深入推进 5G 赋能千行百业，促进形成“需求牵引供给，供给制造需求”的高水平发展模式。依托上述计划，5G 行业应用的推广应针对不同行业进行精准适配。可以考虑将成熟行业+5G 作为首要发展目标，优先发展智能制造、智慧物流、智慧采矿、5G 医疗等重点行业并树立典型案例，持续扩大 5G 应用规模，将 5G 推广到其他行业中。同时，5G 行业应用推广可以考虑一些亟须部署且部署难度较低的场景，如远程教育、智慧农业等，通过较低成本的部署，一方面加快相关行业的数字化转型，另一方面也加快 5G 技术在传统行业中的推广。

当然，针对我国行业数字化水平差异较大的特点，5G 的规模化应用也应该循序渐进，由浅入深地进行行业导入和 5G 行业应用推广。以智慧物流为例，可以考虑先从大城市开始，积累经验，再将相关成熟的技术向中小型城市和乡村推广。另外，不同行业的业务诉求互不相同，这要求服务提供商利用 5G 网络为不同行业的客户提供差异化的服务。总体来说，想要最终把垂直行业发展起来，需要业界构建完善的产业生态，从而实现合作共赢，这是所有业界参与者的目标，只有把行业应用发展好，5G 才可以发展得更好。

5.2 车联网解决方案

5.2.1 车联网概述

日常生活中存在着包括公路交通等在内的多种交通场景。在当前的交通环境中，无论是汽车的通行效率、非机动车的通行效率，还是早晚高峰期的交通拥堵状况，都影响着人们的生活品质。另外，高速公路上一旦发生车祸，就会对人们的人身财产安全构成威胁。无论从通行效率还是行车安全的角度来看，交通系统都有极大的优化空间。

1．智能交通系统

（1）概述

智能交通系统（ITS）将先进的信息技术、通信技术、传感技术、电子控制技术和计算机技术有效集成在交通管理系统中，实现大规模、实时、高效的综合运输和管理。智能交通系统是未来发展的重要方向，通过人、车、路的协调配合，提高运输效率，缓解交通拥堵，增强路网通行能力，降低交通事故发生率，节约能源消耗，减少环境污染。

智能交通系统如图 5-5 所示。智能交通系统能够为人们提供一个安全的出行环境、舒畅的交通体验，人们可以选择更加便捷、高效、绿色的出行方式。智能交通系统有很多应用场景，如自动驾驶汽车、ETC 系统，以及很多城市正在推广的智能公交系统。交通诱导也是当前智能交通系统的一个典型应用，很多城市的道路上配有电子屏幕，这些电子屏幕可以为交通参与者提供一些提示信息，如行进中的前方路况。

图 5-5　智能交通系统

（2）应用

① ETC

ETC 是依托无线通信技术进行信息交换的自动通行系统。一般来讲，它主要由车辆自动识别系统、信息库管理系统及相应的辅助设备组成。人们通常看到的放置在车辆上的类似于读卡器的设备就是车辆自动识别系统中的车载单元（OBU），也叫作电子标签或应答器。车辆的身份信息及用户信息储存在 OBU 中，OBU 是每辆车通过收费站的“通行证”。

除此之外，车辆自动识别系统还包括设置在收费站处的路边单元（RSU）和埋藏在车道下方的环路感应器等设备。信息库管理系统是 ETC 的“大脑”，里面存储着大量车辆及用户的信息。这些信息与 OBU 中的车辆身份信息及用户信息相匹配，用于准确判断来车身份。辅助设备包括车道控制器、车道栏杆、收费监视器、闯卡报警器和信号灯等，它们的存在可以在实际工作环境中保证 ETC 的正常工作。

ETC 的应用较为广泛，通过 ETC 可以提高道路的通行效率。ETC 的应用如图 5-6

所示。车辆进入收费站，会被环路感应器感应到，相应的信息会反馈到网络侧，并触发 RSU。RSU 将信号发送给车上的 OBU，通过 OBU 读取车辆的信息，相关的信息通过网络送到控制端并进行处理，完成计费操作。之后，车道栏杆会抬起，车辆正常通过。

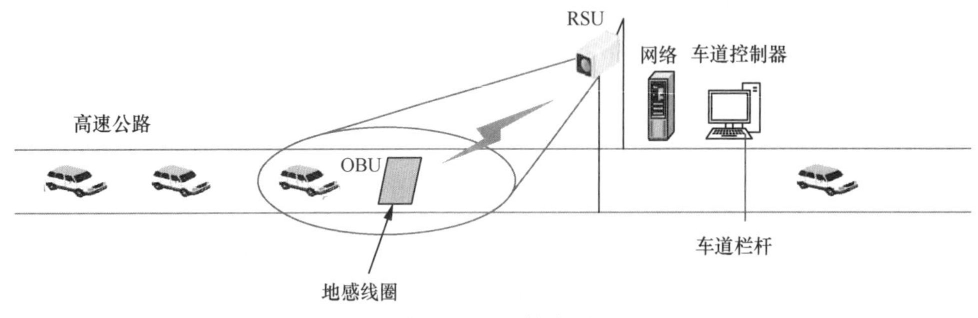

图 5-6　ETC 的应用

② 单车智能系统

单车智能系统主要指高级驾驶辅助系统（ADAS），ADAS 示意如图 5-7 所示。ADAS 已经比较成熟，配备 ADAS 的车辆上安装了大量的传感器，如长距雷达、中短距雷达、激光雷达以及一些车载摄像头，这些设备收集车辆周围的信息，并反馈给车载的中央控制器，由车载的中央控制器进行处理，作出判断，控制车辆的行驶状态，如加速、减速、刹车、转弯等。单车智能系统可提高车辆行驶的安全性，减少人工操作。

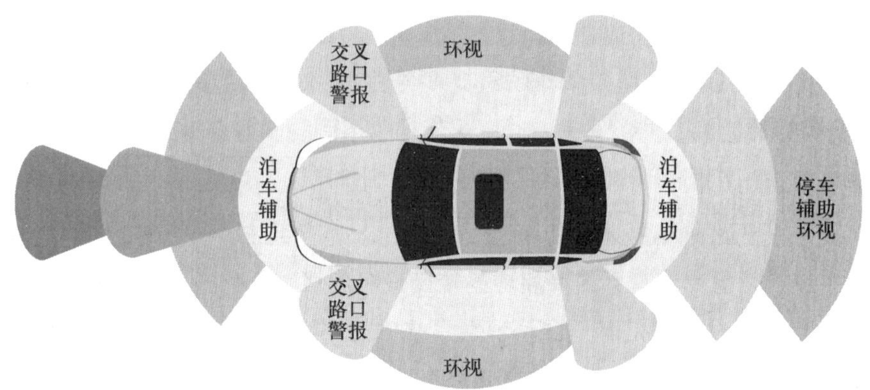

图 5-7　ADAS 示意

单车智能系统本身存在一定的局限性，因为车辆能够采集到周边信息，完全依靠车辆上的传感器等设备。ADAS 局限性表现在以下方面。

一是雨雪雾天气会对 ADAS 产生负面影响。在雨雪天气中，雷达系统会受到影响，没有办法有效探测一些特殊的道路情况，如道路结冰。在这种情况下，雷达系统无法对路况进行有效的识别和判决。

二是探测距离短。车辆本身只能依靠车辆上的传感器等设备进行探测，车辆传感器的探测距离决定了车辆所能够收集信息的范围。为了准确地获得车辆周边感知信息，车辆上需要安装大量的传感器，这会极大地增加成本。另外，对于 ADAS 来说，它主要负责事后探测，如 ADAS 探测到车辆前面发生了事故，或者前面有一辆临时停靠的车辆。事后探测及被动接收均存在一定的时延，所以在一些紧急情况下，ADAS 存在的局限性难以保证快速准确地对车辆进行干预。

尽管 ADAS 有一些不足，但它的价值仍不可忽略。未来，ADAS 会和车联网的新技术融合在一起，为消费者提供更好的车路协同及自动驾驶服务。

基于上述两个场景可以发现，无线通信技术在智能交通系统中占据了相当重要的地位。无线通信技术在车联网中的应用如图 5-8 所示，通过无线通信，人们可以实现车辆和网络的互联，可以通过无线通信扩大覆盖面积，实现车辆和车辆间的通信或者车辆和行人间的通信等更多通信场景。如果交通参与方都能够实现互联互通，整个交通资源就可以协调起来，实现更好的交通规划。

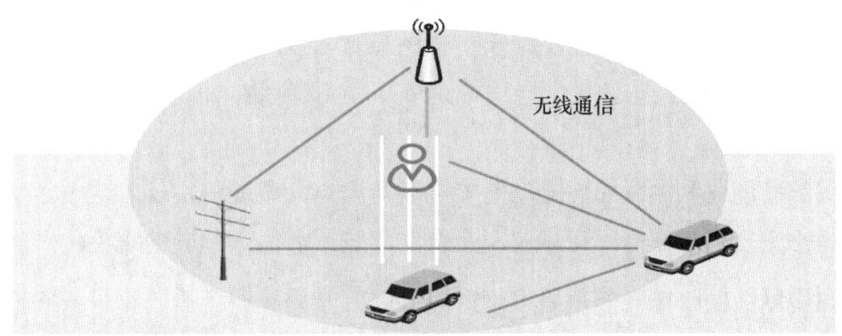

图 5-8　无线通信技术在车联网中的应用

2．车联网（IoV）介绍

（1）概述

车联网，也可以称为 V2X。车联网实现车辆、行人、网络和道路基础设施之间的互联互通，扩大了协同范围，为智能交通提供优质服务。车联网示意如图 5-9 所示，车联网能够支持多种通信场景，具体如下。

① 车与车（V2V）通信：通过车载终端进行车辆与车辆之间的通信。

② 车与人（V2P）通信：城市交通中的“弱势群体”（如行人、骑行者等）使用手机等终端与车载设备沟通。

③ 车与路（V2I）通信：车载设备与路侧基础设施（RSU 等）进行通信。

④ 车与网络（V2N）通信：对车载设备通过网络和云平台进行连接。

（2）车联网的发展

车联网的发展与演变不是一朝一夕的事情。早期的车联网主要提供车载资讯服务，这是一个比较基础的服务，如车内的娱乐、导航。尽管人们对这些信息早已习以为常，但也是车联网的一部分。早期的车联网主要实现了车和网络间的互通，如通过网络更新导航地图等。

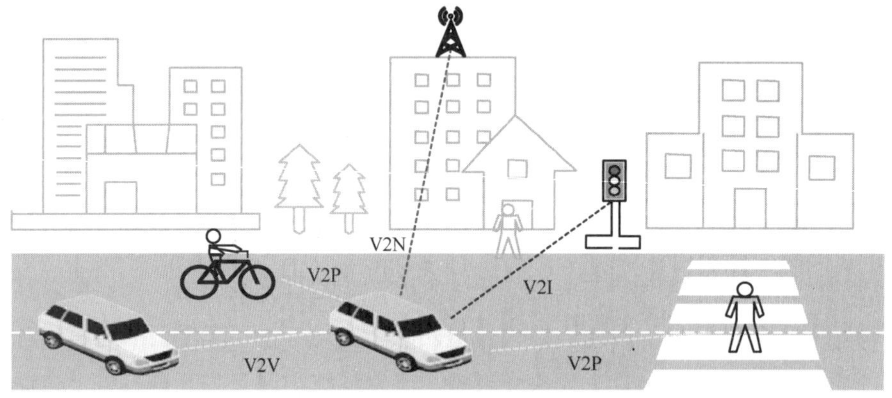

图 5-9 车联网示意

随着技术的发展，如今的车联网已经逐步实现了车路协同和辅助驾驶，如人、车、路、云间的信息交互。通过提升车辆的感知能力，获得红绿灯的信息，感知车辆周围的情况，实现定速巡航、自适应巡航、并线辅助、自动驻车等一些汽车驾驶辅助功能。

车联网的智能化和网联化将推动智能网联与全自动驾驶的实现，这也是研究人员的最终目标。未来，通过车联网可以实现全自动驾驶或者无人驾驶的规模化，从而极大地方便人们的出行，同时减少碳排放，提高出行效率和出行的安全性。当然，这也并非能够马上实现，而是需要一步步地探索与实验。

3. 车联网通信技术

（1）主流技术概述

车联网通用通信技术 C-V2X 与专用短距离通信（DSRC）如图 5-10 所示。C-V2X 和 DSRC 各具特色，其中，C-V2X 是由 3GPP 定义的全球统一标准技术，包含基于 4G 的 V2X 及基于 5G 的 V2X。C-V2X 有明确的演进路线，可以实现 4G-V2X 和 5G-V2X 的共存。

DSRC 来源于 IEEE 802.11p 协议，并根据车联网场景进行了演化。它提供的是车车通信和车路通信场景下的通信标准，即车辆和车辆之间直接通信的场景，以及车辆和 RSU 等道路基础设施之间的通信。

在 C-V2X 中，以 LTE 网络为例，当使用 LTE-V2X（即 4G-V2X）时，由于当前 4G 基站的广泛覆盖，车辆可以通过 LTE-Uu 接口和网络侧通信。在与网络建立通信之后，可以和云端的车联网应用服务器实现互联互通。同时，C-V2X 也支持车辆和车辆之间直接通信的应用场景，这种场景使用的无线接口叫作 PC5 接口。当车辆在数据蜂窝网未覆盖地区中行驶时，车辆和车辆之间仍然可以通过 PC5 接口实现互联互通。由此可知，

C-V2X的应用场景更加广泛，既能实现车辆直通通信，也能够实现车辆和网络侧的通信。网络侧通信场景能够在云端基于V2X服务器部署各式各样的新业务。DSRC和C-V2X这两种通信技术都可以应用到车联网的通信场景中，但是C-V2X所支持的应用场景更广泛、更丰富，同时C-V2X有明确的演进路线。因此，通过比较这两个通信技术可以发现，随着5G的发展，C-V2X的价值将会逐渐凸显出来。

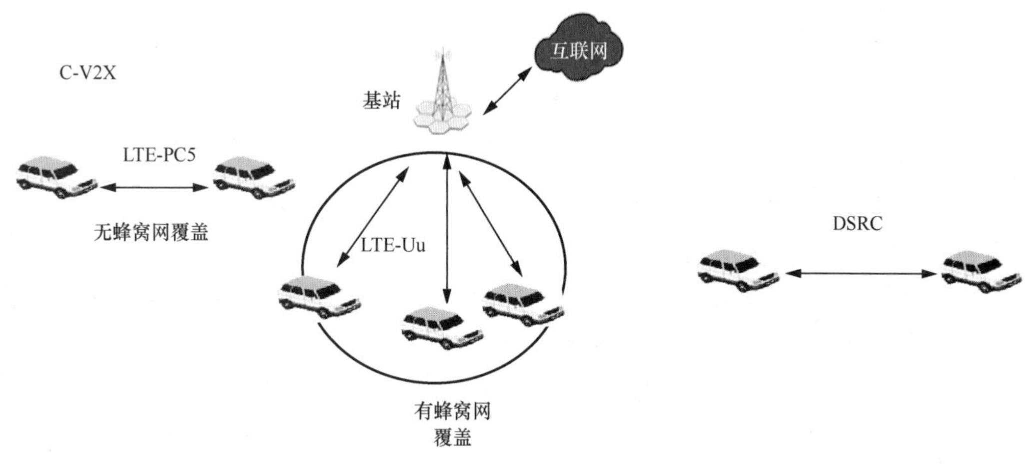

（a）C-V2X （b）DSRC

图5-10 车联网通用通信技术C-V2X与DSRC

（2）C-V2X与DSRC

C-V2X与DSRC对比见表5-1。

表5-1 C-V2X与DSRC对比

技术	技术标准	标准机构	频谱	芯片厂商
C-V2X	2017年，3GPP Rel-14定义的LTE-V2X标准发布 2018年，3GPP Rel-15定义的LTE-eV2X标准发布 2020年，3GPP Rel-16定义的5G-V2X技术标准发布	3GPP	5.9GHz频段	华为、高通、Autotalks
DSRC	2010年，DSRC（IEEE 802.11p）标准发布 2013年，欧洲TS3 ITS-G5标准发布	IEEE（US）&ETSI（EU）	5.9GHz频段	NXP、Autotalks、瑞萨电子、高通

技术	模组厂商	时延	通信距离	产业进展
C-V2X	中国信科、移远通信等	20ms（Rel-14）、1ms（Rel-16）	450m @ 140km/h	自2015年起，全球多次测试，多家车企宣布支持；2019年，美国分配C-V2X频率
DSRC	Bosch、Continental、Denso等	<50ms	225m @ 140km/h	已有ETC、AVI等应用

由上述对比可以看出，从 3GPP Rel-14 定义的 LTE-V2X 到 Rel-15 定义的 LTE-eV2X 增强型车联网，再到 3GPP Rel-16 标准定义的 5G-V2X 技术标准发布，蜂窝车联网技术标准的演进路线十分清晰。而对于 DSRC 来说，尽管它的标准定义时间比 C-V2X 早，但后续的演进较慢，具备的能力也基本固化，导致 DSRC 缺乏活力。与 3GPP 定义的 C-V2X 标准不同的是，DSRC 的技术标准定义分别由不同的机构主导，在美国主要由 IEEE 主导，在欧洲地区主要由 ETSI 主导。

目前 C-V2X 和 DSRC 都利用 5.9GHz 的频谱资源，因此两者间存在一定的竞争关系。

在芯片和模组方面，对于 C-V2X 和 DSRC，都有大量的公司可以提供相应的芯片和模组，例如，高通公司宣布推出了一款数据蜂窝网+DSRC 芯片。大多数交通事故是驾驶员的失误造成的，因此汽车之间传递有关信息十分必要。凭借与远程信息处理系统的强大协同作用和向 5G 的演进，C-V2X 通过开发新的能力来提升道路安全性、增强自动驾驶能力和提供先进的互联服务，为汽车行业带来好处。C-V2X 预计助力打造更安全的道路行驶，从而提高生产率，缓解交通拥堵。

时延也是两种技术性能对比的一个重要指标。C-V2X 基于 LTE-V2X 技术标准，已经可以支持 20ms 的时延，Rel-16 标准的时延进一步减少了 1ms。而 DSRC 的通信时延相对较大，需要 50ms 左右。另一个性能对比指标是通信距离，C-V2X 的通信距离可以达到 450m，这是在 140km/h 的情况下实现的。DSRC 当前只能实现 225m 的通信距离，所以 DSRC 的通信距离与 C-V2X 的通信距离也有差距。结合时延和通信距离这两个性能对比指标，C-V2X 的优势比较明显。

从产业进展的角度来看，虽然 DSRC 的起步时间比较早，但是受限于本身的技术能力，DSRC 的应用相对有限。C-V2X 由于具备 3GPP 定义的全球标准与更强的技术能力，现在已经有越来越多的国家和地区宣布支持 C-V2X。C-V2X 可以为自动驾驶提供智能决策和系统控制能力，在性能和通信场景上有一些优势。C-V2X 通信场景如图 5-11 所示。C-V2X 可以利用车和车之间的 PC5 接口、车和基础设施之间的 PC5 接口、车辆和行人之间的 PC5 接口及车和网络之间的 LTE-Uu 接口完成一系列通信任务，能够支持丰富的通信场景。

这里简单总结一下 C-V2X 的优势。

① C-V2X 更有利于支持面向未来的车联网演进。从 Rel-14 到 Rel-15，到 Rel-16，到 Rel-17，再到 Rel-18，C-V2X 有着明确且清晰的演进路线。

② 从业务的角度来说，C-V2X 可以支持 V2P 通信业务。此外，C-V2X 的业务形态更多样化，未来也可以支持更丰富的业务场景。

③ C-V2X 芯片复杂度更低，如 LTE-V2X 使用的芯片可以和 4G 芯片复用。C-V2X 进一步演进到 5G-V2X 时，也可以让 5G-V2X 的车联网芯片和普通的 5G 通信所使用的芯片复用，降低芯片设计的复杂度，实现 PC5 接口和 LTE-Uu 接口共用芯片。

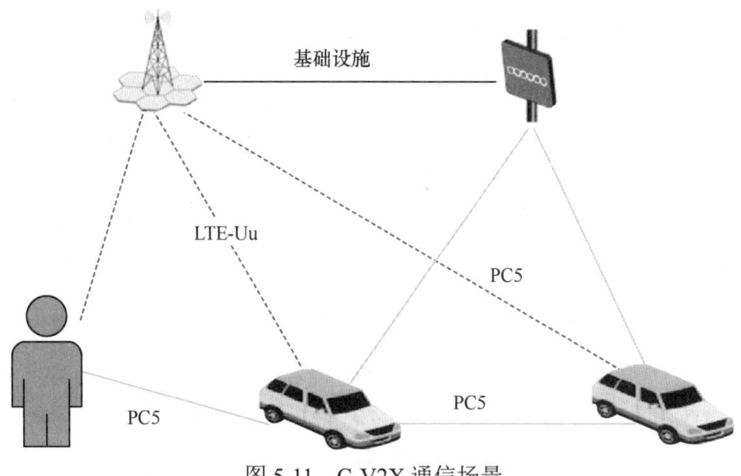

图 5-11　C-V2X 通信场景

④ C-V2X 将支持超大规模经济。C-V2X 需要数据蜂窝网来提供覆盖能力，数据蜂窝网目前由电信运营商建设和维护，所以它的部署方式会更加清晰。

2020 年，美国联邦通信委员会（FCC）决定将 5.9GHz 频段划拨给 Wi-Fi 和 C-V2X 使用，宣布放弃 DSRC 转向 C-V2X，使 C-V2X 成为全球车联网的唯一国际标准。我国也鼓励车联网技术的发展，发布一系列政策扶持。2018 年，《车联网（智能网联汽车）直连通信使用 5905−5925MHz 频段管理规定（暂行）》明确规划 5905～5925MHz 频段为基于 LTE-V2X 技术的车联网（智能网联汽车）直连通信的工作频段。在国内，目前已经有 16 个智能网联汽车测试示范区，它们肩负着建设无人驾驶和 V2X 测试场景、C-V2X 车联网应用、ITS 应用等责任，为车联网的安全性、效率、服务能力的测试等方面贡献着力量。

5.2.2　车联网业务场景和需求分析

3GPP 将车联网的应用场景分成了两类，即车联网初级业务场景和车联网高级业务场景。

1．车联网初级业务场景

3GPP 在技术报告 3GPP TR 22.885 中对此类场景进行了定义。例如在交叉路口，横向道路和纵向道路上都会有车经过，车辆之间可以通过广播信息相互感知，实现交叉路口的车辆碰撞预警，有助于减少车辆碰撞的发生。再如特殊车辆避让场景，在城市道路上会出现救护车，救护车在行驶过程中，可以通过广播通知普通车辆让出相应的车道，让救护车能够快速通过。类似的场景还包括危险路段广播，包括在可能出现灾害性天气时发送预警信息，或者在雨雪天气时给车辆发送相关的道路信息，提高道路行车安全性和道路使用效率。这些初级业务场景对网络侧的要求都不是很高，LTE-V2X 基本可以满足。但随着车联网业务的发展，人们需要越来越多更为复杂、更为实时的服务，这就需要 C-V2X 满足越来越多的高级业务场景的需求。

2．车联网高级业务场景

高级业务场景对网络侧的要求更高，如对时延的要求会更高，对可靠性的要求也会更高。3GPP 对 C-V2X 高级业务场景在技术报告 3GPP 22.886 里面有详细的定义，体现在以下 3 点。①车辆编队，如对于物流运输行业来说，通过对大量行驶的货车进行编队，可以有效地降低燃油消耗。②协作行驶，多辆车在道路上行驶时可以进行相互协同，车辆协作并线场景示意如图 5-12 所示。在常规情况下，A、B、C 这 3 辆车占用双车道，通过 3 辆车间的相互通信实现协作并线，最终达到 3 辆车占用单一车道的目的。③传感器信息共享和远程驾驶，如在恶劣的工作环境中，司机的安全驾驶风险较高，通过远程驾驶，司机能够在远程控制中心中通过远程设备直接控制工作场地的车辆，从而实现远程驾驶，避免实际驾驶带来的风险。高级业务场景对网络的要求更高，因此，高级车联网应用场景主要基于 5G-V2X 来实现。

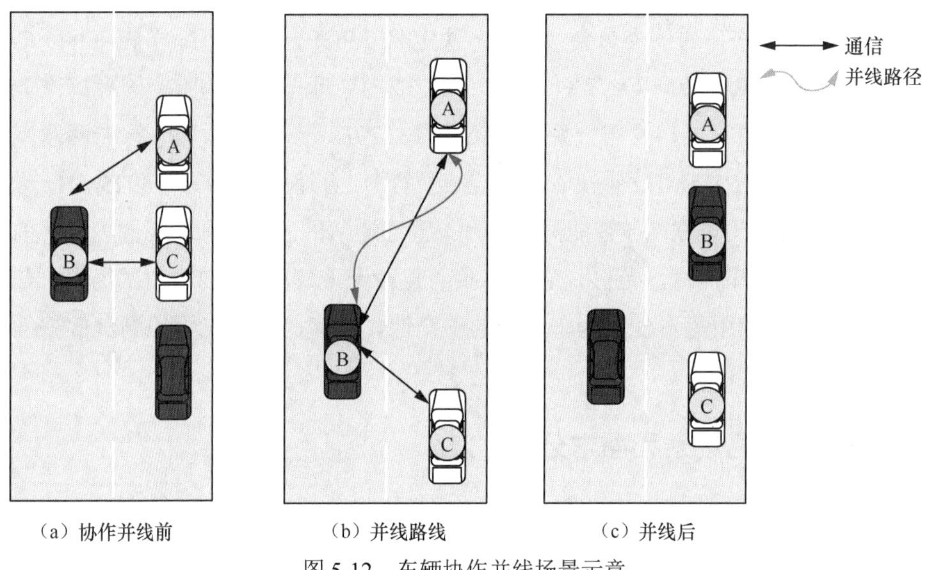

图 5-12　车辆协作并线场景示意

5G 网络可以使能更高阶的自动驾驶，为智能交通系统的建设带来极大的助力。首先，高阶自动驾驶可以带来更高的工作效率。例如，通过自动驾驶解决货车司机短缺的问题，通过车辆编队降低燃油消耗。再者，通过高阶自动驾驶技术，车辆可以实时更新地图，绕过施工路段，然后与其他在网交通载具进行视频共享，协同感知环境，避免视觉盲点等。同样地，基于 5G 的车联网能够支持更低的时延，可以把交互的控制时延降到更低，将响应距离偏差控制得更小，保障车辆安全。

高阶自动驾驶对网络的挑战见表 5-2。如前文所述，高阶自动驾驶对网络有着较高的要求。以远程驾驶为例，远程驾驶对端到端时延的要求比较苛刻，它要求最大的端到端时延是 5ms。另外，远程驾驶的可靠性需要达到 99.999%。

表 5-2　高阶自动驾驶对网络的挑战

高阶场景	最大端到端时延/ms	可靠性	速率/(Mbit·s^{-1})	最小通信直径范围/m
车辆编队	10～25	90%～99.99%	50～65	80～350
协作行驶	3～100	90%～99.999%	10～53，上行为 0.25，下行为 50	360～700
传感器信息共享	3～100	90%～99.999%	10～1000	50～1000
远程驾驶	5	99.999%	上行为 25，下行为 1	—

5.2.3　C-V2X 演进及关键技术

1．C-V2X 标准的演进与部署

（1）C-V2X 的演进

C-V2X 是一种基于蜂窝网络的车联网技术，它通过直接通信（DC）和网络通信（NC）两种方式实现车辆之间、车辆与基础设施之间、车辆与行人之间的通信。C-V2X 的主要应用场景包括车辆安全保障、交通管理、自动驾驶、车联网服务等。

C-V2X 标准演进历程如图 5-13 所示。LTE-V2X 标准在 3GPP 的 Rel-14 中完成了标准化，人们把它叫作 3GPP V2X 阶段 1。随着网络技术的演进和发展，3GPP 的 Rel-15 标准顺应发布了 LTE-eV2X 标准，它是在原有的 LTE-V2X 的基础之上进行增强的，也叫作 3GPP V2X 阶段 2。它对驾驶场景进行了进一步的技术增强。3GPP V2X 阶段 3 是在 3GPP Rel-16 标准中定义的，即 NR-V2X。由于它依托 5G 网络，因此也叫作 5G-V2X。5G-V2X 由于引入了新一代移动通信技术，较前几版本的技术标准有了极大的提高。Rel-16 定义的 NR-V2X 可以让车联网支持更低的时延、具有更高的可靠性。

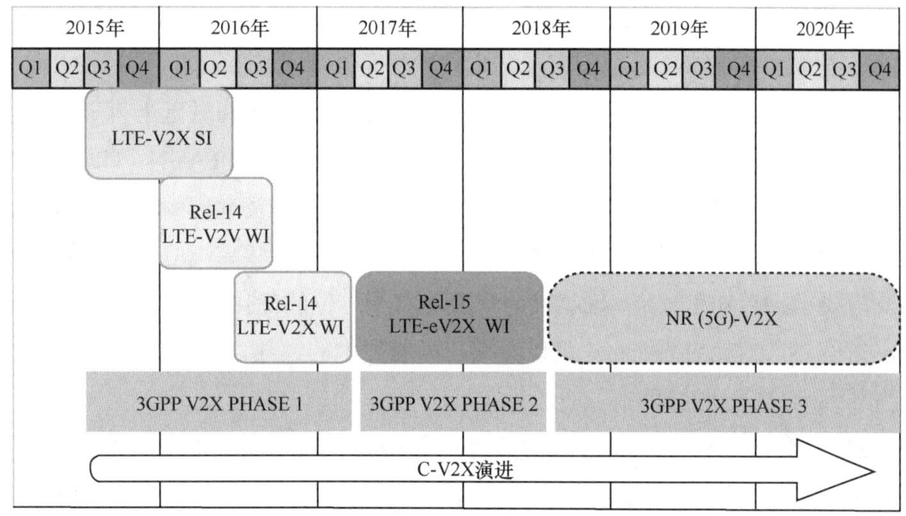

图 5-13　C-V2X 标准演进历程

3GPP Rel-14 标准完成了对 LTE-V2X 技术标准的制定，C-V2X 支持全部 4 类 V2X 应用，V2I 通信、V2V 通信、V2P 通信等均可通过 C-V2X 的 LTE Uu 接口和 PC5 接口实现，其中，基于 D2D 和 ProSe 定义的 PC5 接口是车的模块和车、路侧设备、人交互的接口，在没有无线网络覆盖的情况下，可以作为车辆与车辆间直接通信的途径。3GPP Rel-15 LTE-eV2X 满足了高业务要求，相对于 LTE-V2X，LTE-eV2X 主要针对车辆编队、增强驾驶、扩展传感器、远程驾驶等场景进行技术增强。3GPP Rel-16 的 5G-V2X 满足了高密度交通、车辆编队、协同变道等场景的需求，数据传输速率可以达到 10Gbit/s，时延可以降低为 1～5ms。

LTE-V2X 与 5G-V2X 将满足不同业务场景的需求。LTE-V2X 位于 5G-V2X 的前一个阶段，目前已经可以满足大部分基础安全预警和效率提升类应用的需求。图 5-14 展示了 LTE-V2X 与 5G-V2X 共存的情况。LTE-V2X 主要用于基础安全业务与辅助驾驶。5G-V2X 则主要是为了满足未来一些增值业务与高级自动驾驶等应用场景需求，两者业务能力互补，这与 LTE 网络和 5G 网络相似，将会长期共存。

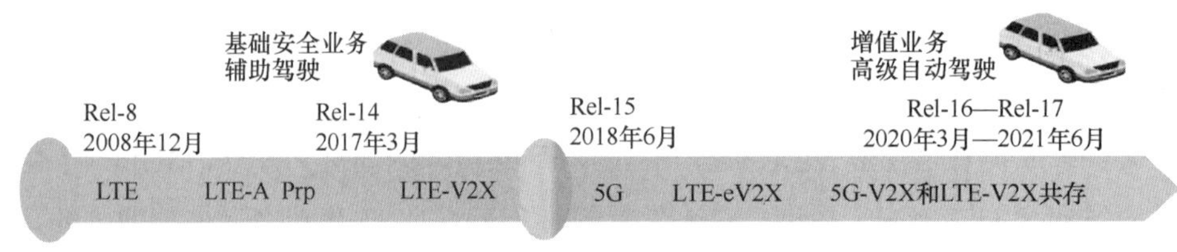

图 5-14 LTE-V2X 与 5G-V2X 共存

早期基于 Rel-14 标准定义的 LTE-V2X 主要满足 3GPP 所定义的 27 种车联网基础业务场景的需求，实现辅助驾驶功能，其中包括主动安全预警（如碰撞预警、紧急刹车等）、交通效率提升（如车速引导）、信息服务等多个方面，具体场景在技术报告 3GPP TR22.885 中有详细的定义。随着技术的发展，LTE-V2X 的增强版本 LTE-eV2X 通过 3GPP 的 Rel-15 发布。顾名思义，LTE-eV2X 空口底层基本技术仍是基于 LTE 的，因此，LTE-eV2X 可以与 LTE-V2X 相互兼容，但比 LTE-V2X 在可靠性、传输速率和时延上有一定程度的优化。与前两个阶段不同，NR-V2X 则以 5G 网络技术为基础。NR-V2X 可以支持 C-V2X 高级应用场景，除了车队编排、协作行驶、传感器信息共享及远程驾驶外，所有高级应用场景的详细定义均可以从 3GPP TR22.886 中进行查阅。这些高级应用场景对网络的要求更高，需要 5G-V2X 在时延、可靠性等参数上有全方位的优化。LTE-V2X、LTE-eV2X、5G-V2X 部分参数对比见表 5-3。可以看出，随着技术的成熟，C-V2X 的参数要求与期望达到的表现也在逐步提高。

C-V2X 的演进过程与无线通信的演进过程相关。在早期的 LTE-V2X 中，PC5 接口和 LTE-Uu 接口都已经实现。例如，LTE-V2X 应用场景示意如图 5-15 所示，V2V 通信基于 LTE-Uu 接口，车辆和网络的 eNodeB 之间也可进行通信。这里需要注意的是，车辆和车辆之间的直接通信使用 PC5 接口，它使用的频段是 5.9GHz 专用频段。对于车辆和网络侧的通信，在 4G 阶段，车辆与 eNodeB 的通信使用 LTE Uu 接口。当然，不同于传统蜂窝网络，LTE Uu 接口在车联网场景中也进行了技术增强。

表 5-3　LTE-V2X、LTE-eV2X、5G-V2X 部分参数对比

C-V2X	时延/ms	可靠性	传输速率/(Mbit·s^{-1})	覆盖直径/m	速度/(km·h^{-1})
LTE-V2X	20	>90%	30	500	500
LTE-eV2X	5	99.99%	300	550	500
5G-V2X	1	100.00%	1000	1000	500

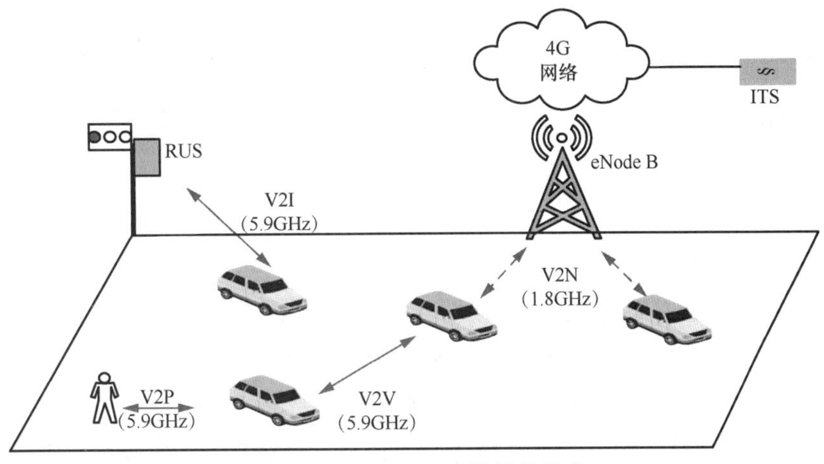

图 5-15　LTE-V2X 应用场景示意

在 LTE-eV2X 阶段，网络具备了更强的资源共享能力，并支持辅助驾驶。LTE-eV2X 应用场景示意如图 5-16 所示。LTE-eV2X 不仅可以支持基站进行无线资源分配，还可以支持车辆自主选择无线资源，这种方式称为差异化的无线资源分配。LTE-eV2X 的目标是在保持与 LTE-V2X 兼容的情况下，进一步提高 V2X 直通通信的可靠性和数据传输速率，降低时延，以满足 V2X 通信更高级业务的需求。

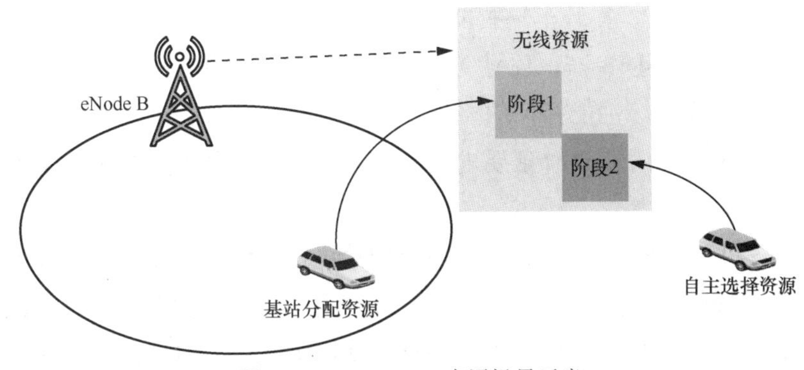

图 5-16　LTE-eV2X 应用场景示意

5G-V2X 在 LTE-eV2X 的基础上进行升级，并依托 5G 网络建设进行部署。首先，5G-V2X 采用了新一代 5G 通信技术，与 LTE-V2X 相比，能够有更高的数据传输速率和更低的时延，能够支持更多的设备连接和更广泛的应用场景，5G-V2X 应用场景示意如图 5-17 所示。其次，5G-V2X 采用了更新的调制方式和更强的多天线技术，能够更好地适应不同的信道环境和多路传输需求。此外，5G-V2X 支持更高带宽、更多频率组合，可以更好地满足未来车联网的应用需求。最后，5G-V2X 支持更多的协议和应用程序，能够更好地实现车辆之间、车辆与路边设施之间的协同控制和信息共享。

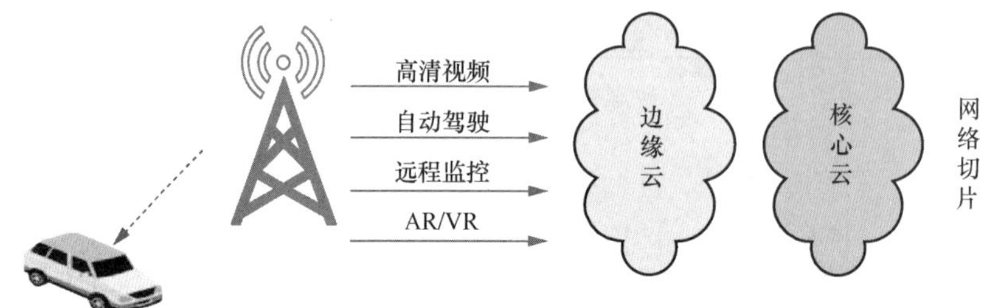

图 5-17 5G-V2X 应用场景示意

（2）C-V2X 的部署

在 C-V2X 的部署方面，为实现“车路云”协同“两率一感”(“两率”即路侧设备及车载设备渗透率，“一感”即使用者获得感）的持续提升，基于云平台进行“车路云”基础设施的建设。核心业务全部部署在公共云或混合云上，由云平台统一监控全路段资源、数据和事件，实现整体管控以及多区域的联合管制、通知及协同作业。各区域可以依靠云平台的云服务能力进行业务场景定制化开发。基础设备的部署分为路侧通信感知一体化设备部署、融合感知计算节点部署、传输设备部署和云平台部署，其中路测通信感知一体化设备部署方案包括十字路口部署、丁字路口部署、长直道路部署、环岛部署方案、匝道路口部署和急转弯路口部署。

基于运营商自身优势，车联网部署可以以立体通信网络搭建、云协同平台建设为重点，充分赋能新业务、新产业，利用多种协同通信方式提供自动告警、车辆编队、远程驾驶、自动驾驶等服务，提升车辆智能化水平，创造全新驾驶体验，保障行车安全，布局未来交通网络。不同的车联网业务对网络性能的要求不同，如对数据传输速率、连接数、时延、可靠性等性能指标的要求不同，因此车联网业务场景相应地分为中低时延要求车联网业务场景、高时延要求车联网业务场景、大连接车联网业务场景业务场景。

中低时延要求车联网业务的端到端时延约为 30ms。此类业务通常发生在交通流量相对较小、行车路线固定的特定路段上，车辆运行多由网络平台进行控制，无线网络在这一过程中发挥数据传输中介的作用。以在成都二环内的公交专线为例，它部署了公交车辆自动编队系统。该系统利用边缘服务器上的软件平台实现对公交车辆编队间隔和速度的控制，根据位置和速度信息制定最优行驶策略，确保公交车辆在道路上均匀分布，从而避免公交车辆到达时间不合理而导致乘客排队等候时间过长。

高时延要求车联网业务的端到端时延在 30ms 以内。传统的 LTE 网络需要引入 LTE-V2X、NR-V2X 等，否则很难达到此类业务对时延和可靠性的要求。出于安全考虑，此类车联网多以专网的形式规划部署，部署频段与附近的公网站点进行区别，避免发生干扰。以中国移动通信集团湖北有限公司（简称湖北移动）的“东风 5G 车联网一期工程”项目为例，该工程以车联网专网的形式对东风技术中心园区进行覆盖，目标是保障东风汽车远程驾驶业务体验。在整个业务流程中，车辆通过车载终端接入网络，通过由无线网及核心网组成的园区专网实现视频与控制信号的传输。

大连接车联网业务类似于蜂窝物联网业务，大量交通设施（如信号灯、路牌、路障）通过加装模组接入网络实现路况提示、弯道告警、路口避让预警等辅助驾驶类 V2I 通信业务。与蜂窝物联网业务不同的是，V2I 通信业务除了接入数量庞大的设备，对时延和数据传输速率的要求很高，流量密度近似于传统 LTE 用户的小分组业务，因此这类业务除了对时延、可靠性的要求高外，对网络容量的要求同样严格。大连接车联网业务也需要部署专网，除了采用 V2X 技术实现视距内传输，还可以通过 MIMO 技术提升网络容量保障能力。鉴于路口、弯道处发生的业务情景较多，这时可以通过采用部署 RSU 的方式保证对重要位置的覆盖。以广州广汽基地园区车联网工程为例，该工程以专网的形式对车联网演示路段进行覆盖，保障区域内交通设施、车辆与基站间的通信，验证 V2I 通信相关业务。它的专网采用 3.5GHz 频段，规划了 2 个站点、10 个扇区、3 个 RSU，其中，3 个 RSU 的部署位置对应 3 个不同的应用场景（T 字路口避障、盲区警示、道路施工警示），RSU 采用有线回传方案，通过光纤网络连接机房。

未来，C-V2X 技术将在我国车联网领域中扮演越来越重要的角色。随着 5G 的不断发展和普及，C-V2X 技术的应用场景将会进一步增多和 C-V2X 技术的发展空间将会进一步扩大。同时，政府和企业也将继续加大对 C-V2X 技术的投入和支持，加速 C-V2X 技术在我国的应用和推广，集中表现在以下几个方面。

首先，在交通领域中的应用是 C-V2X 重要的发展方向。未来，C-V2X 将会在车辆与车辆之间的通信、车辆与基础设施之间的通信中发挥更加重要的作用，帮助提高道路安全性和交通效率。例如，C-V2X 在为人们的交通出行提供更好的服务的同时，还能通过与交通信号控制中心的通信，帮助车辆避免事故和拥堵，提高道路通行效率，实现交通信号的优化和道路规划的智能化。

其次，随着自动驾驶技术的不断发展和普及，C-V2X 在自动驾驶领域中的应用也将得到进一步推广。未来，C-V2X 将会在自动驾驶车辆之间的通信中发挥更加重要的作用，实现车队协同，提高自动驾驶车辆的安全性和运行效率。同时，C-V2X 也可以通过与交通灯、路标等基础设施的通信，实现交通信号的优化和道路规划的智能化，从而为自动驾驶提供更好的环境。

最后，C-V2X 在工业领域中的应用也将进一步普及。未来，C-V2X 将会在工业设备之间的通信中发挥更加重要的作用，实现设备之间的协同和优化。例如，在工业自动化领域中，C-V2X 可以帮助设备之间实现更加智能的互联和通信，提高工业生产效率和生产质量。在物流领域中，C-V2X 可以帮助货车实现更加高效的配送和运输，提高物流效率和服务质量。

我国各级政府都非常重视 C-V2X 的应用和推广，C-V2X 未来的发展前景十分广阔。通过不断地进行技术创新和产业合作，C-V2X 将会为我国的交通出行、自动驾驶和工业自动化等领域带来更加先进和智能的解决方案，为我国经济和社会的发展作出卓越贡献。

2．LTE-V2X 相关技术

（1）D2D 通信

D2D 通信指设备和设备之间的直接连通，也叫作直接通信。早期出现的蓝牙可以归纳为一种广义的 D2D 场景。例如，两个手持终端通过蓝牙互相匹配，可以直接进行数据传输。3GPP 的 Rel-12 将 D2D 通信定义为 ProSe，该通信业务称为邻近业务。邻近业务指两个终端之间的直接通信，前提条件是这两个终端彼此邻近，是基于业务维度定义的一种通信形态。对于邻近业务，它需要使用一条特殊的通信链路，该链路被称为 Sidelink，中文意思为侧行链路或直通链路。与无线通信链路不同的是，直通链路侧重于设备间的直接通信，以减少对蜂窝网的依赖。在 LTE-V2X 阶段，由于此时的底层技术仍是基于 LTE 的，LTE-V2X 仍然使用 LTE 无线网络的演进 UMTS 陆地无线接入网（E-UTRAN）。对于车联网应用场景，终端可以通过无线网的上行链路和下行链路，利用 LTE Uu 接口实现与网络的通信。

在由 D2D 通信用户组成的分布式网络中，每个用户节点都具备发送信号和接收信号的功能，并且拥有自动路由的能力。这些用户节点共享多种硬件资源，甚至提供信息处理、信息存储和网络连接的能力，从而为整个网络提供全面的服务支持。在这样的 D2D 通信网络中，用户节点不仅能够充当服务器，还能作为客户端，服务器用户与客户端用户之间相互感知，组织、协作的动态性得以实现。

在 3GPP 体系中，D2D 通信技术包括邻近发现和邻近通信两部分。邻近发现指具有 D2D 通信功能的用户设备在邻近的区域内能够互相发现，包括直接发现、EPC 等级发现，以及 4G 核心网支持的 WLAN 直接发现。直接发现用于在没有基础设施支持的情况下，使 D2D 通信设备之间进行直接邻近通信。演进的 4G 核心网等级发现是在 D2D 通信设备之间建立安全的通信链路，确保 D2D 通信设备之间的通信符合网络规则和安全策略。当 D2D 通信设备在邻近区域内进行发现时，需要先通过 4G 核心网获取对方设备的相关信息，如身份认证、用户权限、位置信息、信任度等，才能建立通信链路。这些信息需要在 4G 核心网中进行交互和验证。4G 核心网支持的 WLAN 直接发现和通信指 LTE 网络为 WLAN 直接发现和通信提供支持的一种机制，其主要作用是使 LTE 设备（如手机、平板电脑等）能够利用 WLAN 直接发现和通信技术，与其他设备（如智能电视机等）进行直接通信，而无须通过 LTE 网络进行中转。

邻近通信指在能够实现直接通信的范围内的两个或多个具有 D2D 通信功能的用户设备之间建立通信链路，包括一对一通信、一对多通信和中继通信等。不同网络覆盖下的 D2D 通信场景见表 5-4，D2D 通信的 4 种场景如图 5-18 所示。

表 5-4　不同网络覆盖下的 D2D 通信场景

通信场景	A：覆盖范围外	B：部分覆盖	C：覆盖单小区	D：覆盖多小区
用户设备 UE 1 位置	覆盖范围外	覆盖范围内	覆盖范围内	覆盖范围内
用户设备 UE 2 位置	覆盖范围外	覆盖范围外	覆盖范围内	覆盖范围内

（a）覆盖范围外　（b）部分覆盖　（c）覆盖单小区　（d）覆盖多小区

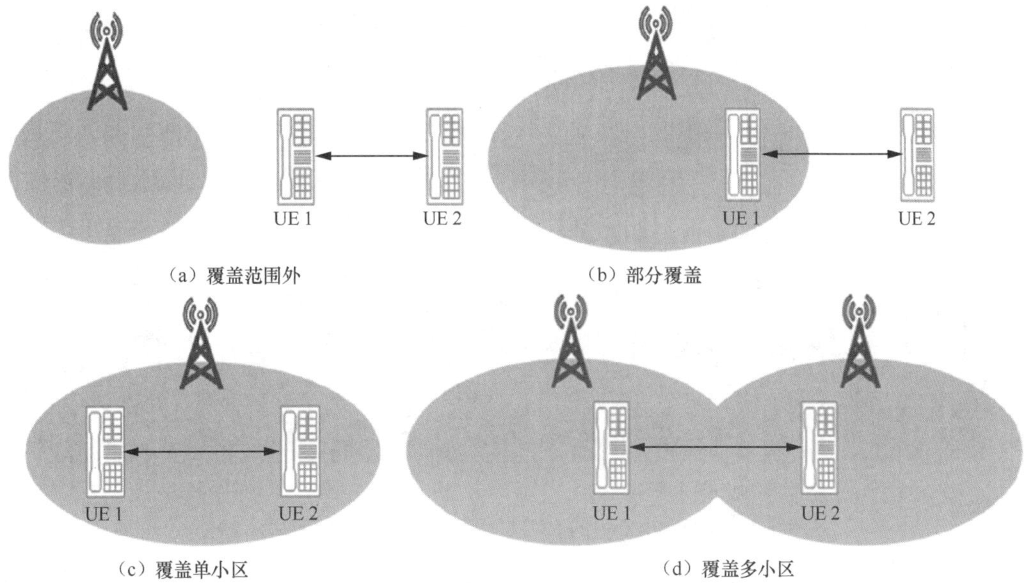

图 5-18　D2D 通信的 4 种场景

在不断发展的过程中，D2D 通信已经突破了最初定义时的局限，现在的 D2D 通信技术能够满足广告推送、大型活动素材分享、朋友间的信息分享等多种业务的需求。D2D 通信具有明显的技术特点，其最大的优势体现在工作于许可频段上。与其他类似技术相比，D2D 通信技术作为 LTE 通信技术的有力补充，使用数据蜂窝网的频段，既能使通信距离增加，也能保持用户的体验质量。D2D 通信又因距离较短，信道质量好，可以实现更高的传输速率，并能满足人与人之间大量的信息交互需求，提供更好的 QoS。

D2D 通信带来的收益是多方面的。一方面提高了无线频谱资源的使用效率，从而为数据蜂窝网减轻了负担。另一方面提升了用户体验。D2D 通信通过提供一种全新的连接方式，使邻近用户能够近距离分享数据或开展小范围内的社交和商业活动，从而极大地改善了用户体验。还有一方面扩展了通信应用，减少了移动终端的电池功耗，提高了网络基础设施的稳健性。传统无线通信网络对通信基础设施的依赖度较高，一旦核心网设施或接入网设备损坏，通信系统很有可能会出现连带问题，甚至引起通信系统瘫痪。然而，引入 D2D 通信后，终端可以实现端到端通信，甚至在无线通信基础设施损坏或处于覆盖盲区时，也能接入数据蜂窝网，从而显著提高网络的稳健性。

（2）LTE-V2X 中的接口

LTE-V2X 中的 LTE Uu 接口与 PC5 接口应用示意如图 5-19 所示，LTE-V2X 根据接口类别可分为 V2X-Direct 和 V2X-Cellular 两种通信方式。V2X-Direct 采用 PC5 接口，使用车联网专用频段（如 5.9GHz 频段），实现车、路、人之间的直接通信，具有时延低、支持速率较高的特点。V2X-Cellular 通过 LTE Uu 接口转发数据，采用的是数据蜂窝网频段（如 1.8GHz 频段）。PC5 接口多采用分布式，以 3GPP Rel-12、Rel-13 标准中的 ProSe 为基础制定，可以实现高速率和高密度通信。在 V2V 通信或 V2I 通信场景且没有 LTE 网络覆盖的环境中，邻近设备通过 PC5 接口也可以进行直接通信。

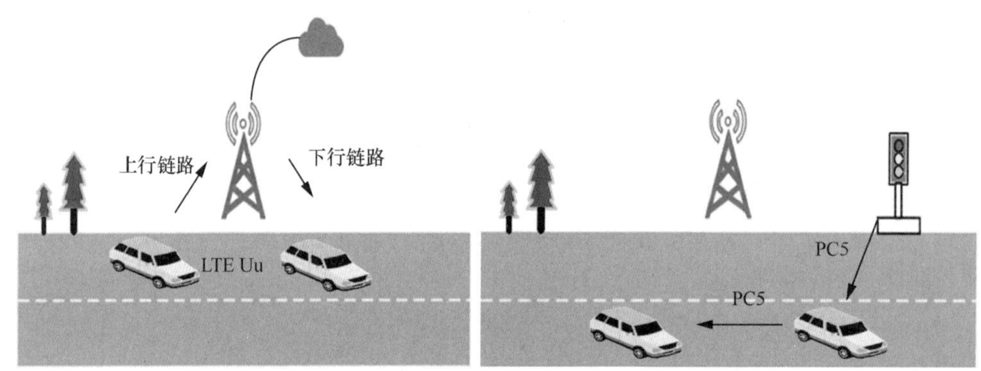

（a）V2X-Cellular中的Uu接口　　（b）V2X-Direct中的PC5接口

图 5-19　LTE-V2X 中的 LTE Uu 接口与 PC5 接口应用示意

比较传统的 LTE Uu 接口和 PC5 接口，可以发现两者的通信方式存在差异。虽然使用 LTE Uu 接口，车辆可以实现上下行通信，但是 V2X 对通信时延和可靠性的要求更高，因此需要采用新技术来降低 LTE Uu 接口的时延，提高 LTE Uu 接口可靠性。相比之下，PC5 接口更适合车联网业务的特殊要求。它实现了车辆与车辆之间、车辆与 RSU 之间的直接通信，这实质上是属于 D2D 通信场景。这种通信方式可以进一步降低时延并提高可靠性，因此更加适合车联网业务这种要求更高的场景。总体来说，直通场景可以使用 PC5 接口，上下行通信则需使用 LTE Uu 接口。

（3）LTE-V2X 中的 LTE Uu 接口增强

LTE-V2X 中的 LTE Uu 接口是 OBU 和 RSU，以及 OBU 与 LTE 基站之间的接口，在 LTE-V2X 中，LTE Uu 接口使用了时延优化和 QoS 增强技术。针对时延优化，LTE-V2X 使用了预调度和短周期的半永久性调度（SPS）技术。这些技术不仅能够降低时延，还能够统一划分数据蜂窝网的无线资源，并由基站来控制分配资源，使车辆在通信过程中能够更有效地使用网络资源。

预调度的 SPS 技术指网络提前将一定的无线资源调度给终端，终端无须向网络请求资源调度，可以直接使用已分配的资源与网络进行通信，从而降低时延。LTE-V2X 中的 SPS 应用如图 5-20 所示，车辆预先将自己的运行模式告知网络，网络则根据已有的一系列 SPS 模式，为车辆分配最适合其资源使用习惯的资源分配模板，从而实现预调度。

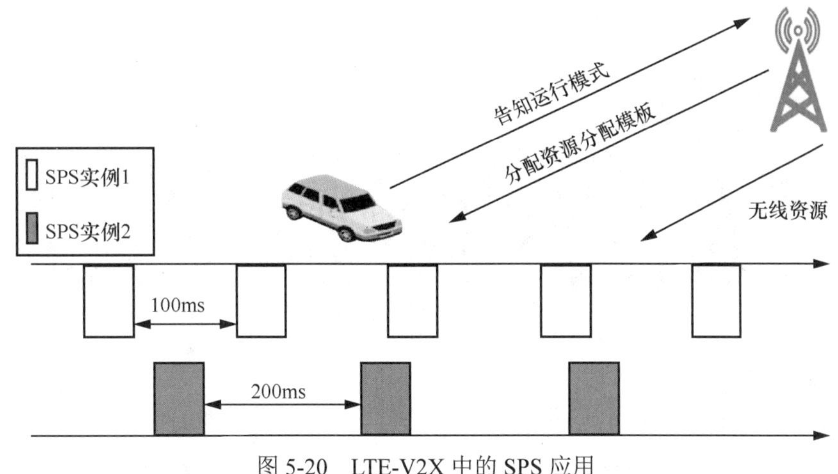

图 5-20　LTE-V2X 中的 SPS 应用

短周期的 SPS 技术指在一次资源调度中，网络调度一定的时间域和频率资源给终端，终端可以在随后的一个周期中一直使用这些资源，不需要频繁地与网络沟通，因此也可以降低时延。半静态调度在公共蜂窝网中已有使用，如高清语音业务。LTE-V2X 中的 LTE Uu 接口支持更短周期的半静态调度，同时也支持多进程，可以同时向终端调度多个进程，最多可以调度 8 个进程，从而提高资源利用率，降低时延。LTE-V2X 通过使用预调度和短周期的 SPS 技术，能够更好地管理和控制蜂窝网的无线资源，使车辆在通信过程中能够更快速、高效地使用网络资源，降低时延，提高通信质量。同时，LTE V2X 中的 LTE Uu 接口还使用了 QoS 增强技术、专用的 QoS 等级指示（QCI）。车联网业务对于时延和可靠性的要求都比较严格，因此定义了一些特殊的 QCI，告诉网络这些业务需要保证低时延、高可靠性。通过使用这些专用的 QCI，网络可以承载不同的业务，提供不同等级的服务质量，进一步提高通信质量。

对于 LTE Uu 接口来说，使用它比较多的是单播业务，即点到点通信，也就是终端到网络的连接。但是，LTE-V2X 的 LTE Uu 接口中还纳入了多播技术，灵活多播技术如图 5-21 所示。单小区点对多点（SC-PTM）技术是一个点到多点的多播场景，通过多播实现更丰富的业务场景。SC-PTM 可以实现和单播业务共用物理信道，即单播业务和多播业务共同使用物理下行控制信道（PDCCH）和物理下行共享信道（PDSCH），通过多用户调度，灵活分配资源。多播区域可以逐小区进行动态调整，通过组无线网临时标识（G-RNTI）实现多用户调度，在网络侧发送调度消息。在调度消息内，G-RNTI 用于加扰，让一组用户都能够识别。在进行单播通信时，普通单播通信场景通过小区无线网临时标识（C-RNTI）进行加扰。C-RNTI 是由基站给终端临时分配的 ID，不同的用户使用不同的 C-RNTI。多播通信场景下定义了特殊的 G-RNTI，让多个用户都能够接收数据，以满足多播业务要求。

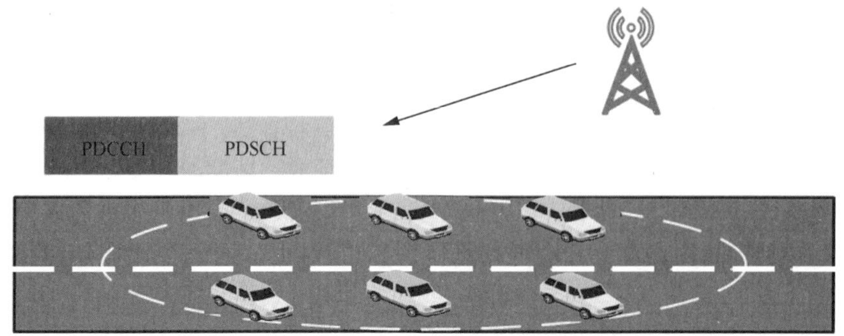

图 5-21 灵活多播技术

（4）LTE-V2X 中的 PC5 接口增强

LTE-V2X 中的 PC5 接口包含两种调度模式。一种是基站调度模式，主要用于车辆与基础设施之间的通信，以及车辆与行人之间的通信。基站通过调度控制信息分配无线时域资源和频域资源给终端，两个终端在 ITS 频段（如 5.9GHz 频段）内实现 PC5 接口的通信。网络侧基站通过基站调度对时域资源和频域资源进行统一协调，减少小区干扰。另一种是用户自主选择模式，主要用于车辆与车辆之间的通信，此时没有基站的存在，例如车辆已经不在蜂窝网覆盖范围内，无法接收基站信号。此时终端可以自主选择资源，从资源池中选择 PC5 接口通信所需的时域资源和频域资源。用户自主选择模式更加灵活，可以满足特殊场景下的应急需求。但是需要注意的是，在用户自主选择模式下，由于终端自行选择资源，干扰水平可能会有所上升。这两种调度模式各有千秋，前者可以通过集中的控制节点来协调时域资源和频域资源，从而降低干扰水平；后者则更加灵活，但可能导致干扰水平上升。PC5 接口的两种调度模式如图 5-22 所示。

业界普遍认为，对于 V2V 通信业务必须使用 PC5 接口来承载，因为 V2V 通信业务需要汽车在未被蜂窝网覆盖的情况下依然能够保证安全性和交通效率。对于 V2P 通信业务，业界希望使用 PC5 接口，并希望能够借助 LTE 芯片的升级换代将 PC5 接口快速渗透到个人手机中。对于 V2I 通信业务，业界目前没有明确的承载技术，PC5 接口和 LTE Uu 接口需要根据以下实际因素进行选择和部署。

① 行业诉求：由于需要使用 RSU 对车辆进行管控和调度，交通部门需要通过 5.9GHz 专网承载 V2I 通信业务的需求，此时 V2I 通信业务需要使用 PC5 接口来承载。

② 网络覆盖：对于没有数据蜂窝网覆盖的区域，可以考虑快速部署 PC5 接口类型的 RSU，提供 V2I 通信业务。

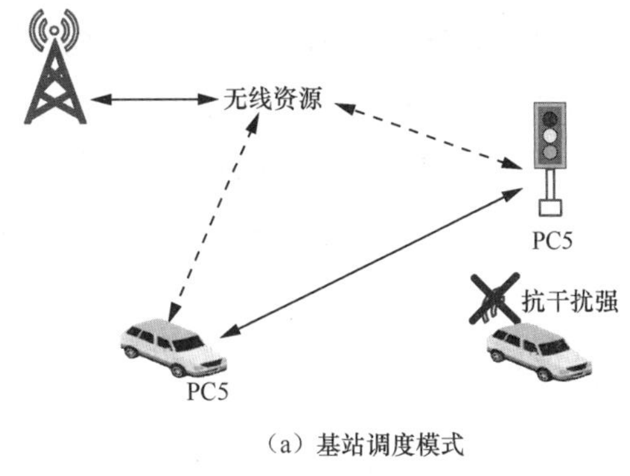

（a）基站调度模式

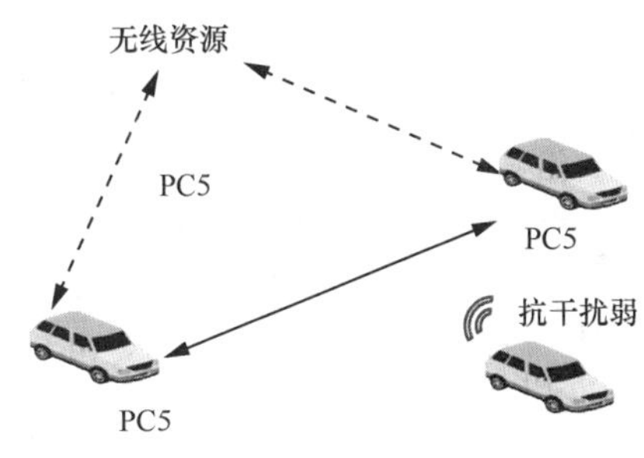

（b）用户自主选择模式

图 5-22　PC5 接口的两种调度模式

③ 传输效率：LTE Uu 接口目前还在提供单播通信（LTE 广播、多播通信商用较少，需网络改造），而单播通信的资源开销会随着车辆数量的增加而增加，在车辆密集区域中可能无法满足网络要求。而 PC5 接口具备广播、多播通信的特点，可以考虑部署 PC5 接口，以提高传输效率。

④ 跨运营商支持：当 V2I 通信业务通过使用 LTE Uu 接口来承载时，只有用户在同一运营商的网络下才能享受该业务。PC5 接口承载的 V2I 通信业务则不受此限制，能够有效地提高无线频率的利用率。

⑤ 通信时延，相较于使用 LTE Uu 接口进行通信的基站，使用 PC5 接口进行通信的 RSU 可以实现时延更小的 V2I 通信业务承载。当然，基站可以通过结合移动边缘计算来降低时延。

（5）LTE-V2X 网络架构

LTE-V2X 有两种工作场景。一种是基于蜂窝网覆盖时的场景，可通过数据蜂窝网的 LTE Uu 接口提供服务，实现大带宽和广覆盖的通信。在这种情况下，LTE-V2X 还可通过 PC5 接口实现车辆与周围环境节点的低时延、高可靠性的直接通信。另一种是独立于数据蜂窝网的工作场景，在无数据蜂窝网覆盖的区域内通过 PC5 接口提供基于车联网的道路服务，满足驾驶安全需求。

LTE-V2X 的基础仍是 LTE 网络，因此其网络架构可以类比于 4G 网络架构。LTE-V2X 网络架构如图 5-23 所示，可以清晰地看到一条灰色虚线，它的右上方是 4G

核心网，包括移动管理实体（MME）、服务网关（SGW）、分组数据网络网关（PGW）和归属签约用户服务器（HSS），这些都是 EPC 的网元。MME 负责获取与 V2X 相关的订阅信息作为订阅数据的一部分，为 E-UTRAN 提供有关 V2X 使用的用户设备授权状态的指示。SGW 主要用来连接无线网和核心网，不仅可以接收和分发移动终端的数据流，还可以处理移动终端和移动核心网网元的控制信令，当移动终端切换到另一个基站时，协助移动终端实现无缝切换。PGW 主要用于连接移动网和互联网，负责实现移动终端的数据包的路由选择、安全检查、地址转换、QoS 策略控制等功能。同时，PGW 还负责与其他运营商或者移动网络之间的漫游连接。HSS 存储移动用户的身份认证、授权、计费、用户资料等重要信息，为核心网提供用户数据管理服务，管理移动用户的身份认证和鉴权过程，为 MME 等其他核心网网元提供用户信息的查询和身份认证等服务。

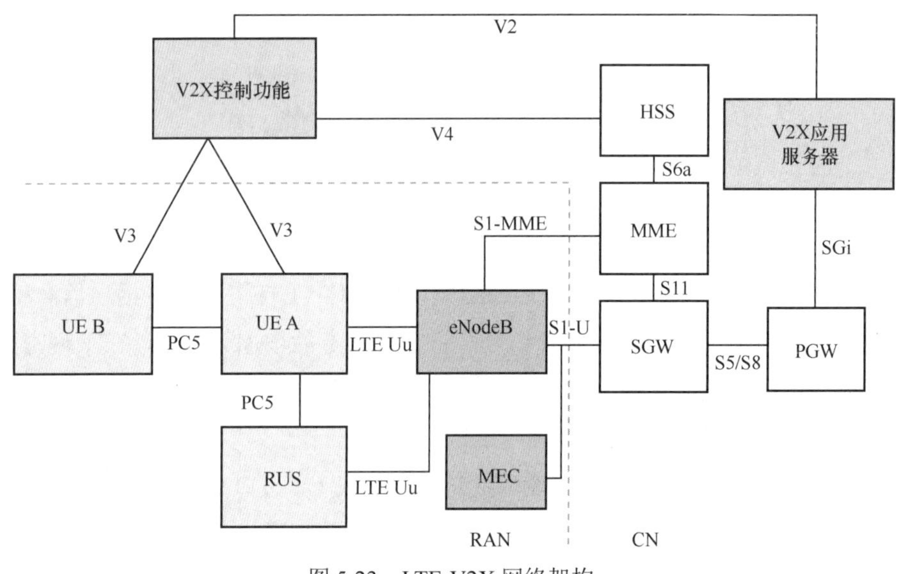

图 5-23 LTE-V2X 网络架构

在图 5-23 中，除了 4G 核心网的网元外，还有 V2X 应用服务器和 V2X 控制功能。V2X 应用服务器提供通过单播业务或多媒体广播组播业务（MBMS）传输数据、映射地理位置信息到广播目标上、配置本地 MBMS 信息、向广播组播业务中心（BM-SC）发送 MBMS 信息并请求/取消分配临时移动群组标识（TMGI）、激活/去激活/修改 MBMS 承载等功能。同时，V2X 应用服务器还为 V2X 控制功能提供 V2X 通信参数，并为 PC5 接口上的 V2X 通信给用户设备提供参数。V2X 控制功能支持 V2X 通信所需的网络操作，为用户设备提供必要的参数，以及发现和获取与 V2X 通信相关的参数。在一些低时延场景中，一些车联网业务功能可以放在边缘数据中心中，用来满足对时延的要求。

在图 5-23 灰色虚线的左下方中，底层是用户设备，对于车联网来说，它即为车辆。图 5-23 中表示为 UE A 和 UE B。车辆之间、车辆与 RSU 之间通过 PC5 接口进行通信，车辆与基站 eNodeB 通过 LTE Uu 接口进行通信。

图 5-23 中还存在其他接口。V2 接口是 V2X 应用服务器与 V2X 控制功能之间的参考点，一般由运营商掌握。连接到 V2 接口的 V2X 应用服务器可以连接属于多个公共陆地移动网（PLMN）的 V2X 控制功能。V3 接口是车辆与车辆归属的 PLMN 中的 V2X 控制功能之间的参考点，但不是直接连接的物理接口。V3 接口通过网络与核心网连接，最终再连接 V2X 控制功能，不仅适用于基于 PC5 接口和 LTE Uu 接口的 V2X 通信，也适用于基于 MBMS 和 LTE Uu 接口的 V2X 通信。V4 接口是 HSS 与运营商网络中的 V2X 控制功能之间的参考点。LTE-V2X 还存在一些其他借口。V5 接口是车辆中 V2X 应用之间的参考点，3GPP 相关规范并没有对这个参考点进行指定。V6 接口是 HPLMN 的 V2X 控制功能与 VPLMN 的 V2X 控制功能之间的参考点。

3．5G-V2X 技术

（1）概述

随着 3GPP 的技术演进，5G-V2X 在 3GPP Rel-16 标准中被定义。由于在 LTE 设计之初并没有充分考虑车联网技术，随着智能汽车的迅速发展，LTE 网络显得“捉襟见肘”。5G 在设计之初就考虑了智能汽车及车联网的相关需求，所以，V2X 成为 5G 网络的必备部分。5G-V2X 的目标是实现更低的时延、更高的可靠性、更大的带宽、更精准的定位及更高的覆盖能力，要实现这个目标，就需要引进一些新的技术和新的网络架构。

5G-V2X 的发展有望融合 LTE-V2X 及 DSRC，为交通参与者提供更安全、更高效的运行支持。从网络架构的角度来说，5G-V2X 支持 V2X 切片，支持边缘数据中心与边缘计算。从融合的角度来看，5G-V2X 可以实现与 LTE-V2X 的融合组网。5G-V2X 在 LTE Uu 接口上也进行了增强，这里的 LTE Uu 接口指终端和 5G gNodeB 之间的接口。5G-V2X 支持双连接及具备扩展能力的增强型 LTE Uu 接口。另外，从频谱的角度来看，5G-V2X 的旁链路（Sidelink）可以同时支持免授权的 ITS 频谱及授权的 ITS 频谱，支持的频谱和频带范围较 LTE-V2X 更广。同时，5G-V2X 对定位功能也进行了增强，相较于 LTE-V2X，5G-V2X 在 Uu 接口上定义了高精度定位，同时也支持基于 Sidelink 的定位功能。

（2）Uu 接口增强

5G-V2X 的 Uu 接口增强首先表现为用户中心网络（UCNC），UCNC 以用户体验为中心而不是以网络指标为中心，可以使终端感知不到小区边界。对于蜂窝网来说，当终端从一个小区移动到另一个小区时，存在重选空闲态问题，连接状态在业务过程中也会出现切换问题，这些都会使终端的业务感知水平出现一定程度的下降，从而影响终端的感知。但是，通过 UCNC，用户感知不到小区边界，对业务的体验得到提升。

5G-V2X 通过超级小区将连续覆盖的多个独立的发射接收点（TRP）对应的覆盖区

域合并为一个超级小区来提供业务，每个 TRP 都会使用相同的物理小区标识（PCI）和全球小区识别码（CGI），用户设备在 TRP 间移动时感知不到多个 TRP 的存在，因此不需要切换。这样的方式能够提升 TRP 覆盖交叠区的用户体验。5G-V2X 的 LTE Uu 接口增强技术如图 5-24 所示，车辆通过由多个传输接收点绑定成的一个超级小区，此时，车辆在此范围内移动的时候不需要进行切换，用户体验更好。5G-V2X 的 LTE Uu 接口还使用了双连接技术，双连接可以让终端同时接入 4G 的 eNodeB 及 5G 的 gNodeB，以提供更好的业务体验。NR-V2X 架构分为 SA 和多无线接入技术双连接（MR-DC），共包含 6 种部署方案。5G-V2X 独立部署与 MR-DC 部署如图 5-25 所示，其中方案 1～方案 3 为 NR-V2X 独立部署模式，方案 4～方案 6 为 MR-DC 部署模式。

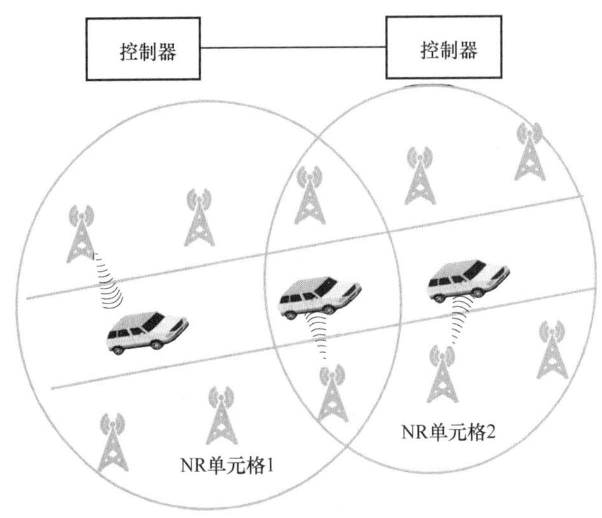

图 5-24　5G-V2X 的 LTE Uu 接口增强技术

LTE Uu 接口还进行了多播增强，5G-V2X 定义了灵活多播技术，支持车辆编队等高阶车联网服务。LTE Uu 接口的多播增强如图 5-26 所示，对多播能力的支持主要通过 5G 核心网的业务管理功能（SMF）和用户面功能（UPF）这两个模块来实现。

另外，5G-V2X 还定义了统一的 QoS 管理。在 5G 的 LTE Uu 空口协议栈中，新增加了一个称为服务数据适配协议（SDAP）层的协议层，用来实现 QoS 映射和管理。对于 5G 网络来说，上层有各种各样的业务，不同的业务对于网络侧的要求是不一样的。有的业务可能要求速率更高，但是它可能对时延不太敏感。有的业务对速率的要求不是很高，但是它对时延非常敏感。不同的业务最终通过无线信道传播的时候，映射到无线接口的数据无线电承载（DRB）上，通过 DRB 承载上层下送的各种各样的业务。5G-V2X 的 QoS 管理需要把上层下送的不同业务流分成不同的 QoS 流，通过 SDAP 层把上层的不同业务流映射给无线接口不同的 DRB 上。在 NR-V2X 中实现了 LTE Uu 接口和 Sidelink（PC5 接口）的 QoS 统一，基于统一的协议标准，实现上层不同业务和无线接口 DRB 上的映射。5G-V2X 中的 QoS 统一如图 5-27 所示，不同的 V2X

数据包被分成了不同的 QoS 流，通过 SDAP 映射到无线网络的不同 DRB 上，实现不同的 QoS 保障。

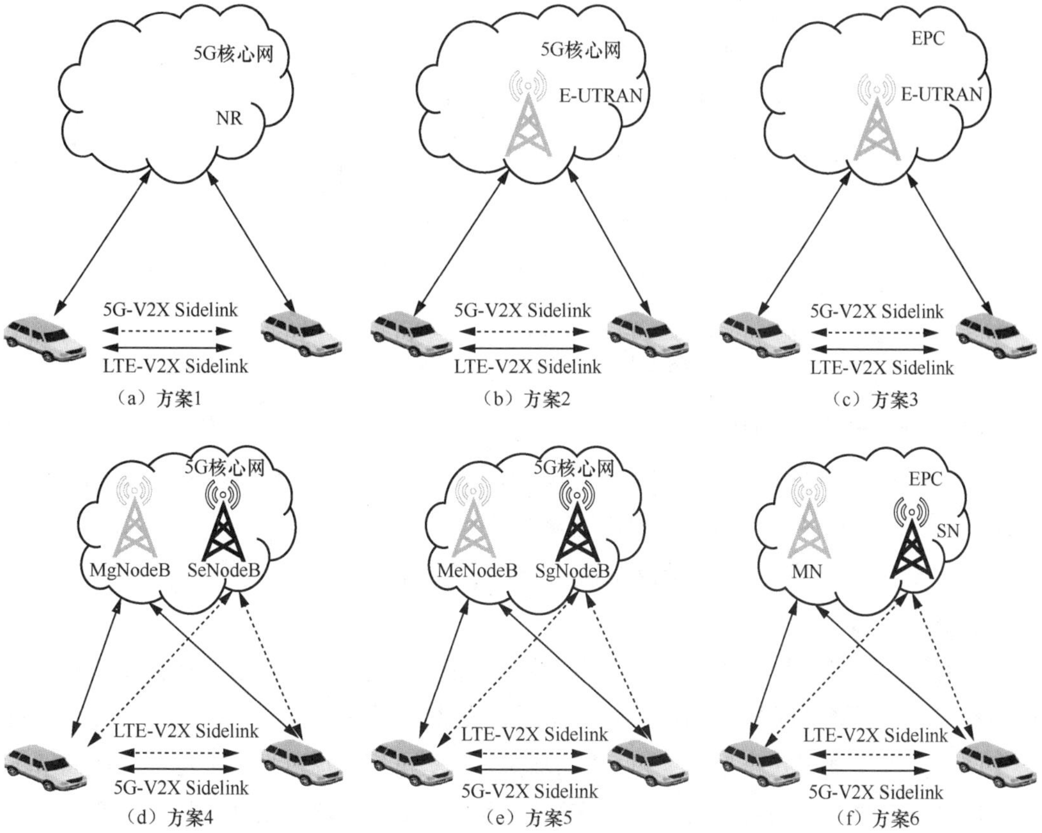

（a）方案1　（b）方案2　（c）方案3

（d）方案4　（e）方案5　（f）方案6

图 5-25　NR-V2X 独立部署与 MR-DC 部署

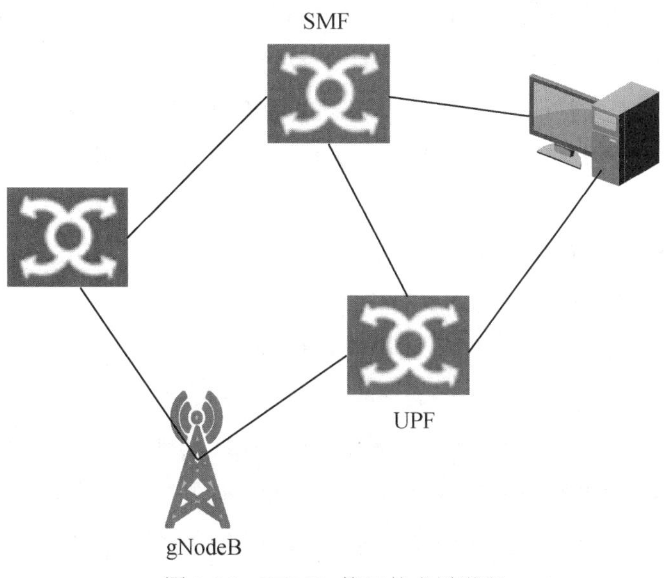

图 5-26　LTE Uu 接口的多播增强

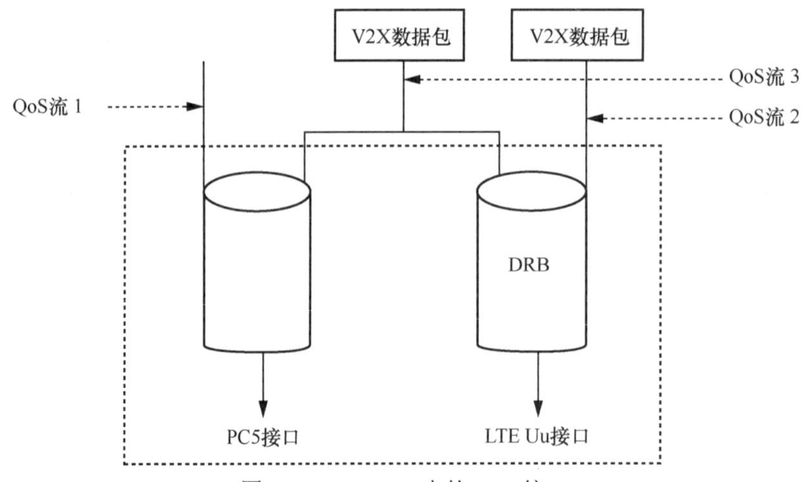

图 5-27 5G-V2X 中的 QoS 统一

（3）Sidelink 接口增强

5G-V2X 在 Sidelink（PC5 接口）中也使用了一些增强技术，首先是 5G-V2X 的 Sidelink 的业务扩展。不同地区和国家分配的频谱资源是有差异的，5G-V2X 标准能够支持更多的通信频谱资源。此外，Sidelink 还能支持各种差异化业务，如单播业务、组播业务和广播业务等。

在数据蜂窝网覆盖模式下，5G-V2X 不仅能够支持多种连接场景，而且还能够通过 PC5 接口在数据蜂窝网覆盖范围之外，支持丰富的通信场景。5G-V2X 的 Sidelink 可以将一定范围内、提供相同业务的汽车动态组成组播组。车辆编队行驶类业务需要在编队车辆之间进行信息共享，如车辆需要协同变道，Sidelink 可以将与编队车辆相关的内部信息以组播的形式发送出去，从而实现车队的汇入/汇出。同时，为了更好地支持 V2X 业务和 Sidelink 的其他应用场景，3GPP 在 Rel-17 标准中进行了 NR Sidelink 增强。Sidelink 在功耗、可靠性及时延等方面都有了进一步的改善。资源分配增强是 NR Sidelink 增强的一个重要的方向。车载终端可能对电力消耗不敏感，而作为 Sidelink 通信中的另一方，V2P 通信中行人端的设备对电力消耗更为敏感，所以在增强资源分配方案中，降低电力消耗是一个研究方向。

5G Sidelink 支持单播业务、组播业务和广播业务，如图 5-28 所示，5G-V2X 通过对 MAC 协议以及 RLC、PDCP/SDAP 等高层协议的增强和改进，不仅增强了对单播业务和组播业务的支持，还扩展了其覆盖的场景和范围。

广播业务是基础业务，如在有数据蜂窝网覆盖的时候，网络侧分发资源，终端基于分配好的资源发送广播消息。5G Sidelink 可以在此基础上，对组播业务和单播业务进行支持，在对组播业务提供支持之前需要引入商业数据，判断所收到的反馈是否正确。网络侧向发送端的车辆发送调度指令，车辆在网络侧分配的无线接口上发送组播消息。同时，网络侧通过组播组 ID 对组播组进行识别，因此在 5G-V2X 中，除了物理直通链路控制信道（PSCCH）、物理直通链路共享信道（PSSCH）和物理直通链路广播信道（PSBCH），还引入了物理直通链路反馈信道（PSFCH），以承载 PSSCH 检测的 HARQ 反馈信息。5G-V2X 的直连通信资源分配包括基站调度资源和用户设备自主选择资源两种方案。第一种资源分配方案（基站调度 Sidelink 资源给用户设备进行 Sidelink 传输）类似于 LTE 中的模式 3（Mode3），是由基站进行资源分配的。第二种资源分配方案（用户设备选择由基站或网络配置的 Sidelink 资源）与 LTE-V2X 的模式 4（Mode4）类似，是由用户设备自主进行资源选择的。用户设备通过支持中继的形式对覆盖范围进行扩展，提高了多链路的可靠性。

Sidelink 扩展的另一个业务是单播业务。单播业务的应用场景是一个点到点的通信场景，网络侧通过发送调度指令给两个终端，分配好无线资源，这两个终端基于分配好的无线资源实现单播通信。

单播业务、组播业务和广播业务各有优缺点，5G Sidelink 中的单播和组播可以支持 HARQ 可靠传输，提升了传输可靠性。终端可以同时参与多个单播、组播和广播通信，从而实现不同方式的信息传递。

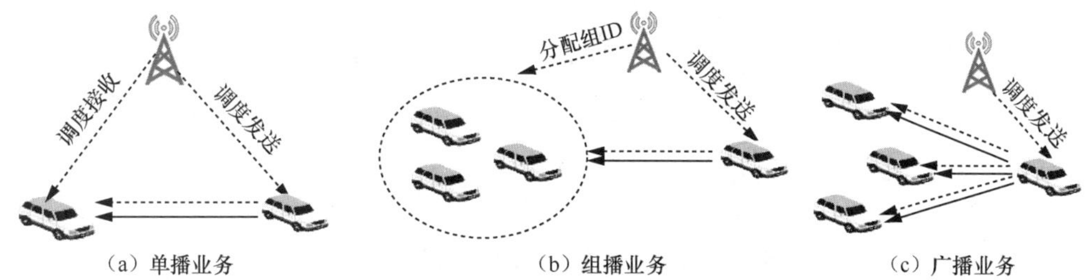

图 5-28　5G Sidelink 支持单播业务、组播业务和广播业务

5G-V2X 在 Sidelink 上还可以支持中继，通过 Sidelink 进行中继通信如图 5-29 所示，后面的车辆与前车相连，前车接入数据蜂窝网，后车通过前车进行中继，最终接入网络。如此一来，车辆的通信范围及车联网的覆盖范围便得到了扩展。

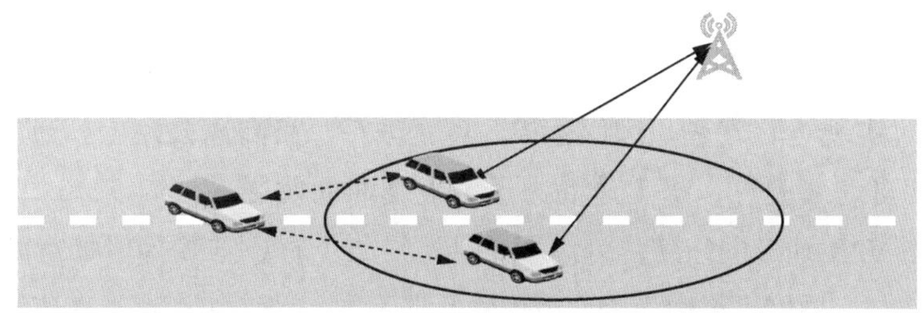

图 5-29　5G-V2X 通过 Sidelink 进行中继通信

除了传统的定位方式（GNSS 定位、数据蜂窝网定位），5G-V2X 还可以基于 Sidelink 来进行测距定位，Sidelink 定位利用了到达时间差（TDOA）、观测到达时间差（OTDOA）或到达角（AOA）。5G-V2X 通过 Sidelink 进行测距定位如图 5-30 所示。以 AOA 定位为

例，在 AOA 定位中，AOA 到达观测点的波辐射传播方向的量度，一般是波射线与某一方向（水平面或水平面法线）的夹角。AOA 定位利用发射机通过单一天线发送参考信号，接收机通过多天线接收信号，由于从各个天线与发射机之间的距离不同会产生相位差，从而通过相位差和天线之间的距离计算出各角度，得出相互之间的角度关系。这些定位技术并不是新技术，在 4G 中已有应用，只是 5G-V2X 把它们扩展到了 Sidelink 上，使 Sidelink 也拥有了测距功能。

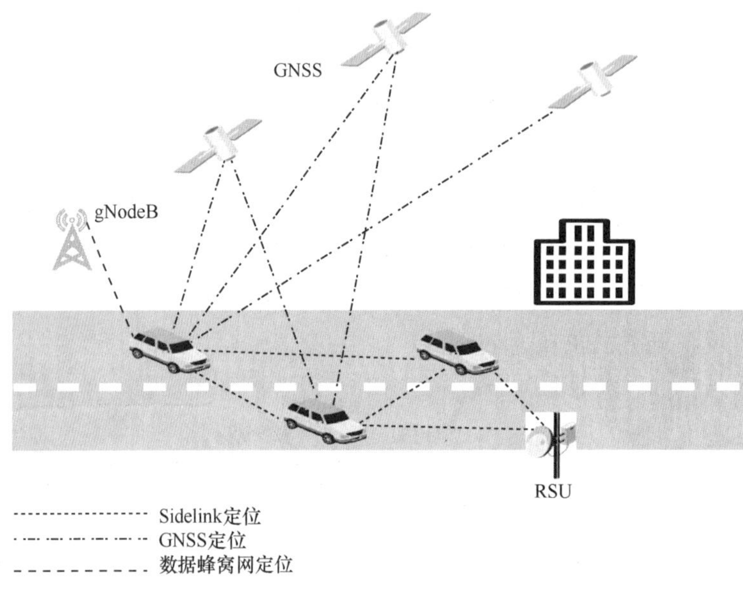

图 5-30　5G-V2X 通过 Sidelink 进行测距定位

（4）安全保障的提升

5G-V2X 支持网络切片与 MEC，能够实现 V2N 通信和 V2V 通信的互补，提高了交通的安全性。5G 核心网的控制面与数据面分离，NFV 使网络部署更加灵活，从而能够进行分布式边缘计算节点部署。MEC 为移动终端提供大带宽、低时延的业务，在车联网中的应用如图 5-31 所示，主要包括交叉路口、产业园区、高速公路。交叉路口可实现车速引导、交通灯控制、高精地图下载等业务。在产业园区中，通过 RSU 连接 MEC 服务器可实现远程驾驶、远程监控、自主泊车。在高速公路上，通过 MEC 可实现编队行驶、自动驾驶等，极大地助力了智能交通的发展。

另外，5G-V2X 通过网络切片为终端提供始终如一的 QoS 保障（如对高速率、低时延等的保障）。与互联网“尽力而为”地传输数据不同，网络切片对于高速率、低时延的服务具有更好的保障能力，这一点对于自动驾驶这一对安全性要求极高的领域来说尤为关键。例如，网络切片技术在汽车行驶于网络拥塞地点时，仍能优先保障高速率、低时延等汽车通信的特性，此时核心网功能下沉至网络边缘，如移动性管理功能、用户面功能下沉等，用以支持更低的处理时延。

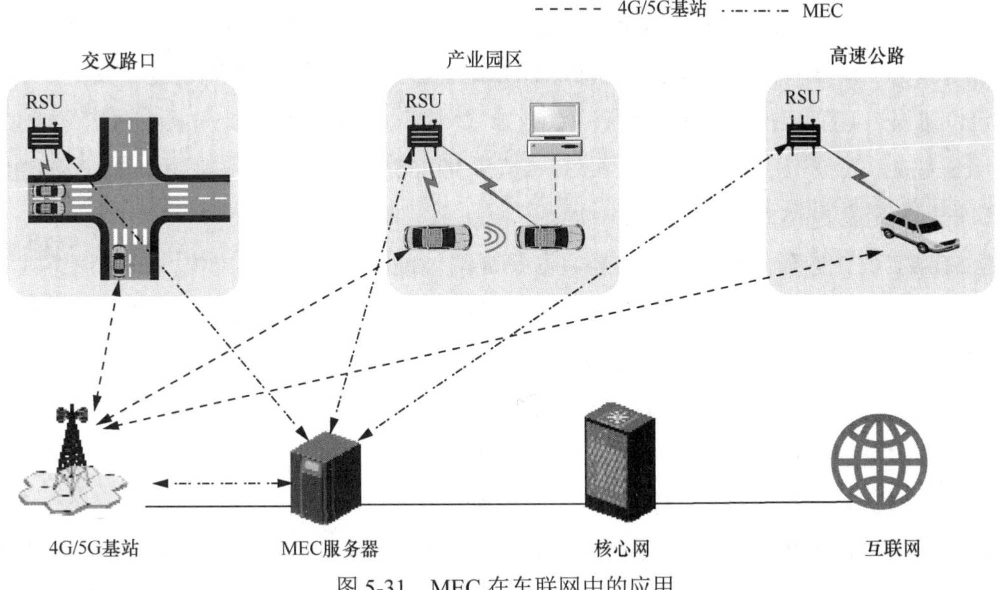

图 5-31　MEC 在车联网中的应用

（5）5G+实时动态（RTK）实现高精度定位

5G-V2X 与 RTK 技术相互补充能实现高精度定位。RTK 是一种能够提高 GNSS 定位精度的技术，能够将 GNSS 定位误差缩小到厘米级。

RTK 辅助的 GNSS 定位如图 5-32 所示。可以看出，无论是基准站还是有卫星接收器的流动站，它们都可以观测和接收卫星数据。基准站提供参考基准，其位置已知。流动站要测量自身三维坐标的目标对象，即被测用户（流动站）。

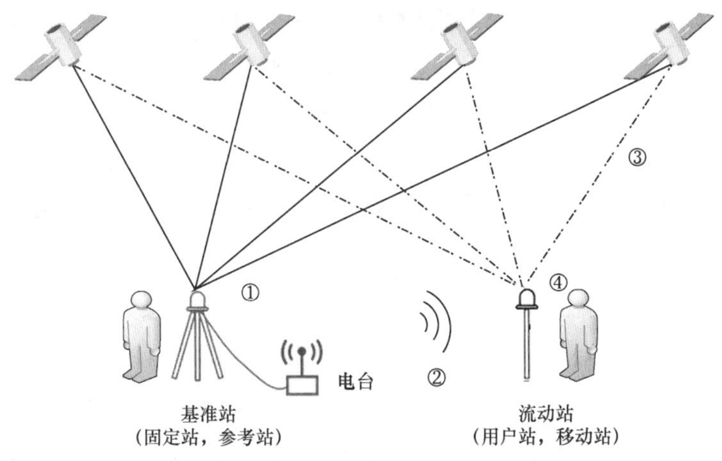

图 5-32　RTK 辅助的 GNSS 定位

在定位过程中，基准站通过电台将接收到的卫星数据实时发送给被测用户。被测用户接收到基准站数据的同时，也接收到了卫星数据。随后，被测用户根据相对定位原理，实时进行基于基准站数据和自身数据的差分运算，从而在使用 RTK 技术后达到厘米级别定位精度的情况下，解算出用户设备坐标及其精度。

传统的 RTK 定位能够与数据蜂窝网结合，进一步提高定位稳定性与准确性。其中，用户设备和定位计算中心之间的定位协议是 LTE 定位协议（LPP），基站和定位计算中心之间的定位协议是 LTE 定位协议 a（LPPa）。数据蜂窝网辅助 RTK 高精度定位标准制定由 3GPP Rel-15 完成，其中 TS 36.305、TS 36.331 及 TS 36.355 分别对整体、LTE Uu 接口及 LPPa 接口进行了定义。

5G-V2X 中的第一种定位方式是数据蜂窝网辅助 RTK 高精度定位，该定位方式目前已经有广泛的应用。对于支持导航卫星定位的终端，终端通过接收卫星的定位信号来完成自身的定位。但是，当卫星发送的定位信号到达终端的无线链路上时必须经过电离层和对流层，电离层和对流层会使信号产生折射、反射等，从而影响终端的定位精度。要解决这一问题，可以在网络中部署基准站，运用 RTK 技术实现终端的高精度定位，在得到已知精确信号的条件下，可以继续得到差分数据，具体过程为：通过使用参考站已知的精确定位和接收到的导航卫星发送的定位信号，计算差分值；再将差分值据通过无线蜂窝网发送到终端，从而达到终端向定位服务器发送差分值的高精度定位。该定位技术适用于空旷地带，周围环境中没有明显的遮挡，因为需要保证终端能够接收到至少 5 个有效的卫星信号。数据蜂窝网辅助 RTK 定位的精度很高，可以达到厘米级别。目前已经有一些企业可以提供此类服务。从部署进程的角度来看，第一阶段通过基站软件升级来实现高精度定位，在终端上增加应用程序；第二阶段则需要通过 3GPP 来标准化这种定位方式。

5G-V2X 中的第二种定位方式，即蜂窝卫星融合定位。终端在移动环境中，有时会从郊区移动到密集城区中。在密集城区中，卫星信号可能会变弱，终端可能只能接收到 1 个或 2 个有效的卫星信号，定位精度大幅度下降。5G 具有对定位有利的条件，如密集组网、大带宽、多天线等，它应用于定位的优点是功率高，伪距测量精度高，信号带宽资源丰富，信号多径免疫性强。这种情况可以利用 5G 基站发送的定位参考信号（PRS），实现融合定位。5G 与卫星的融合定位能够实现亚米级甚至厘米级的定位精度。终端同时接收卫星信号和 5G 基站发送的 PRS，通过叠加这些信号来实现融合定位。蜂窝卫星融合定位主要是为了解决密集城区中卫星信号强度不足的问题。

在极端情况下，如车辆在室内或地下停车场中等场景，终端无法接收卫星定位信号，此时，只能使用数据蜂窝网，通过发送 PRS 来实现定位，这就是只基于 5G 数据蜂窝网的定位，即 5G-V2X 中的第三种定位方式。这种情况需要至少接收到 3 个 5G 基站的直射信号才能完成定位，其定位精度可达米级。

5G+RTK 实现高精度定位如图 5-33 所示。

LTE-V2X 的广泛部署以及部分向 5G-V2X 的演进最终会形成 LTE-V2X 和 NR-V2X（5G-V2X）共存的情况，如图 5-34 所示。新款汽车将会配备支持 5G-V2X 的芯片。由于网络中还存在早期的终端和芯片，它们只能支持 LTE-V2X，因此，新款汽车一般会支持双模 LTE-V2X 和 5G-V2X，以实现与旧款汽车之间的通信。在新款汽车和旧款汽车之间使用 LTE-V2X 标准进行通信，在新款汽车之间使用 5G-V2X 标准进行通信，这便是 LTE-V2X 和 5G-V2X 的共存，也是一般的 C-V2X 特点——通过 LTE-V2X 满足一般性 V2X 业务需求，通过 5G-V2X 实现 C-V2X 低时延、高可靠性、高速率的目标，以满足业务更高的要求。

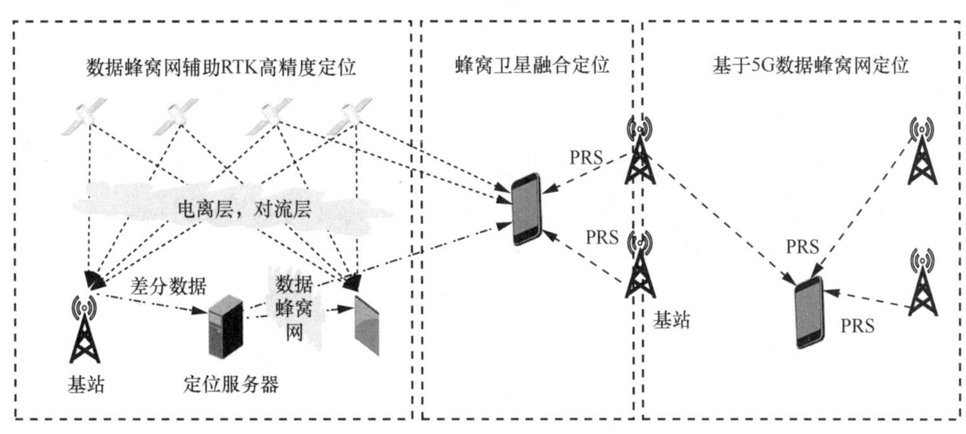

图 5-33　5G+RTK 实现高精度定位

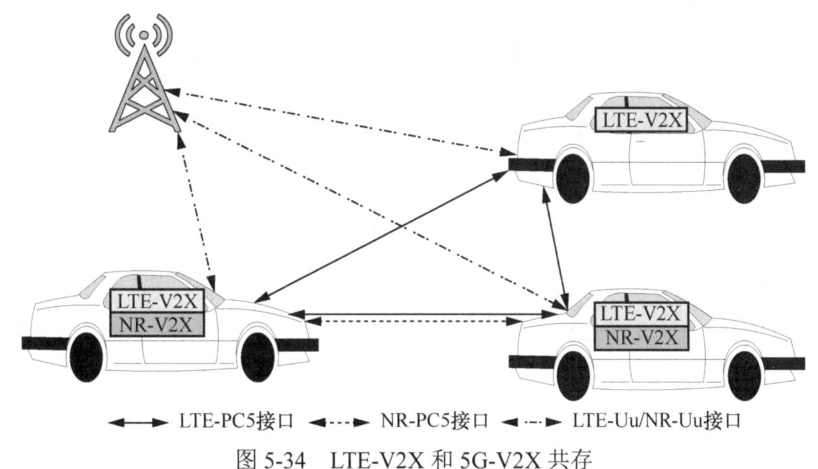

图 5-34　LTE-V2X 和 5G-V2X 共存

C-V2X 是一种以 4G、5G 为基础，构建智能交通系统的 V2X 通信技术，通过车与车间的通信、车与行人间的通信、车与基础设施间的通信，实现交通信息的共享。C-V2X 技术的演进主要有两个阶段，分别是 C-V2X 直接通信和 C-V2X 蜂窝通信。

C-V2X 直接通信是 C-V2X 技术演进的第一个阶段，它允许在车辆之间、车辆与行人之间和车辆与基础设施之间进行直接通信，无须通过网络基础设施进行中转。这种通信方式可以实现低时延、高可靠性和高安全性，有利于构建更加智能化的交通系统。在此阶段中，快速感知、智能协同和精确定位是关键技术。在快速感知方面，C-V2X 需要实现车辆和基础设施之间的传感器数据共享和处理，以及实现实时交通数据的收集和传输。在智能协同方面，C-V2X 需要实现车辆之间的协作和资源共享，包括路况信息、车速、行驶轨迹等信息的共享。在精确定位方面，C-V2X 需要实现高精度的位置感知和定位服务，以支持高精度地图和实时路况信息的传输。C-V2X 直接通信的优点体现在它能够提供高效的交通信息交换和更加智能化的交通管理服务。但是，C-V2X 直接通信存在一些限制。由于直接通信的覆盖范围受限，需要在大规模交通系统中实现全面的覆盖和提供全面的服务，这将需要大量的基础设施建设和投入。同时，由于直接通信的传输距离和通信容量受限，C-V2X 直接通信需要保证通信的可靠性和安全性，解决传输冲突和数据安全难保障等问题。

C-V2X 蜂窝通信是 C-V2X 技术演进的第二个阶段，它允许车辆通过 LTE 或 5G 网络进行通信，实现更大的覆盖范围和通信容量。在 C-V2X 蜂窝通信阶段，实现网络切片、5G 新无线接入等关键技术是非常重要的。C-V2X 技术需要支持 V2X 的多种应用场景，如交通管理、车辆信息服务提供、安全驾驶等，这需要在网络层面形成不同的网络切片。网络切片可以将不同的业务流量分配给不同的物理资源，以达到更合理的资源利用和更高的服务质量。在 5G 无线接入方面，C-V2X 技术需要支持毫米波通信、MIMO、自适应波束赋形等技术，扩大通信容量和覆盖范围。

C-V2X 技术的演进和关键技术的发展将会对未来的智能交通系统和城市交通管理产生深远的影响。C-V2X 直接通信阶段和 C-V2X 蜂窝通信阶段都具有优点和局限性，需要在实际应用中进行深入的探索和应用，需要在 C-V2X 技术、传感器技术、通信技术和数据处理技术等方面不断地进行创新和提高，以实现更加高效、安全、智能的交通管理服务。

5.2.4 车联网解决方案

1. 华为车联网端到端解决方案

（1）概述

华为公司在车联网领域中可以提供完整的车联网端到端解决方案（简称华为车联网方案）。该方案包括从车联网底层的终端车辆一直到最上层的业务部分。在方案中，车辆可以通过华为公司的 C-V2X 商用车载芯片和终端接入 RSU 或基站。华为公司拥有能够支持 Uu 接口与 PC5 接口的双模 RSU 商用产品。华为车联网方案在 C-V2X 方面同样支持 C-V2X 端到端解决方案，包括 C-V2X 平台、核心网、4G eNodeB 和 5G gNodeB 等基站。华为车联网方案如图 5-35 所示，C-V2X 提供的一系列业务（如车载娱乐业务和 ITS 业务）都可以由华为云进行承载，华为云能够承载包括保养服务、互联服务、车队服务、安全保障服务、数据服务、出行服务等在内的一系列车联网智慧服务。

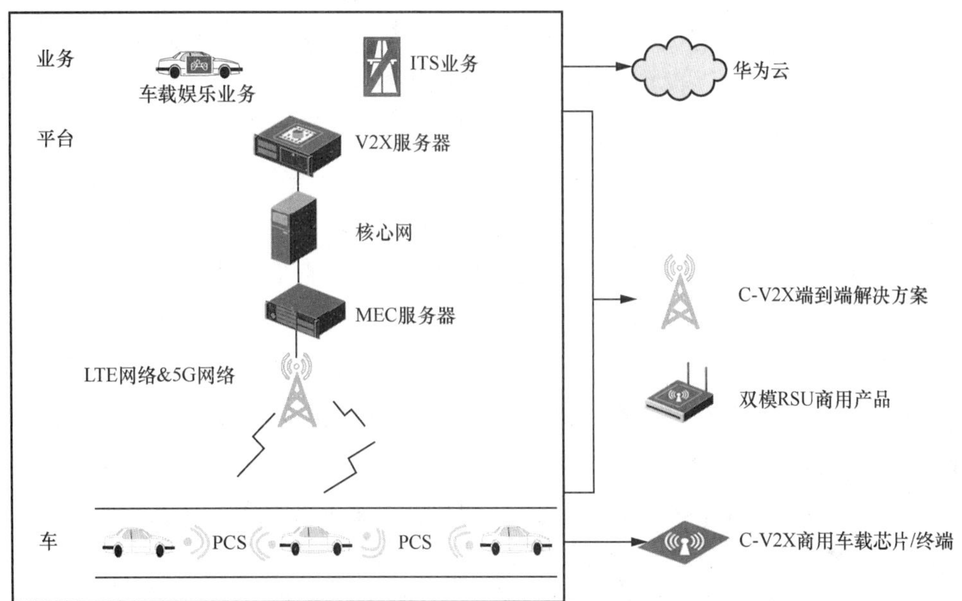

图 5-35 华为车联网方案

（2）相关产品

从底层的终端产品来看，华为商用车载芯片/终端如图 5-36 所示，其中有 Balong765 及 T-Box OBU 车载终端。华为 C-V2X 商用车载芯片 Balong 765 基于 3GPP Rel-14 标准，支持 PC5 接口和 Uu 接口并发，支持 LTE 中 Mode3 和 Mode4 的无线资源调度方式，能够实现 1.6Gbit/s 的下行峰值速率。该芯片下行使用 256QAM 星座调制，能够在 4×4 MIMO 下支持 4 成员载波聚合，在 8×8 MIMO 下支持 2 成员载波聚合。

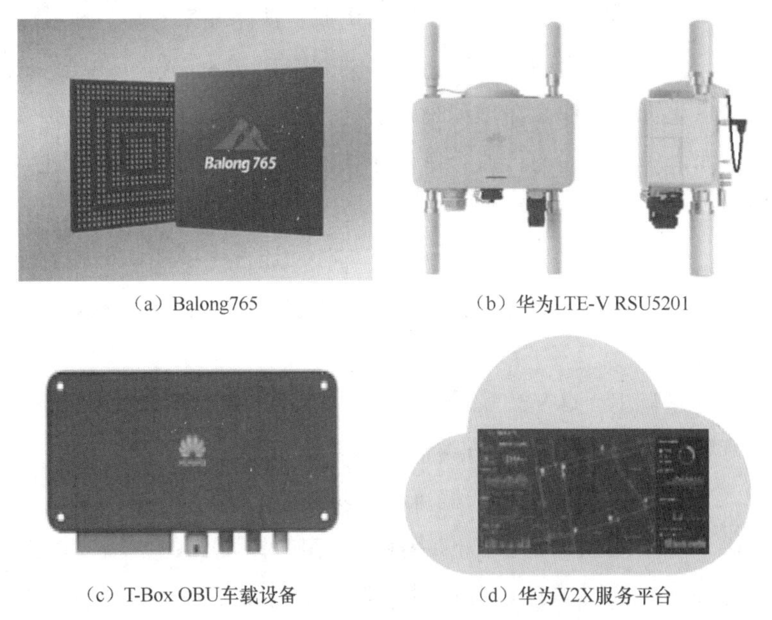

（a）Balong765　（b）华为LTE-V RSU5201

（c）T-Box OBU车载设备　（d）华为V2X服务平台

图 5-36 华为商用车载芯片/终端

此外，华为公司还提供了一款 OBU 模组，它是一种集成在车辆上的车联网模组。OBU 一般分为车联网控制单元（T-BOX）和车载诊断（OBD）系统两部分，它们分别安装在车辆的前端与后端。T-BOX 用于控制和跟踪汽车状态，一般在汽车上市前就装入车内。OBD 是一种后期加装的通过汽车接口获取实时数据的装置，可实现汽车与云端的连接，将汽车数据上传至云端并进行汽车数据的分析与管理。

RSU 可以与交通基础设施（如信号灯控制系统）进行互联。华为 LTE-V RSU 支持 Uu 接口和 PC5 接口并发，可实现上传/下载功能，连接网络侧和终端侧。除了 Uu 接口和 PC5 接口双并发，华为 LTE-V RSU 还支持双接口通信加密，并具备北斗卫星和 GPS 双卫星定位能力。交通管理部门有时要求使用有线方式连接 RSU 设备，华为 LTE-V RSU 支持有线和无线两种部署方式，能满足这个要求。

华为 V2X 服务平台能够实现分层部署，可以提供第三方端到端解决方案，并且随着技术发展，不断向协同式自动驾驶演进。

目前华为从车辆使用的通信模组到 RSU，再到无线基站、MEC、核心网和上层的 V2X 服务器平台，均具备商用产品。

2. C-V2X 产业推进及网络部署

C-V2X 是布局广泛及非常成熟的蜂窝技术通信网络，也是基于与外界的互联互通所产生的车路协同解决方案，以智能汽车为智能终端。V2X 基于 4G 和 5G，拥有更多优势，如实现无缝连接、更高的传输速度。C-V2X 作为通信和车路协同技术，可以很好地和汽车本身的智能系统 ADAS 进行交互和协同。C-V2X 所带来的感应与通信能力，结合单辆汽车的感应能力，形成广义的感应器，提供给驾驶者或交通参与者更全面、更准确、更实时的信息，使自动驾驶的稳定性更高，成本更低。从路端来看，为了让人们的出行效率和安全得到进一步提升，交通运输部正在推动能够为驾乘者和车辆提供实时、动态路况信息的道路信息化管理工作。在推动车路协同方面，华为公司参与了很多标准层面的工作；在产业方面，华为公司与行业合作伙伴共同发起、成立了中国智能网联汽车产业创新联盟，也推出了相应的端到端解决方案，即华为公司与行业合作伙伴除了提供一键叫车、动态编队、误闯公交车道提醒等解决方案外，还推出了相应的端到端解决方案、全车联网应用场景。未来，华为公司将结合自动驾驶演示基地和更多演示场地，推出更多车联网应用场景。

在拥有产品的基础上，C-V2X 还需考虑产业发展的推进和网络的部署。C-V2X 的产业发展推进和网络部署与业务部署类似，需要逐步推进。在产业发展和产品商用推广初期不会投入过多资源，而是在一些重点区域中进行部署，积累用户，建立车联网连接。随着基础车联网连接的建立，网络能力需要持续地优化与增强，以进一步降低网络的时延，提高网络的可靠性，提升网络能力并实现更广泛的网络覆盖。车联网应用可考虑基于网络能力进行升级，实现从 LTE-V2X 到 5G-V2X 的平滑演进，使网络形成对车联网新应用服务的支撑。与产业发展和产品商用推进路线类似，C-V2X 的网络部署也需要分阶段完成。首先应考虑基于 PC5 接口的部署方案，因为 PC5 接口是一个直通接口，不需要进行网络改造即可部署。早期车与车之间可以通过 PC5 接口直接进行通信，进而完成一些简单的业务。随着网络建设的推进，车联网需要逐步完善 LTE-V2X 和 5G-V2X，并对大量站点完成部署和升级。例如，可以在道路两侧逐步部署 RSU，也可以在交通信号灯上部署 RSU，在网络后端部署边缘计算服务器，减少时延，提高用户数据的安全性，最终完成车联网的整体部署。

基于 PC5 接口的车联网部署方案如图 5-37 所示。PC5 接口可提供基础的交通安全保障类应用和交通效率提升类应用，如车辆转弯预警、交叉路口碰撞预警（不借助 RSU）、前车紧急制动等。例如，在十字路口，东西向车辆和南北向车辆通过 PC5 接口交互信息，实现交叉路口的碰撞预警。此外，基于该接口还可以实现效率提升类业务，如自适应巡航和车辆限速提醒等。

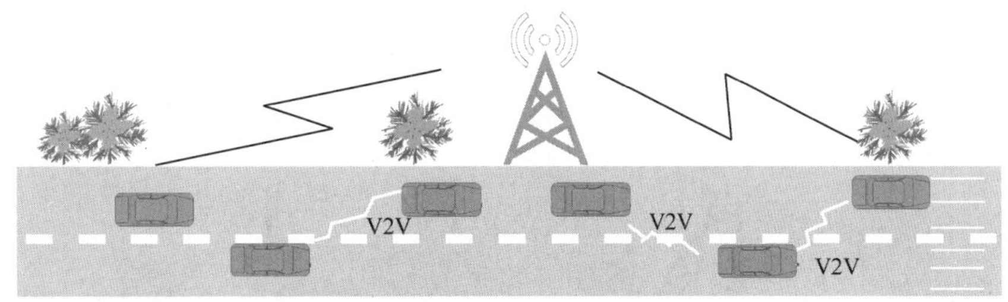

图 5-37　基于 PC5 接口的车联网部署方案

完成 PC5 接口部署后，车联网可以支持一些基础业务。随着网络的发展，网络侧的基站设备也逐步完成部署升级，包括 LTE 的 eNodeB 和 5G 的 gNodeB。当前网络中已经有大量的 4G 网元，通过升级可以让 eNodeB 支持 LTE-V2X 的功能。在此基础上可开展基于 Uu 接口的车联网部署。LTE-V2X 的覆盖范围更广，但通信时延也相对较高。5G 的 gNodeB 能够支持 5G-V2X，具有大带宽、高可靠性、低时延的特性。但是，在 5G 网络部署初期，出于成本考虑，无法一次性部署太多 5G 基站，因此初期 5G 网络覆盖范围可能相对较小，需要和 LTE-V2X 搭配进行服务。在一定规模的 C-V2X 网络部署后，除了可以实现 V2V 通信，还可以通过 Uu 接口实现 V2N 通信。在完成该部署后，通过车联网平台，可以提供更丰富的服务，如信息服务（导航、车辆状况诊断）、交通效率提高（红绿灯控制、车速指引）、生活娱乐服务（高清视频、车载 VR/AR）等。除此之外，车联网平台还可以提供基础的自动驾驶服务，如远程驾驶、无人驾驶等。在完成网络侧 RSU 的部署后，业务的种类还会更加丰富。基于 Uu 接口的车联网部署方案如图 5-38 所示。

随着网络部署的进一步推进，道路两侧的 RSU 数量会增加。Uu 接口与 RSU 相结合可以实现更丰富的业务服务，但道路两侧需要部署较多的 RSU，这会增加部署成本。尽管如此，RSU 可以实现信息广播，例如，智能交通类服务，其中可包括车辆运行线路规划和交通信号灯信息播报防拥堵，以及车辆前方碰撞预警、紧急制动预警在内的多项增强型辅助驾驶类业务。基于 Uu 接口+RSU 的车联网部署方案如图 5-39 所示。

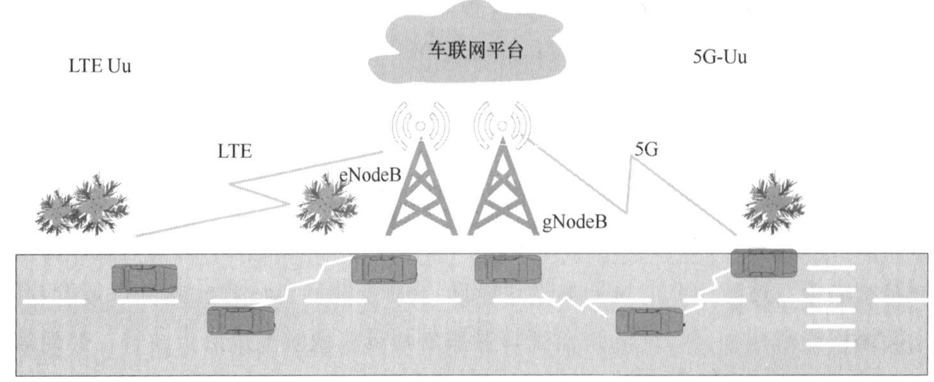

图 5-38 基于 Uu 接口的车联网部署方案

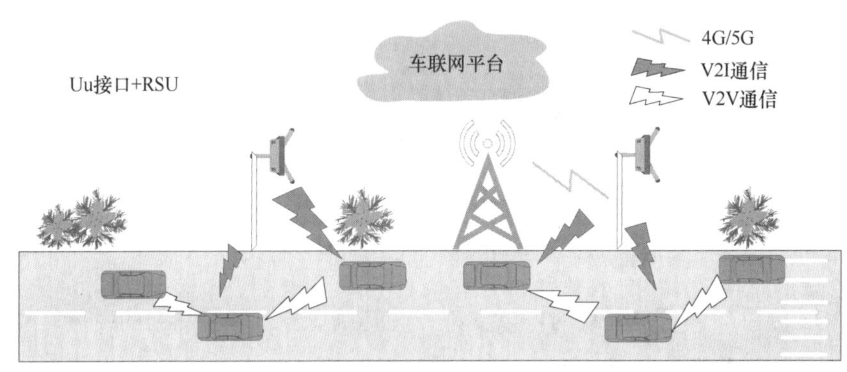

图 5-39 基于 Uu 接口+RSU 的车联网部署方案

在部署 RSU 的基础上，还可以通过部署 MEC 来优化网络。基于 MEC 的车联网部署方案如图 5-40 所示。MEC 能够实现车联网数据的本地化处理，达到同时降低时延与提升用户体验的效果。基于 MEC 的车联网可提供包括车速指引、红绿灯控制等在内的智能交通类业务，也可开展包括远程车辆监控、编队行驶等驾驶辅助类业务。由于 MEC 需要下沉部署，为解决计费与鉴权问题，部署时需要进行现网升级。

车联网整体部署方案如图 5-41 所示，将包括基于 PC5 接口实现的 V2V 通信，基于 Uu 接口实现的 V2N 通信，以及通过 RSU 部署实现的 V2I 通信。另外，作为车联网的重要组成部分，行人可以使用可穿戴设备或者手持终端获得 PC5 接口的通信能力，实现 V2P 通信场景。目前部署的车联网是 4G 网络和 5G 网络的融合网络，其中 LTE-V2X 在转发 Uu 接口通信数据的同时，通过 PC5 接口实现全覆盖、资源分配和配置信息修改。5G-V2X 应实现区域性覆盖，以提供相应的 5G 车联网业务。RSU 也应该实现一定程度的覆盖，以 PC5 接口作为交通基础设施的通信桥梁，实现 V2X 数据的下发和回传。MEC

服务器作为低时延业务的提供者进行下沉部署，对 V2X 数据进行本地化处理。车联网业务平台应具备包括业务管理、连接管理在内的网络管理能力，实现车车协同和车云协同。同时，业务平台也可以向第三方开放接入网络的功能，让第三方定制业务，以拓展新的业务渠道。

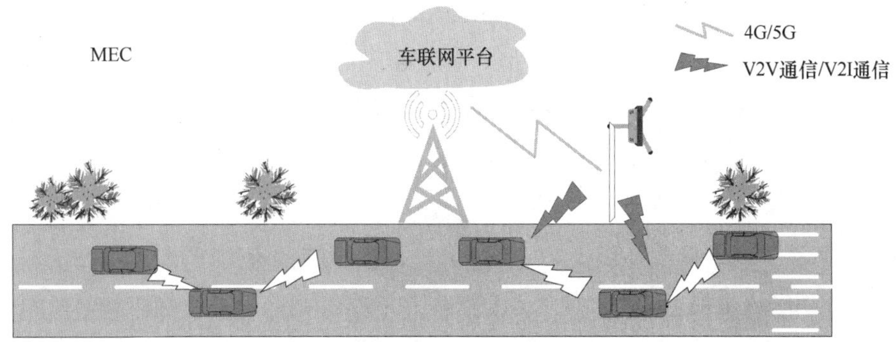

图 5-40　基于 MEC 的车联网部署方案

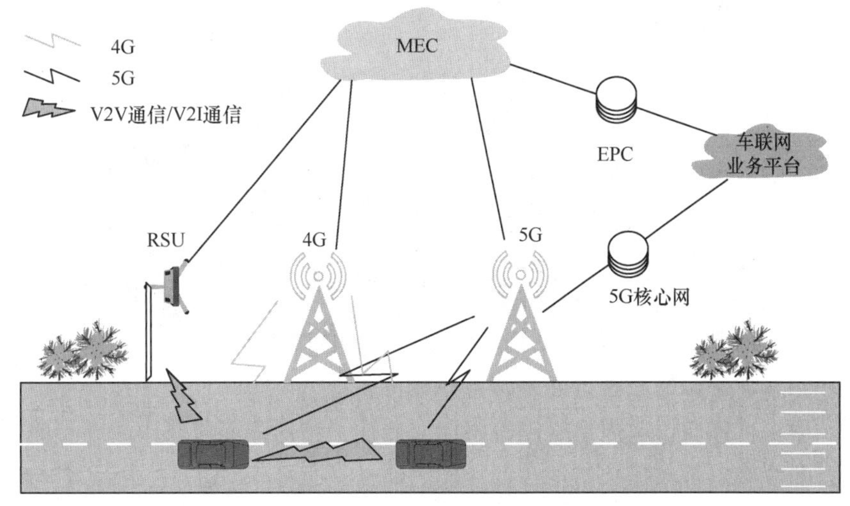

图 5-41　车联网整体部署方案

车联网的发展与部署需要各方面共同发力。政府需要推动出台相应的牵引性政策，吸引产业加大投入，积极布局，提高 V2X 的渗透率，让车联网在交通安全、自动驾驶等方面发挥更大的价值。相关标准化组织应积极推动标准建设，协同推进产业链与应用场景布局。另外，试点示范城市及城市道路要进一步扩大开放，激发 V2X 在实际中的应用，提高 V2X 的技术价值，提升社会效率。

5.2.5　车联网案例

1. 无锡车联网

在无锡市政府的帮助下，华为公司与 29 家相关合作伙伴在无锡部署了城市级的

C-V2X，以“人–车–路–云”系统协同为基础，融合合作伙伴的数据及信号灯控路口的RSU 实测数据，提供交通管控信息心 V2I 通信信息、V2V 通信信息、V2P 通信信息及其他应用场景数据。在 2022 年举办的世界物联网博览会上，无锡“车联网区域交通优化和城市公共服务”案例成功入选。该案例构建并完善了车、路、网、云协同环境与车联网应用体系，并在无锡市锡山区实现了 $45km^2$ 的车联网基础设施覆盖。

图 5-42 展示了华为 C-V2X 端到端解决方案，该方案提供了大容量、低时延、高可靠性的华为云 IoT 车路协同服务，以及 C-V2X 车载终端产品、RSU、路侧融合感知设备等。在该方案中，华为云 IoT 车路协同服务包含云端 V2X 服务器及智能交通边缘部分。

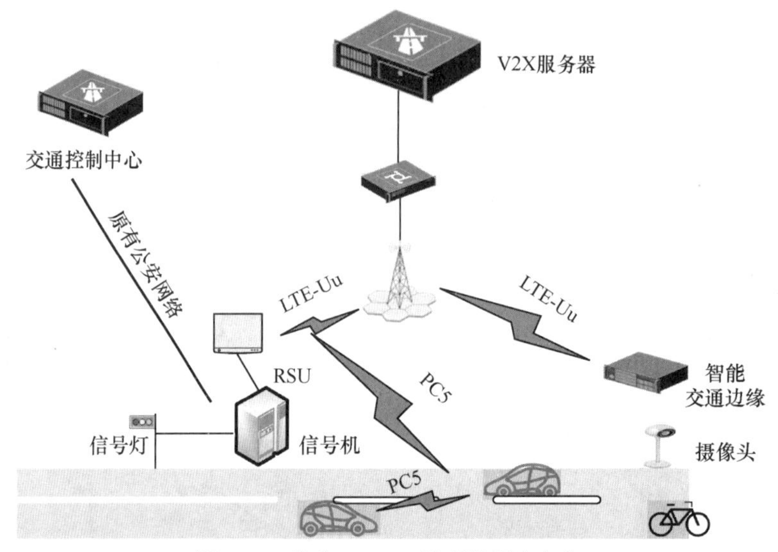

图 5-42 华为 C-V2X 端到端解决方案

V2X 服务器基于对示范区内车、路、人、传感器等的信息的汇集，运用平台强大的数据整合和分析能力，提供场内设备、车辆、事件的管理，并可提供多维度统计分析结果展示。

除此之外，图 5-42 中的智能交通边缘是华为云能力在边缘端的延伸。该边缘端具备路上设备就近接入、数据处理、本地闭环管理、智能分析等能力，能够通过云边协同，实现智能交通边缘算法更新、人工智能算法本地执行、实时指导交通，满足了交通场景下对数据实时处理智能应用、安全与隐私保护等方面的需求。

通过部署华为 C-V2X 端到端解决方案，无锡已建成了包括核心城区、城市快速路、城际高速公路在内的，总长超 280km 的开放城市级车联网 LTE-V2X 先导区。此外，通过部署本方案，先导区能够提供覆盖 V2I、V2V、V2P、V2N 通信的信号机信息推送、交通事件提醒、主动安全预警、周边交通状况实时获取、车速引导等 12 大类 26 种应用场景的信息服务。交通参与者能够下载 APP，实时了解交通信号灯情况，获得车速引导服务。

2．5G 纯电动自动矿车驾驶

众所周知，矿场中需要较多的大型矿车才能开展工作，这种大型矿车往往需要大量的驾驶员，但是工作环境恶劣、工人的安全无法得到保障导致人员流失严重，极大地影响了采矿效率。以河南省洛阳市正在部署的一种自动驾驶矿车解决方案为例，该方案在矿车上安装了智能终端模块（通过 CPE 提供 5G 信号），车载终端模块通过 CAN 总线获取车辆数据及电池数据。矿车将通过差分 GPS 定位设备采集到的定位信息及双目摄像头采集到的图像和视频信息，通过 CPE 发送给 5G 基站，再通过传输设备发送到郑州市的 5G 核心网上。5G 核心网通过数据专线连接位于洛阳市的云计算自动驾驶控制平台，该平台通过实时工况检测，及时有效地控制车辆行驶状态，发送车辆预警信息，有效排除车辆运行时的安全隐患，同时提供核心的数据支撑。该方案的 5G 纯电动自动驾驶矿车组网示意如图 5-43 所示。

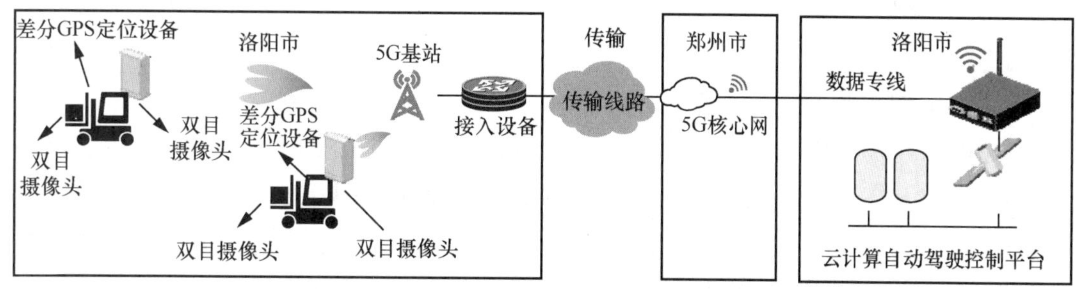

图 5-43　5G 纯电动自动驾驶矿车组网示意

上述案例验证并实现了基于 5G 网络的自动驾驶矿车，为采矿业提供了安全、高效的解决方案，是自动驾驶未来发展的方向之一。但当前的自动驾驶应用场景还相对简单，因为矿场的环境相对单一和封闭。今后随着 C-V2X 的成熟，车联网可以逐渐实现各种各样的差异化的业务应用。尽管很多应用目前仍然在孵化中，但可以预见随着车联网发展的持续推进，它们会走入我们的生活。

5.3　其他行业解决方案

5.3.1　智能电网解决方案

1．经典电力系统

（1）经典电力系统的组成

经典电力系统如图 5-44 所示。经典电力系统由发电、变电、输电、配电及售/用电等环节组成。

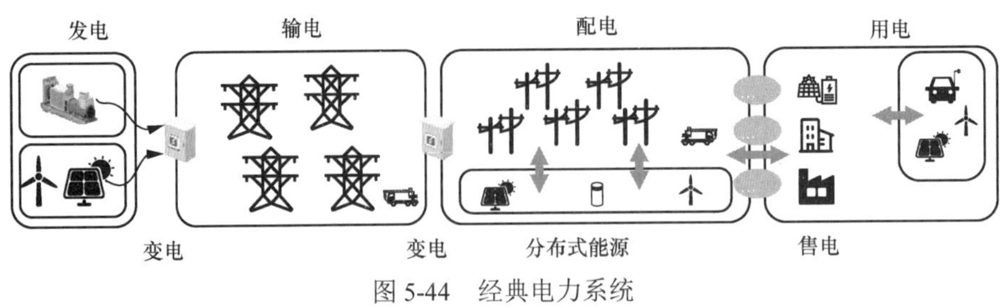

图 5-44 经典电力系统

电力系统发电阶段的核心设备是发电厂的发电机，发电机将原始能源转换成电能，如风力发电站利用风能来促使发电机发电，或者水力发电站利用水位差产生的强大水流所具有的动能进行发电。得到原始电能后，变电站将电压抬升到 35～500kV，有时还会升高到超过 800kV 的特高压。升压之后由高压输电线路将高压电传送到受电区域的变电站中，变电站再把电压降压至 6～20kV，并由配电线输送到用户端。用户端的变电所把电压降压到 380V，提供给用户使用。

（2）存在的问题

电力系统需要用通信网络进行一些设备的控制和管理。

在整个电力通信网中，一些高压场景、超高压场景或是特高压场景主要分布在国家骨干网、省骨干网和城域网中。高压节点整体数量较少，可以通过铺设光缆的方式来解决通信问题。由于高压节点的数量限制，电力公司通过自建光纤通信专网来满足业务的需求，且整体运维也相对简便。

在配电和用电两个环节中，节点非常多。以配电环节为例，每个城市都有大量的配电柜。用电设备也非常多，规模可达千万级别，部分城市甚至达到了亿级别。在这样的低压场景中，如果仍然使用光纤通信，那么对光纤的要求将是海量的，相应成本会非常高。配电场景和用电场景属于广覆盖、大连接的业务场景，而当前的光纤覆盖率比较低，这部分电力通信的要求更适合使用无线通信手段来满足。

（3）电力通信网现状

电力公司有不同的部门，它们对网络有着不同的要求。运检部门的主要工作包括对网络要求较高的配电自动化、巡检、安全检测工作等，因此，在这类工作中，使用光纤网络的场景比较多，整体光纤的渗透率也比较高。当然，运检部门的部分巡检工作也会用运营商的 GPRS 网络或 4G 网络来完成。对于营销部门来说，其日常多负责用电信息采集业务，当前很多城市利用基于 GPRS 网络的电表进行用电信息采集。一些其他电力部门的业务还会用到 4G 网络。

2. 智能电网

（1）智能电网发展概述

智能电网就是电网的智能化，它是在集成的高速双向通信网络的基础上，通过先进的传感和测量技术、先进的设备、先进的控制方法及先进的决策支持系统技术的应用而构建的电力系统。智能电网能够实现可靠、安全、经济、高效、环境友好和使用安全等目标。

（2）智能电网面对的挑战

随着各领域新技术的快速发展，智能电网在建设、发展的过程中遇到了一些新挑战。同时，以解决这些挑战为抓手，智能电网的建设也迎来了新的发展机遇。

清洁能源发电量在我国总发电量的占比不断上升，越来越多的新能源已经并网发电，如风能和太阳能。但是，风能和太阳能发电并不稳定，以太阳能发电为例，阳光充足时可以正常发电。但是，当阳光不充足或夜晚时，发电效率便会下降。新能源发电方式不像传统煤电发电一样是持续的、稳定的，因此其对于配电网控制的要求更高。

另外，随着社会的进步与发展，产业对安全高效地输电有了更高的要求。在现代社会生产中，有很多高精尖的用电设备是不能断电的，对于这些高精尖的用电设备，如何保障它的用电安全是一个亟待解决的问题。另外，基于智能电网的一些新业务，如智能分布式配电自动化及毫秒级的精准负荷控制，对网络提出了更高的要求。

智能电网还要面向更多的新用户和新场景，它不再仅仅面向家庭或者工业用户。例如，随着新能源汽车的普及，城市和高速路服务区的充电桩已经越来越多，智能电网需要满足这类业务的需求。再如多种多样的互动用电，很多家庭在房顶上安装了太阳能电板，这些太阳能电板发的电在满足家庭自用的前提下，一部分可以卖给电网公司。不同于以前都是从电力公司到千家万户的单向输送的电网，现在的电网不仅具有上述功能，还存在双向通信的能力，这就是多样化的互动用电场景。

在传统电网向智能电网转型的过程中，新老业务向通信网提出了越来越多的新要求。新业务不仅仅是对旧业务的升级，还包括新能源输电、智能配电自动化、精准负荷控制、电网双向通信等新业务。

智能电网解决方案需要根据不同的用电环节进行不同的部署方案设计。在整个电网的电力生产、电力输送、转换、配电和用电过程中，电力生产、电力输送和转换环节的节点数量相对较少，而且此类业务多属于电网的生产大区业务，具有很重要的作用。对于电网的电力生产、输送和转换的环节，主要还是以有线光纤通信为主，在保障可靠性的前提下由无线通信方式来补充。但是，在配电和用电等环节中使用光纤则不现实。一个城市可能拥有千万个配电节点，出于成本考虑，无论是前期的建设成本，还是后期的维护成本，全部使用光纤都不现实。这些场景可归纳为广域分布的场景，因此，比较适合使用无线通信方式。

在用电环节中，家庭的电表、公司的电表等设备可以通过无线的方式上报数据。用电环节不属于电网的生产业务，用无线的方式通信问题不大。智能电网的配电和用电通信要求见表 5-5，这些业务对于网络时延，传输带宽要求都不一样，这些不同的要求可以通过 5G 网络切片实现。

表 5-5 智能电网的配电和用电通信要求

业务	端到端时延	通信时延	单链路带宽	5G 业务
配电网差动保护	<15ms	<10ms	<10Mbit/s	URLLC
授时	<100us	<10us	<2kbit/s	URLLC
语音调度（集群调度）	<300ms	<300ms	>23.85kbit/s	eMBB
智能抄表	秒级	秒级	<10kbit/s	mMTC
在线监测	秒级	秒级	>19.2kbit/s	mMTC
视频远程巡检	秒级	百毫秒级	>4Mbit/s	eMBB
移动作业	秒级	百毫秒级	>2Mbit/s	eMBB

配电网差动保护要求端到端时延小于 15ms，因此给通信网络预留的时间只有 10ms 左右，这是一个十分严苛的时延要求。电网中也存在语音调度类业务，如在电网生产和运维过程中，检修人员使用语音通话功能进行交流。因此，网络还需要具备集群通话功能，该功能对时延和传输也有一定的要求。视频巡检类业务对时延不是很敏感，但是高清视频对带宽有较高的要求。因此，智能电网的不同业务可以根据 5G 网络的相关概念进行分类，低时延类业务属于典型的 URLLC 业务，而类似于视频监控和视频巡检等需要大带宽的业务则属于 eMBB 业务，智能抄表业务更多地强调大连接，属于 mMTC 业务。由此可知，智能电网对于通信的要求可以汇总为对网络侧时延、带宽及可靠性的要求。

智能电网的发展趋势为从单向传输到多向传输，经典电网主要是单向传输的过程，现在因为互动用电场景的加入，家庭用户、公司用户的反向输电业务增多，通信方向也亟须从单向通信向多向通信转变。另外，由于城市中数以千万计的配电柜的通信需求，智能电网也需要从集中式向分布式演进。这些需求让当前的电力通信网络在升级时面临很多挑战。例如，因为光纤价格昂贵，所以实际操作中只能在生产大区中使用光纤，保证网络的高可靠性。统计显示，在实际的电力故障场景中，90%的电力故障发生在最后 5km 终端数量庞大的低压用电网络中，如果此类场景中都使用光纤，则成本是非常高昂的。

智能电网涉及的业务丰富、终端数量庞大、性能要求多种多样。电力通信网络对于网络侧的要求基于业务要求进行汇总，并根据不同需求定制 5G 网络切片，以实现智能电网的功能。

（3）智能电网典型业务场景

分布式配电自动化业务对网络侧的时延、可靠性及隔离度要求非常高，因为配电自动化业务属于电网生产大区业务，其的正常运作关系到民生，因此，对于类似的生产业务，网络对其可靠性的保障是重中之重。同时，配电自动化业务也需要较低的时延。随着社会对电能的需求量逐渐增加，为了有效节约电能，电力负荷控制技术得到了广泛的应用。该技术有利于供电秩序的建立，对于保障社会用电及社会经济的稳定起着重要作用。

低压用电信息的采集主要指电表数据上报业务。网络中有大量的电网终端，因此该业务对网络侧的衡量指标主要体现在其连接数量上。例如一个城市中可能有数百万个电表，这些电表都需要连接网络来上报自己的数据，这对网络连接能力的要求很高。但是，电表数据上报业务对时延、隔离度等的要求相对较低。与之类似的还有分布式电源，如数量众多的太阳能发电站，其对网络侧连接能力的要求也比较高。与用电信息采集业务相比，该业务还要求网络有较低的时延和较高的可靠性。我们对一些典型的电网业务对通信网络的关键需求进行总结。

① 智能分布式配电自动化业务对通信网络的关键需求如下。

- 时延：毫秒级。
- 隔离度：如前所述，配电自动化业务属于电网生产大区业务，要求和其他管理大区业务隔离。
- 可靠性：99.999%。

② 毫秒级精准负荷控制业务对通信网络的关键需求如下。

- 时延：毫秒级。
- 隔离度：精准负荷控制业务属于电网生产大区业务，要求和其他管理大区业务隔离。
- 可靠性：99.999%。

③ 低压用电信息采集业务对通信网络的关键需求如下。

- 接入数量：千万个终端接入。
- 高频率和高并发性：秒级准实时数据上报。

④ 分布式电源管理业务对通信网络的关键需求如下。

- 接入规模：百万个至千万个终端接入。
- 时延：分布式电源管理包括上行数据采集和下行控制，下行控制需要保证做到秒级时延。
- 可靠性：99.999%。

上述 4 个智能电网典型业务中有一些是电网生产大区业务，有一些（如低压用电信息采集业务）是管理大区业务。不同的业务有不同的服务质量要求，因此也就要求通信网络根据这些差异化的业务提供相应具备隔离度的能力，5G 网络正好具备这样的能力。

5G 通过网络切片技术能够匹配智能电网的差异化诉求。智能电网差异化需求见表 5-6，有的业务需要高可靠性、低时延，而有的业务需要大连接，这些业务需求反映到网络上则代表着网络时延、可靠性、带宽及连接数等性能指标，这些差异化性能指标最终可以通过不同类型的网络切片实现。5G 助力智能电网的核心就是通过将一张 5G 网络切分成差异化的网络切片，从而满足智能电网的多种业务应用需求。

表 5-6 智能电网差异化需求

业务	通信时延要求	可靠性要求	带宽要求	终端量级要求	业务隔离要求	业务优先级	切片类型
智能分布式配电自动化业务	高	高	低	中	高	高	URLLC
毫秒级精准负荷控制业务	高	高	中低	中	高	中高	URLLC
低压用电信息采集业务	低	中	中	高	低	中	mMTC
分布式电源管理业务	中高	高	低	高	中	中低	mMTC（UL）+ URLLC（DL）

基于智能电网的应用场景和 5G 网络切片的架构功能，智能电网 5G 网络切片架构如图 5-45 所示。针对不同业务要求，分别考虑设计低压用电信息采集切片、智能分布式配电自动化切片和毫秒级精准负荷控制切片。其中低压用电信息采集切片的功能集中在中心数据中心，可实现转发、调度、路由、策略、鉴权、安全保障、NR 接入管理、移动性管理、会话管理等功能。智能分布式配电自动化切片则将功能分配于边缘数据中心和中心数据中心，边缘数据中心负责配电网管理、超低时延调度、加密、转发、计费、路由等功能，中心数据中心负责策略、鉴权、安全保障、NR 接入管理、移动性管理、会话管理等功能。毫秒级精准负荷控制切片与智能分布式配电自动化切片的功能分配方式类似，不同之处在于它的边缘数据中心有电网负荷控制功能。不同切片分别满足对应场景的技术指标要求，实现分域的切片管理并整合为端到端的切片管理，保证满足业务需求。

依托 5G 的智能电网从无线侧到核心网侧，都具备了端到端的切片管理能力。网络架构上层是端到端切片管理功能模块。核心网侧主要是对功能的切分，网络是云化的且有大量的控制功能，如调度、鉴权、策略及转发的能力。而对于核心网来说，这些功能如何部署、需不需要部署、部署在哪里，都可以基于业务来决定。以智能电网的低压用电信息采集业务为例，该业务可以抽象为一个大连接的业务，因为网络中有大量的电表需要上报用电信息，但它们对于时延的要求不是很高，早 100ms 上报还是晚 100ms 上报，对业务的整体运作影响不大，因此，智能电网的低压用电信息采集业务就是一个比较典型的 mMTC 业务。对于此类业务，要求网络切片满足其连接数需求，而部署上由于对时延没有特别苛刻的要求，可以采用集中管理，那么核心网的功能可以放在数据中心。

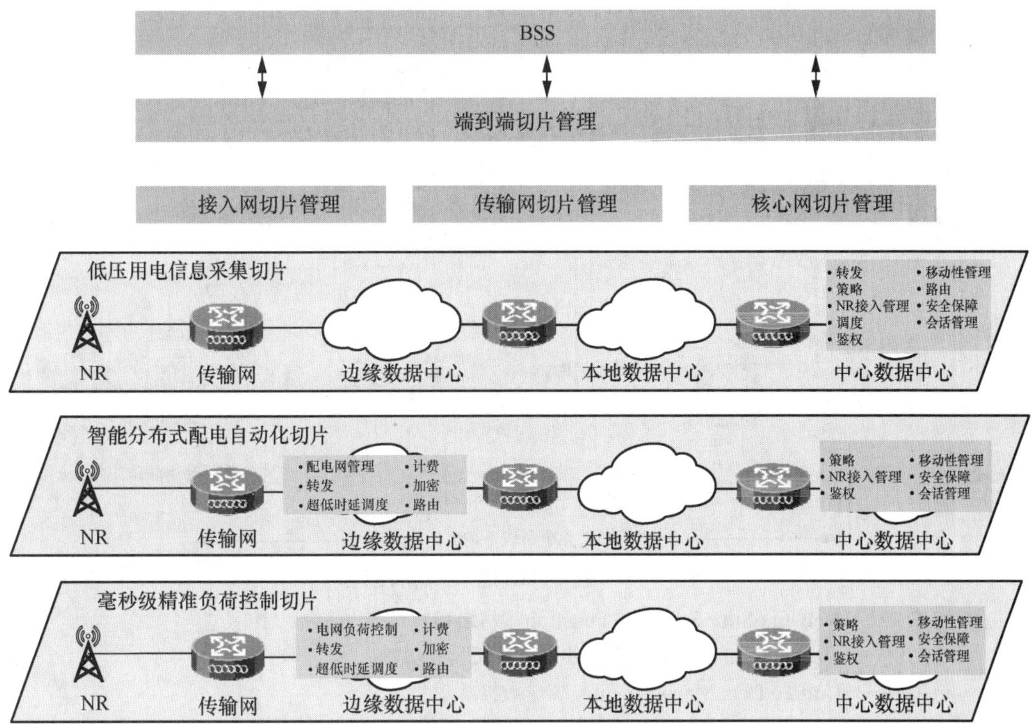

图 5-45　智能电网 5G 网络切片架构

3．基于 5G 的精准负荷控制案例

智能电网中的精准负荷控制要求网络具备高可靠性与低时延的特点，因此不能和低压用电信息采集共用一个网络切片。精准负荷控制需要有独立的切片实现与管理大区业务的隔离，同时要求具备低时延和高可靠性。为了满足此类需求，核心网的一些功能需要下移，如下移到边缘数据中心。5G 基站接入传输网络并快速接入边缘数据中心的 5G 功能模块，从而实现低时延，以达到通过灵活管理切片来满足智能电网的差异化业务需求的目的。

基于 5G 的精准负荷控制如图 5-46 所示，本精准负荷控制案例由某供电公司、某电信公司与华为公司共同提出，重点测试验证了 Rel-15 版本 eMBB 技术承载精准负荷控制业务时端到端的时延。本测试场景中的 5G 网络基于 3400MHz～3500MHz 频段，带宽为 100MHz，eMBB 的天线数量为 2，空口调度周期为 0.5ms。场景中 5G 核心网到电力精准负荷控制测试主站采用的是 100Mbit/s 光纤到户专用通道。设备采用了华为 5G eMBB CPE。5G 核心网应用了端到端的网络切片技术。

该组网方案搭建了 5G eMBB SA 核心网电力切片环境。在用户侧分别部署 5G 室分与宏站，由供电公司搭建精准负荷控制测试主站，采用 100Mbit/s 光纤与 5G 核心网进行专线连接。5G 基站与 5G 核心网依托 IP RAN 技术的回传网络。方案采用 CTD-1 电力通信测试仪对负控终端至精准负荷控制测试子站间的时延进行测试。

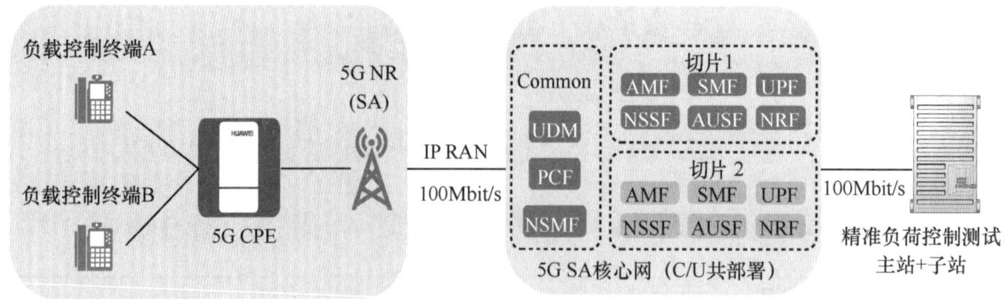

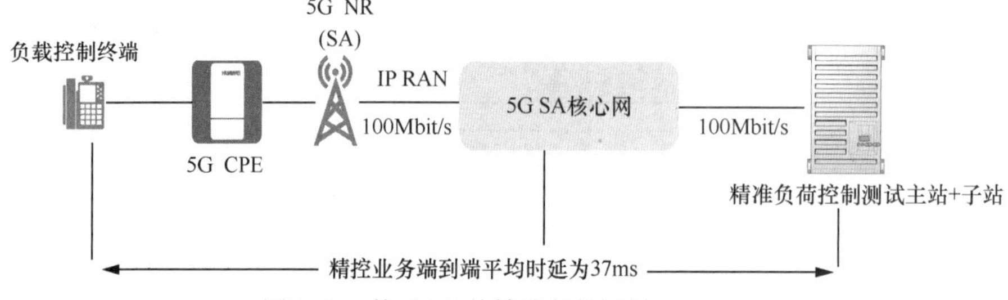

图 5-46 基于 5G 的精准负荷控制

注：NSSF——Network Slice Selection Function，网络切片选择功能；
AUSF——Authentication Server Function，鉴权服务功能；
UDM——Unified Data Management，统一数据管理；
PCF——Policy Control Function，策略控制功能；
NSMF——Network Slice Management Function，网络切片管理功能。

本次测试得到的端到端平均时延为 37ms，其中，5G 核心网至 CPE 的通信时延为 4.5ms，5G 核心网到子站的通信时延为 0.5ms，其余时延为子站下发控制命令、负控终端接收控制命令的处理时间。

精准负荷控制系统的建设与推广对于居民生活和工业生产而言都意义重大。例如夏天用电负荷持续走高时，某些特高压变压器局部故障很容易就导致大面积停电，对生活与生产造成极大的影响。通过精准负荷控制，一旦交直流特高压变压器出现故障，系统能够快速准确地调节相应用户的用电负荷，保障电网供电平衡，从而在很大程度上避免大面积停电。精准负荷控制系统可对某个区域内的用电负荷进行分级，按照重要性和负荷大小进行计算和优先级排序，一旦发生了事故，就可以快速且有针对性地进行调整。例如优先保证满足医院、居民的用电需求，对生产时效不高的工业生产，则会优先切断电源，保证负荷均衡，进而保证正常的生活生产。

5.3.2 智能制造解决方案

1. 工业领域数字化转型

（1）工业数字化面临的痛点

当今社会已进入了第四次工业革命，即智能化时代。在智能化时代，通过 ICT 与垂直行业间的深度融合，将传统工业与新兴的信息与通信技术（云计算、大数据、物联网、人工智能等）相结合，重新构建企业的信息流、资金流、物流，大幅提高生产效率，从而实现商业模式的创新。

当前工业领域正处于数字化转型的关键进程中，数字化带来生产力提高的同时，也面临着一些需要解决的痛点。在工业互联网阶段，实现工业生产设备的云化需要相应的网络支持，目前主要以有线网络为主。然而，有线网络存在一些问题，如有线网络布线周期较长，部署后的可扩展性较差，线缆易被腐蚀，大规模部署有线网络成本较高，并且许多线缆埋藏在地下或管道井内，导致难以维护。此外，工业领域部分有线通信标准和产品是高度垄断的，使用这些标准需要额外支付，导致部署成本被推高。

当前的工业互联网领域中也存在一些使用无线通信的应用。例如，在资产管理方面，蓝牙技术可以用于设备连接，但蓝牙连接设备数量有限且工作距离较短，无法满足某些差异化的应用需求。此外，如自动导引车的调度，可以使用 Wi-Fi 标准，但由于 Wi-Fi 使用的是免授权频段，其工作容易受到干扰且存在一定的安全风险。很多工业场合也会使用专用的无线通信网，虽然专网的可靠性和可实施性都相对较高，但专网同时存在产业链较窄且部署成本较高等问题。公共蜂窝无线通信在工业互联网中也被部分应用，如使用 4G 网络能够进行远程监控，但是 4G 网络的连接能力和实时性有限，同时数据需要经过公网传输，也存在一定的安全风险。由此可知，在当前工业领域的数字化转型过程中遇到了现有工业互联网解决方案成本高、可扩展性差的问题。同时，工业互联网对安全性要求很高，而现有的很多无线通信网络方案存在安全性不足等问题，因此，需要一套新的无线通信网络来解决当前工业互联网所面临的痛点问题，以提高工业互联网的安全性、降低成本并提升可扩展性。

（2）面向工业互联网领域的无线通信体系

随着信息技术的发展和工业水平的提高，工业互联网领域亟须构建新的无线通信系统，解决工业互联网数字化转型过程中遇到的一些问题。新的无线通信系统将产生新型工业互联网解决方案，实现机器换人、降本增效。当前越来越多的生产要求转向定制化生产，以满足客户个性化需求，因此柔性制造在未来工业中的占比会越来越高，通过使用无线通信替代有线通信，能够实现以移代固的目标，从而助力企业的柔性制造优化。新型无线通信系统还可以实现机电分离，把生产设备中“电的部分”（终端算法）转移到云端，在云端实现低成本的快速迭代。新型无线通信系统和工业相结合之后，能够提供适用于多种应用场景的智能制造解决方案。我国有超过 10 万家大中型工厂，使用数据蜂窝网替代 Wi-Fi 或部分有线网络的需求强烈，而 5G 网络成为运营商切入智慧工厂的抓手。相较于其他无线通信系统，5G 具备更低的时延、更高的速率和为用户带来了更好的业务体验，具有感知泛在、连接泛在、智能泛在的特点，有望成为未来工业互联网的通信技术基石。

2．应用场景

（1）机械臂远程控制与智能巡检

基于 5G 网络的智能制造解决方案首先包括对机械臂的远程控制，基于 5G 网络实现机械臂远程控制的过程如图 5-47 所示。

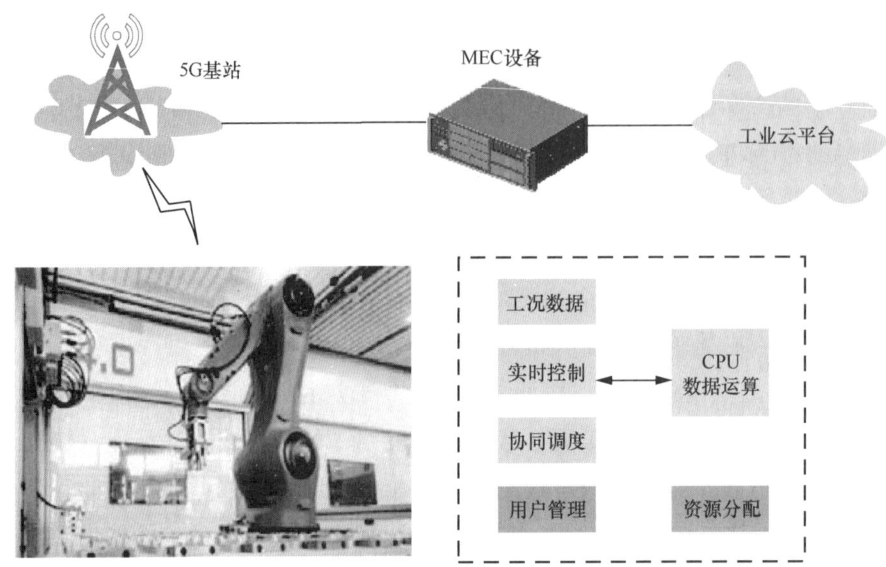

图 5-47　基于 5G 网络实现机械臂远程控制的过程

在该场景中，机械臂远程控制通过高可靠性的 5G 网络实现，机械臂远程控制对 5G 网络性能的要求见表 5-7。例如，在机械臂远程控制中，网络上行速率至少要达到 10Mbit/s，因为机械臂侧有数据要上传到云端并上报到控制端。另外，机械臂对网络可靠性也有较高要求，因为工业生产场景对生产流程的安全性、可靠性要求很高，一般来说要求可靠性达到 99.999%。但机械臂对于覆盖范围的要求不高，只需要完成对生产线的覆盖即可。机械臂通过 5G 模组或者使用工业无线终端接入 5G 基站，基站将数据上传到边缘数据中心。边缘数据中心根据实际工况，通过数据的运算，分配相应资源，从而实现实时控制、协同调度等动作，完成对机械臂的远程控制。边缘数据中心还可以把数据上传到工业云平台上，实现云边协同。

表 5-7　机械臂远程控制对 5G 网络性能的要求

上行速率	可靠性	覆盖范围
≥10Mbit/s	99.999%	生产线

通过 5G 网络，工厂内的自动化装备可以实现实时控制，机械臂可编程逻辑控制器（PLC）后端通过使用 5G 无线网络代替原有的有线网络，实现了工厂的柔性制造。在满足一些定制化生产需求的时候，机械臂可以通过无线网络进行灵活调整，并且，通过无线的方式代替传统的有线方式控制机械臂可以节省布放线缆的工作量，降低部署成本，节省部署时间。另外，

控制系统部分内容可以上移到 MEC 侧，实现统一的控制，降低单体机械臂的成本。

另一个用机器人来代替人工操作的远程控制场景是运用无人智能设备完成生产巡检，无人智能设备生产巡检如图 5-48 所示，适用于生产环境比较恶劣的工作场景。在此类场景中，人工巡检或者人工操作有一定的安全风险，这时可以考虑使用机器人来代替人工操作，降低用工成本和生产风险。在该场景中，机器人或无人车需要在生产场景下进行生产巡检、监控或者排除一些安全隐患，需要通过大量的传感器和摄像头采集信息，并将采集到的信息通过 5G 网络传送到云端。这类场景对于上行速率的要求更高，无人智能设备生产巡检对 5G 网络性能的要求见表 5-8，该应用场景下的上行速率要求往往达到 50Mbit/s 以上，用以传输、上报包含大量图像、视频及传感器数据的信息。同时，无人智能设备进行生产巡检还需要依托回程数据去控制设备，因此，此类应用场景对传输时延也有要求，需要在 20ms 内完成传输。另外，尽管此类应用对覆盖范围的要求不高，但要求控制范围比机械臂的控制范围广，无人智能设备至少需要在工厂内顺利完成工作。总体来讲，基于 5G 的大带宽、广覆盖和低时延特性，5G 网络可以令机器人代替人工对复杂恶劣的生产环境进行巡检，同时通过 5G 网络把采集到的高清图像和环境数据实时传输到后端平台上进行分析处理，排除生产领域的安全隐患。

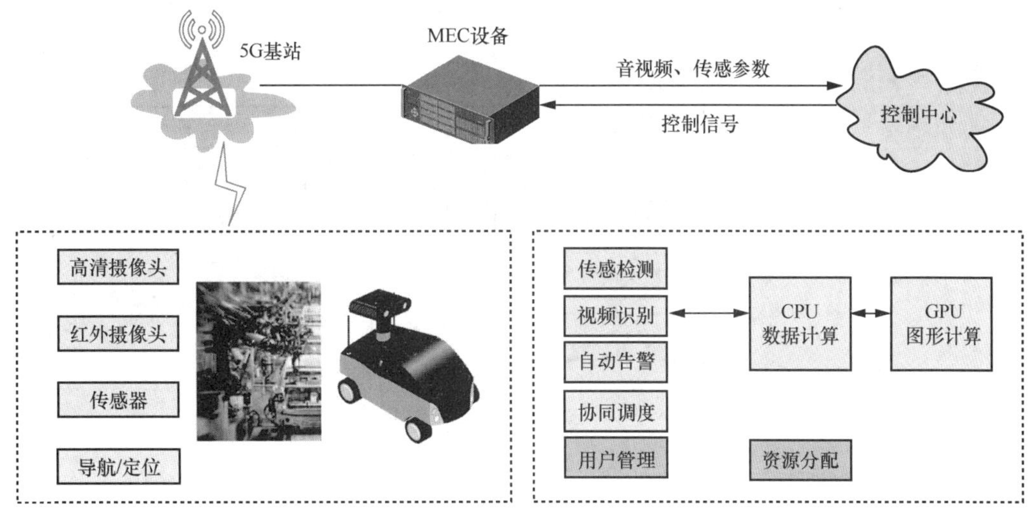

图 5-48 无人智能设备生产巡检

表 5-8 无人智能设备生产巡检对 5G 网络性能的要求

上行速率	传输时延	覆盖范围
≥50Mbit/s	≤20ms	工厂内

（2）远程现场 VR/AR

远程现场 VR/AR 包括数字化设计协作、装配操作辅助、产品沉浸式展示及运营维护指导 4 个场景。

5G 远程现场 VR/AR 如图 5-49 所示，通过 5G 使能的 VR/AR 能够开展基于数字化设计的协作业务，在进行设计的时候，不管是利用专用设计软件或者开放设计软件，在完成设计之后，都只能在屏幕上呈现设计结果。有了 VR/AR 技术的加持，可以在设计完成之后，通过 VR/AR 真实地呈现设计，从而更好地对设计结果进行评估，提高体验感。旅游地理信息系统（GIS）的设计是综合利用 VR/AR 的位置与基于多传感器的跟踪技术、高精度地图生产技术和移动 AR 系统虚实叠加技术，实现面向旅游业的移动化、信息化、智能化、个性化的智能旅游服务系统，为游客提供认知周围景观的全新视角，获得全新的交互体验。旅游 GIS 包括三维景观地图、虚拟漫游、路线导航、环境识别、历史建筑查询、热力图显示、好友足迹展示、个人轨迹记录、微信分享等功能模块，游客在享受旅途的同时可以获得更加智能便捷的服务。

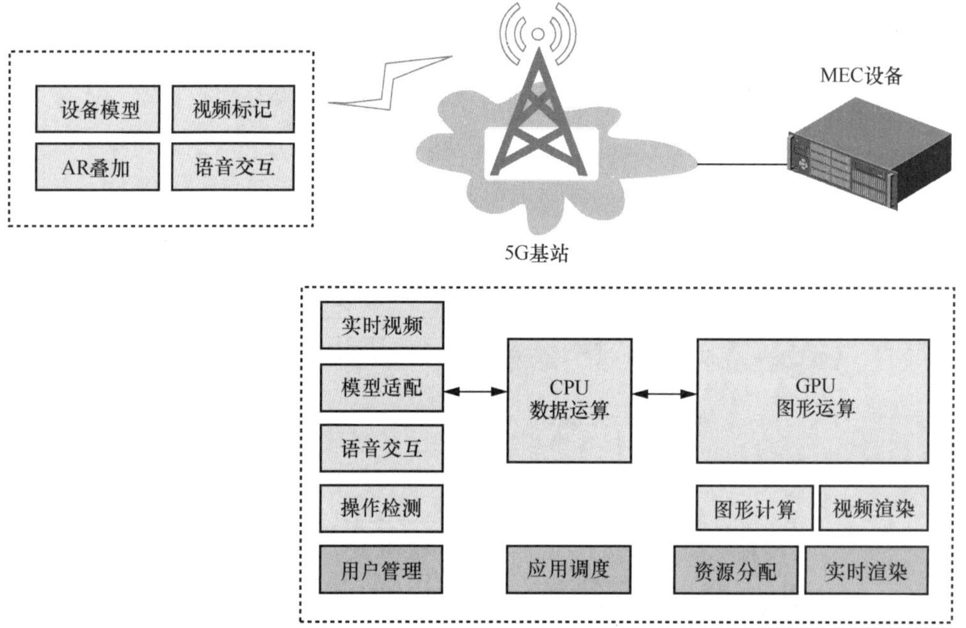

图 5-49 5G 远程现场 VR/AR

VR/AR 还能够实现装配操作的辅助，目前工业领域中的高精尖设备的装配操作非常精细，可以在装配的过程中，通过 AR 眼镜等装备实时显示装配零件的信息、装配的关键点，提升装配工作的效率。青岛海尔 5G 智慧工厂开展了基于 AR 眼镜的 5G 远程辅助装配，工人佩戴 AR 眼镜，采集关键工业装备的现场视频，同时从后台系统调取产品安装指导推送到 AR 眼镜上，达到了一边查阅操作指导一边装配的目的。当工人发现无法自行解决问题时，还可以通过 AR 远程协作平台联系远程专家，在实时通话过程中，专家利用 AR 标注、白板演示、虚拟图纸等进行远程指导，如临现场。

远程现场还可以助力销售产品的沉浸式展示，在销售一些产品时，可以让消费者通过 VR 眼镜或者 AR 眼镜来感受产品的外观、性能及一些关键部件，提升消费者对于产品的感知。在线看房业务是 VR/AR 沉浸式应用场景的又一个典型代表，传统看房方式由于受到各方时间和交通等的限制，看房基本上无法一次完成，导致成交率下降，而在线看房业务随时随地都可以进行，不受时间和空间的制约，只需通过观看事先录制或现场拍摄的 VR 影像资料，用户就可以 360°感受目标房屋，并听取中介的语音介绍，获得身临其境的看房体验，提高交易的成功率。5G 网络是营造身临其境体验感的首要技术手段。VR/AR 还可以帮助消费者购车，通过沉浸式的体验，消费者能够不用亲临现场就可以对汽车的外观、内饰及一些性能进行深度体验，大大提高了用户的体验感与购车欲望。

运营维护的相关指导也可以通过 VR/AR 远程实现。例如，某公司从厂家处采购了一批新的设备，但是这批新的设备在安装和使用过程中可能出现了一些问题，这个时候可以让厂家的专业工程师通过 VR/AR 进行远程指导，帮助一线工厂的工程师诊断设备安装和使用过程中出现的问题。首先需要把一线工厂操作人员和远端连接起来，需要基于 5G 无线网络。一线工厂操作人员把信息采集下来，然后传输到基站，发送到边缘数据中心，也可以将信息送往云端，边缘数据中心或云端通过算力进行资源分配和实时渲染，最终实现实时视频或者实现语音交互。通过 5G 远程现场 VR/AR 等手段，可以提升生产力、运营效率，同时降低成本，免去人员的差旅与时间成本，相信在未来，工业互联网的上云步伐会越走越快。

（3）云化 AGV

5G 助力智能制造的另一个场景示例是在工业生产领域和仓储领域中广泛使用的 AGV。目前 AGV 可以使用各种导航方式，如运用电磁、光学、激光等进行导航和自动寻址，实现无人驾驶。AGV 如图 5-50 所示，通过无人化操作，可 24 小时连续运行，提高了工作效率，同时节约了人工成本。但传统 AGV 在实际生产中的应用面临着一些问题。首先是调度数量有限，如果生产线需要大量的 AGV，则 AGV 的调度能力会受到极大的限制。其次是 AGV 的调度灵活性相对较差，目前 AGV 的调度主要是基于 Wi-Fi 网络实现的，而 Wi-Fi 网络不稳定，易受干扰，且有一定的安全风险。此外，当前 AGV 的成本较高，一台智能叉车的价格在 10 万元左右，因此，无线化、智能化将是 AGV 的未来发展趋势。5G 网络具备大带宽和低时延的特性，可以把 AGV 采集到的传感器信息传送到云端，实现控制功能上移。此外，基于 5G 的云化 AGV 可以在云端进行控制和调度，从而提高整体协同能力。通过集中控制、整体协同，AGV 的控制功能在云端实现，不需要在车辆中完成大量控制，可以降低单台 AGV 的成本。建立以云化 AGV 为核心的智慧化物流体系能够实现生产、物流、仓储设备的即时数据互联互通，对所有生产信息、过程信息进行控制，促进产品品质提升，实现产能均衡，减少流程性损耗，提高实际经济收益，创造应用价值。对于基于 5G 的云化 AGV 场景，需要网络满足一定的要求。例如，5G 可以通过叠加视觉即时定位与地图构建（SLAM）和激光 SLAM 实现导航，需要将采集到的数据通过 5G 网络上传到云端控制平台上，云端控制平台在处理接收到的大量激光雷达信息或单目、多目相机的图像信息之后下发控制指令。云端生成的控制指令需要快速传送到 AGV 上进行控制，因此，这类应用对网络的时延要求较高。AGV 对 5G 网络的要求见表 5-9。云化 AGV 对网络覆盖范围的要求相对不高，只需要在工厂内或相应的生产车间内完成覆盖即可。此外，由于云化 AGV 需要把大量传感器采集到的环境信息和图像信息上传到云端控制器上，所以对于网络的上行速率也有一定的要求。总而言之，通过云化 AGV 的应用，整个 AGV 系统的调度能力可以得到提高，单台 AGV 的成本得到降低。云化 AGV 在智能制造、仓储物流、新能源等领域中有着广阔的应用前景。

图 5-50 AGV

表 5-9 AGV 对 5G 网络中的要求

上行速率	传输时延	覆盖范围
≥20Mbit/s	≤20ms	工厂内

（4）高密度工业互联网接入

5G 网络还可以通过支撑高密度工业互联网接入来助力传统制造向智慧制造的转型。

高密度工业互联网接入如图 5-51 所示，结合了工业互联网的智慧工厂中有大量的传感器，诸如一些智能表计、控制器、定位标签等，它们需要进行统一管理。高密度工业互联网接入方案可以通过无线网络让这些传感器接入 IoT 管理平台，由 IoT 管理平台统一进行数据处理。传感器的功能多种多样，有一些传感器的数据需要进行实时处理，而有一些传感器的数据不需要进行实时处理。方案中，需要实时处理的数据可以通过本地的 IoT 平台和应用来完成实时处理，而不需要实时处理的传感器数据可以放在远端的 IoT 云平台上进行集中处理，满足差异化的物联网接入的需求。5G 网络可以提供这样的能力，实现差异化的传感器接入。高密度工业互联网接入对 5G 网络的要求见表 5-10，高密度工业互联网设备接入场景对 5G 网络最明显的需求就是对网络连接能力的需求，因为工厂中有大量的传感器需要接入，其连接数量可能是每百平方米几千个设备。对于如此高密度的 IoT 设备接入场景，其对可靠性和时延的要求比之前的控制场景的要求宽松。在我国，经过多年的发展，工业互联网平台体系建设成效显著。截至目前，我国已经建立了超过 500 个特色鲜明、能力多样的工业互联网平台，跨行业、跨领域的平台数量从 2019 年的 10 个增加至 15 个，全国具有行业和区域影响力的特色平台达到近 100 个，平台接入工业设施达到 4000 万台。

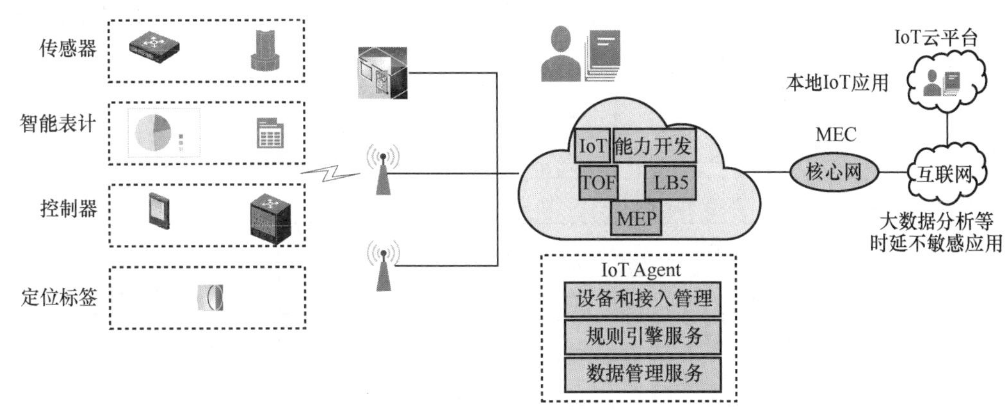

图 5-51　高密度工业互联网接入

表 5-10　高密度工业互联网接入对 5G 网络的要求

连接密度	可靠性	传输时延	覆盖范围
几千个/百平方米	≥99.5%	10～50ms	工厂内

3．智慧工厂应用全景

未来的智慧工厂将会使工业生产和 5G 无线网络叠加融合，从而使能一系列新的智慧应用，对诸多新应用进行汇聚，可以得到一个典型的智慧制造工厂。

通过工厂的信息化管理平台，让工业化设备上云，实现厂房内乃至厂房间的设备连接与数据交互。例如车间里面的手持扫码枪可以接入云端，生产线上的生产工人通过工业可穿戴设备与扫码枪支撑生产流程，加快产品的检测。巡逻机器人或者 AGV 通过 5G 高带宽网络进行空地立体式安防巡检，向管理端实时发送高清巡检视频。远程控制的机械臂通过使用 5G 无线网络代替原有的有线网络，一方面降低了成本，一方面实现了工厂的柔性制造。通过一系列高密度的设备接入，工厂能够实现智慧化的仓储管理，如运用 5G 网络，对园区定位与办公系统和物联网进行整合，实现高效率的资产盘点功能。同时，通过数据中心，能够对两个厂房的数据进行互通共享，从而使能智慧制造。

一个智慧园区内存在多个厂房，这些厂房在智慧制造过程中需要进行数字化、云化，以及相应 ICT 能力的建设，主要反映在对 5G 网络的需求上。智慧工厂应用内容对 5G 网络的要求见表 5-11。

表 5-11 智慧工厂应用内容对 5G 网络的要求

应用场景	应用内容	原子能力				原子能力（快速服务）	
		高带宽	低时延	高可靠性	精准定位	切片	MEC
机器控制	移动面板（带安全控制）		√	√		√	√
	机器间控制		√	√	√	√	√
	运动控制	√	√	√	√	√	√
移动机器人	AGV 调度，机器人控制	√		√	√	√	√
工业 AR 及监控	视频巡检	√				√	√
	远程现场（AR 辅助）	√	√	√		√	√
	远程现场（VR 复杂装配）	√	√			√	√
	预测性维护	√			√	√	√
	生产安全行为分析	√				√	√
大规模连接	5G+大规模数据采集	√				√	√
	能耗监控			√		√	
	人员及资产定位				√	√	

5.3.3 其他行业智慧解决方案

1. 智慧医疗解决方案

（1）概述

传统的医疗行业中一直存在着医疗资源缺乏、资源分配不均等痛点问题，利用 5G 可构建智慧化医疗，从而为这些问题带来新的解决方案。以帕金森病患者为例，我国每年新增数十万名帕金森病患者，而治疗帕金森病患者的脑起搏手术每年仅能操作约 1000 台，而在其他重病中类似问题也同样存在。5G 带来的远程手术技术可大大提高手术效率，解决这一问题，为更多患者带来健康与希望。

先进的医疗水平是老龄化社会的重要保障，预测从 2000 年到 2030 年，全球超 55 岁人口的占比将从 12%增长到 20%，人口老龄化趋势明显。基于 5G 的面向个人及家庭等的智慧医疗可为老年人口带来便利的医疗救治。智慧医疗拥有无线化、远程化、智能化的特点。其中，医疗无线化指医疗运用全连接、全覆盖的设备网联，具备位置可视化且可以随时随地接入的能力。医疗远程化指医院资源互通共享、医患及时沟通、信息随时接入更新。医疗智能化则是指对资源进行智能分配，将医疗经验数字化，利用大数据辅助治疗，高效且精细化地进行数据管理。例如，某医院的远程 B 超机器人能够为偏远地区提供远程 B 超诊断服务，连接医生和临床医师进行咨询，从而降低了就医成本。这种远程 B 超机器人已经达到了可商用的水平，这是力反馈功能和“触觉互联网”的典型应用。力反馈功能使远程操作以更精确的方式作用于病人，减少了检查过程中病人的疼痛。

（2）5G 助力智慧医疗

5G 在医疗行业中的应用场景非常丰富，利用 5G 终端（如手机），能够实现远程阅片、移动中的阅片，方便医生工作。院前（远程）急救能够提前让有需要的患者得到救治，降低死亡率。互联网（远程）会诊可省去不同医院的医生往返医院的时间，让会诊更加便利高效。利用 5G 还能对有需要的特殊患者进行跟踪，并对患者资料进行智能管理。ICU 无线接入可以实时地监控患者生命体征数据有无异常，保障患者生命安全。VR/AR 医疗能够让医生与患者直观地了解并分析病灶，对医生的治疗方案制定及提升患者对病情的了解程度都有极大的帮助。远程手术得益于 5G 带来的低时延，它将现代医学推向一个新的高度。此外，基于 5G 的智慧医疗还能够提供室内增值服务，大大提高医务人员的工作效率。

基于 5G 的智慧医疗将构建高速率、低时延、大连接的医疗体系。医联网对 5G 网络进行切片，用以满足医院中不同区域、不同业务的个性化需求，网络切片助力院区医联网建设如图 5-52 所示，例如，院区的物联网可以利用 5G 的大连接能力，院区的通信可以利用 5G 的高带宽与低时延，而医疗影像系统可以利用 5G 的大带宽、高接入速率，5G 的高带宽、低时延与高业务质量能够满足医疗设备管理系统的需求。5G 的大带宽、低时延特点还可应用于远程 B 超、远程手术、远程急救等重要场景中，基于 5G 的智慧医疗大带宽、低时延应用场景的网络需求见表 5-12。

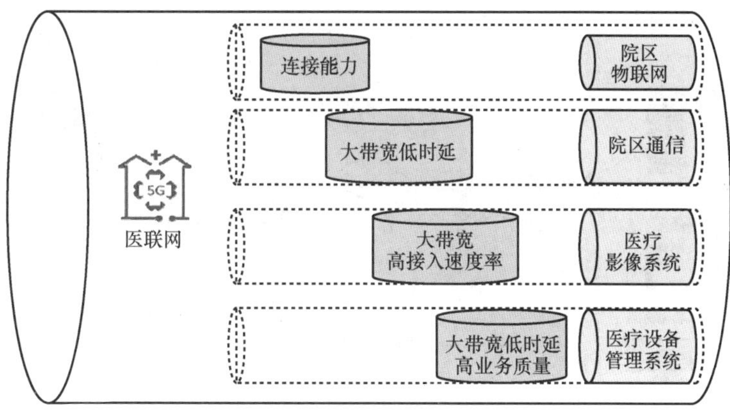

图 5-52　网络切片助力院区医联网建设

表 5-12　基于 5G 的智慧医疗大带宽、低时延应用场景的网络需求

场景	传输内容（患者端）	患者端带宽需求	端到端时延
远程 B 超	操作控制信息（DL：1Mbit/s）	（UL）18Mbit/s（DL）9Mbit/s	100ms
	高分辨率医学影像（UL：10Mbit/s）		
	医患通信视频（UL/DL：8Mbit/s）		

续表

场景	传输内容（患者端）	患者端带宽需求	端到端时延
远程手术	操作控制信息（远程桌面 UL：4Mbit/s）	（UL）20Mbit/s （DL）12Mbit/s	20ms
	手术台监控视频（UL：8Mbit/s）		
	会诊互动视频（UL/DL：8Mbit/s）		
远程急救	救护车医疗信息（UL：12Mbit/s）	（UL）20Mbit/s （DL）8Mbit/s	50ms

（3）智慧医疗应用案例

典型的 5G 助力智慧医疗应用以 5G 远程急救场景为例，5G 远程急救如图 5-53 所示。急救中心与救护车间通过核心网、5G 基站、CPE 以 8Mbit/s 的速率传输实时音视频，同时指挥中心与车上医疗设备间通过核心网、5G 基站、CPE 以 12Mbit/s 的传输医疗信息。车辆的实时位置、患者心电图、超声图像、患者血压、患者心率、患者血氧饱和度、体温等数据实时同步到 5G 远程急救指挥中心，以便医生确诊患者病症，急救指挥中心的医生可通过实时音视频指导急救人员进行急救。通过远程指导共享医师经验，远程急救可为及时救治争取时间，提升院前急救总体效能。

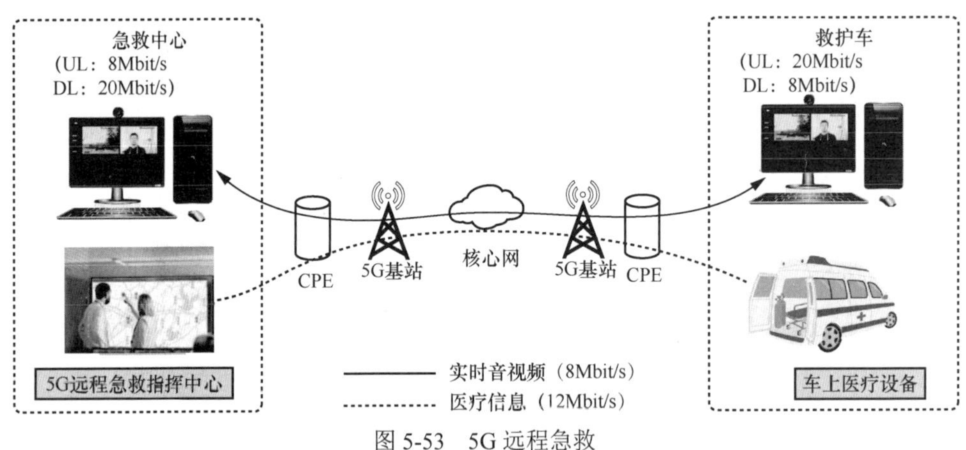

图 5-53　5G 远程急救

5G 远程医疗也是 5G 助力智慧医疗的重要应用案例，如图 5-54 所示。在该案例中，远程指挥中心与远程会商室分别通过 5G 基站接入网络，同时远程会商室、一线科室、ICU 病房也分别通过 5G 基站接入网络，并将它们接入远程会诊平台，实现远程医疗。支持 1080P 高清画质的远程医疗系统，在远程医疗会诊的场景下，两地医疗专家可能需要通过辅助码流分享病患的 CT 片等医疗档案进行诊断，因此，保证高清画质尤为关键。配备有摄像头的医用推车，可进病房近距离拍摄病患情况，推车拍摄的画面也可以引入远程医疗系统。远程医疗既充分利用了专家资源，又减少了患者在转诊、巡诊等过程中产生的交叉感染。远程会诊使偏远地区定点医院的患者也能获得专家的诊疗服务，让患者的救治不再受时间、空间限制。

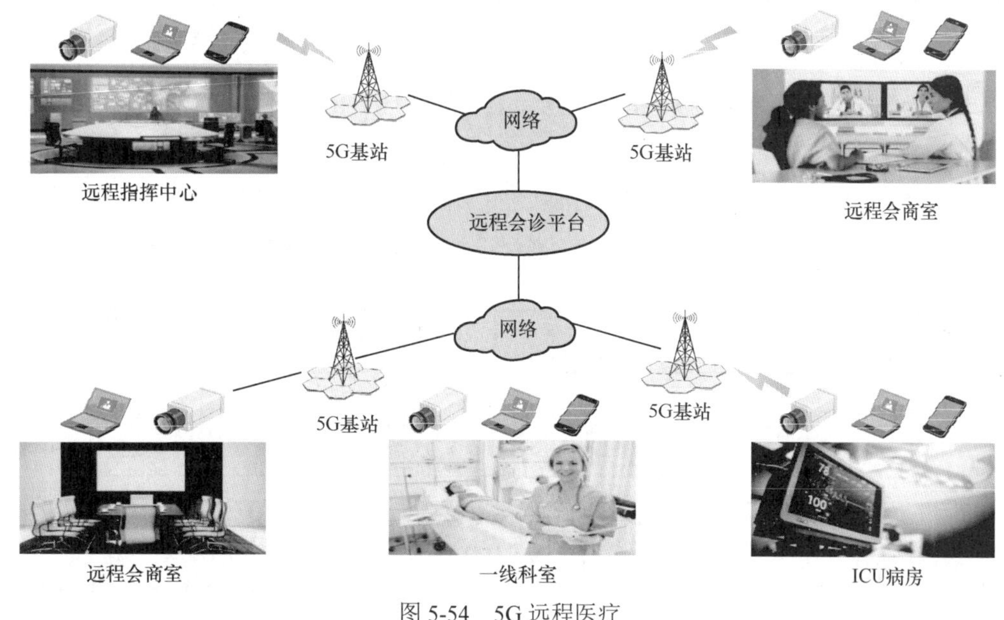

图 5-54　5G 远程医疗

2．智慧教育解决方案

（1）概述

传统的教育方式已经无法适应飞速发展的现代社会，需要新的教育方式与社会数字化转型接轨。尽管在线学习、网课早已普及，但当前的教育网络仍然面临很多挑战。例如，教育信息化系统资源共享难，教学、科研、管理、技术服务、生活服务等信息化系统很多都采用了“烟囱式”建设模式，导致出现信息“孤岛”现象，业务整合程度低。再者，新型教育的业务承载能力不足，现今的在线教育要求学校或教育服务提供方具有超高清教学课堂直播能力，在线考试系统能够提供高清监控，有的甚至要求提供 VR/AR 课堂或全息教育，这要求网络具有更高的带宽。另外，在线教育的数据安全风险较大。在线教育往往要求跨校区地共享资源，此时，学生和家长的信息就存在泄露的风险，教育大数据的汇集进一步加剧了此类的安全风险。当前的教育网络还存在着建设与运维成本高的问题，教育信息化系统的建设基于多网融合，导致建设、运维成本的提高。

5G 网络因其独特的优点，能够为教育和课堂的数字化、智慧化转型提供很好的技术支撑。相较于传统课堂，5G 智慧课堂将各种硬件终端 5G 化，并充分利用 5G 网络与生俱来的技术优势。5G 网络能够提供统一的承载网络，避免学校部署多种网络。同时，5G 的大带宽保证了智慧课堂中的交互显示终端设备不仅能够完美地呈现 4K 画面效果，还能承载 8K 画面。5G 的更高速率及更低时延保证了智慧课堂常态化录播。在远程授课时，远端会场可以毫无时延感知地观看名师授课的高清课堂画面。5G 网络还可以让教育教学产生新的应用场景，如游戏化课程、VR 实验环境、高清立体显示、远程考试测试、学习行为追踪、智能试验系统和智能教学系统等。通过充分利用 5G 网络优势，智慧课堂可以为老师和同学们带来更好、更快、更流畅的教育体验。

（2）5G 智慧校园

5G 智慧校园的网络架构如图 5-55 所示。智慧校园针对教育业务需求，结合 5G 网络特征，通过接入摄像头、手机、Pad 等多种形态的智能终端和教育装备，构建全连接的教育专网。通过部署及整合计算、存储、人工智能、安全能力的教育边缘云，提供具备管理和安全保障能力的应用使能平台，来建设智慧化的校园并打造多样化的教育应用。

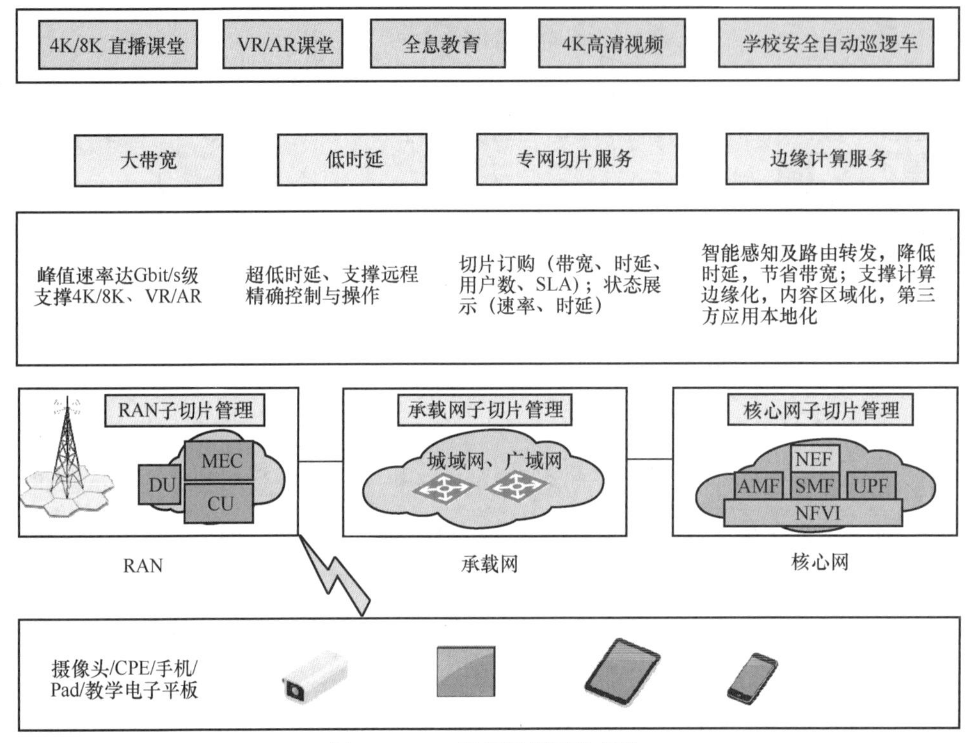

图 5-55　5G 智慧校园网络架构

5G 智慧校园网络架构有大带宽、低时延、利用专网切片服务及边缘计算服务等特点。5G 智慧校园的大带宽体现在它的峰值速率可达 Gbit/s 级别，并能够支持 4K/8K、VR/AR 等多种要求大带宽的业务。5G 智慧校园还拥有超低时延，可支撑远程精确控制与操作。5G 智慧校园能提供专网切片服务，并提供切片订购及状态展示服务。同时，5G 智慧校园还能提供边缘计算、智能感知及路由转发等服务，用来降低时延，节省带宽，并且智慧校园网络可以支撑计算边缘化、内容区域化及第三方应用本地化。

5G 教育专网是通过 5G 网络切片技术来实现的，网络切片为教育业务在一个物理网络之上构建了多个专用的、虚拟的、隔离的、按需定制的逻辑网络，满足业务对网络能力的不同需要（如对时延、带宽、连接数等的需求）。5G 教育专网通过全连接使能 4G、5G、N-IoT、专线网络等的数据共享，避免了传统教育网络的数据“孤岛”，构建数据共享网络。同时，5G 教育专网能够对师生、家长的隐私数据进行本地化传输与存储，保证用户的数据安全。

5G 移动边缘计算可以提供海量终端管理、高可靠性低时延组网、分级质量保证、数据实时计算和缓存加速、应用容器服务及网络能力开放等基础能力，并能够提供多级边缘计算体系，为智慧校园提供实时、可靠、智能和泛在的端到端服务。5G 智慧校园解决方案能够针对高校等多种教育场景提供多级边缘计算解决方案，通过将边缘计算节点部署于基站侧、基站汇聚侧或者核心网边缘侧，从而为教育提供多种智能化的网络接入及大带宽、低时延的网络承载，并可以依靠开放可靠的连接、计算与存储资源，支持多生态业务在接入边缘侧的灵活承载。

（3）案例

一个经典的智慧教育场景是 5G 使能 VR 远程教学。教师利用 5G 进行 VR 远程教学如图 5-56 所示，在教学点中，教师佩戴 VR 眼镜进行现场教学，VR 眼镜视频采集信息与教室全景视频采集信息由 360°全景摄像头传输到 5G CPE 中，经过大约 10ms 的网络时延后传输到 5G 基站再通过 VR 服务器传输到核心网中。VR 服务器和 5G 核心网共同构成了核心网机房，信息经过大概 1s 的处理时延后，由 5G 核心网将渲染后的图像转入远程 VR 教学体验点。在远程 VR 教学体验点上，5G 基站将信号传递到 5G CPE，再经 Wi-Fi 传入学生的 VR 设备中，学生佩戴 VR 眼镜以获得沉浸式体验，并且将声音回传至 5G CPE，方便与教师互动。另一个 5G 智慧教育案例是 VR+AR 远程教学案例。例如 AR 技术可以运用在地理课中，用于模拟地理系统。学生通过语音控制虚拟海平面、大气层的变化，并通过将虚拟场景叠加到地理模型上，提升上课的体验感和趣味性。VR 技术可引入化学教学，教师通过对教学使用的教学手卡或同学使用的学习卡片上的化学元素虚拟化，生动地模拟化学反应过程，提升学生对化学方程式的理解。在江西赣州安远县思源实验学校，在科学课堂中借助了 5G 与 VR 技术，同学们使用 VR 设备观看精彩的科学小视频，了解生理知识、宇宙奥秘和并接受安全教育。学校教师表示，在安全教育方面，仿真环境能够让学生增强安全意识。在虚拟环境中可以通过演习的方式进行讲解，既避免了实际的危险，又能让学生对安全防范具有更深刻的理解。

3. 智慧港口解决方案

智慧港口解决方案通过物联网、传感器网络、云计算、大数据等技术对港口的相关设备进行全面感知、使设备广泛连接，并进行深度计算，通过获取整合物流运营核心系统的关键信息，使物资、人及其他港口参与者可以广泛互联互通，形成技术集成、综合应用、高端发展的智慧港口。目前智慧港口业务在吊车远程控制、实时定位和自动驾驶辅助、高清视频无线回传和机器人、无人机巡检 4 个应用场景中有大量需求。智慧港口通过 5G 网络承载 PLC 控制信息，用来代替光纤，可以满足吊车远程控制的高可靠性、低时延要求。利用云化 AGV 实现实时定位与自动驾驶辅助。在港口装卸区、运输区中的移动摄像机能够实现高清视频的回传，实现对海面潮汐的监控及对船舶集装箱的监控。从船运送货物到使用皮带运输的数千米中，可采用机器人或无人机代替人工操作，实现无人巡检。

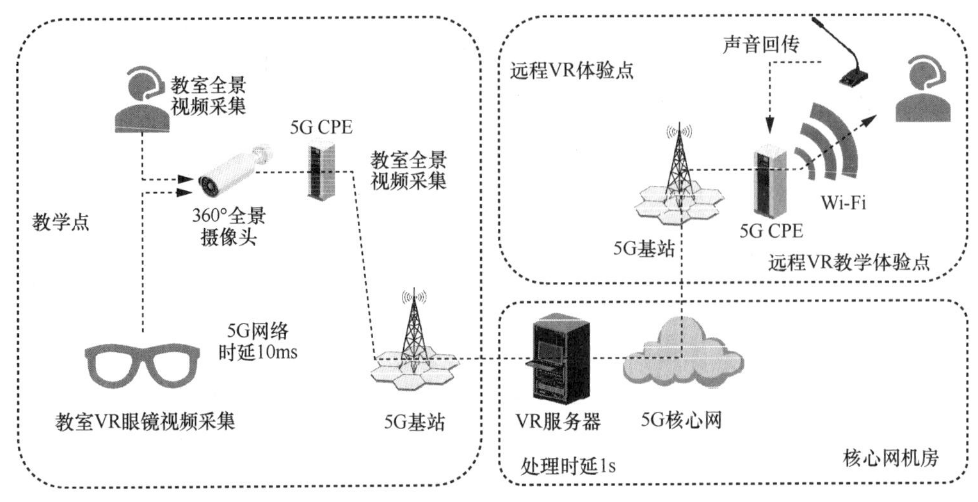

图 5-56　教师利用 5G 进行 VR 远程教学

宁波舟山港在部署智慧港口方案之前长期存在工作环境恶劣、设备转场难、设备利用率低、老旧码头光纤远控改造难等问题。港口作业流程如图 5-57 所示，龙门式起重机是港口作业的关键设备，宁波舟山港有轮胎式龙门式起重机超过 550 辆，其中 90%无远控功能，且老旧码头均未实现远控。由于没有具备远控功能的龙门式起重机，司机现场作业的工作环境很差、工作强度高、效率低，员工流失严重。部分由光纤进行远控的龙门式起重机转场十分困难，需要“剪辫子”才能完成转场。旧码头曾计划进行光纤改造，但光纤施工难度高，施工周期长，使用 Wi-Fi 等无线方案又会导致传输不稳定，覆盖连续性差。因此，由于种种原因，对旧码头进行智慧化升级改造的计划一直未能实现。

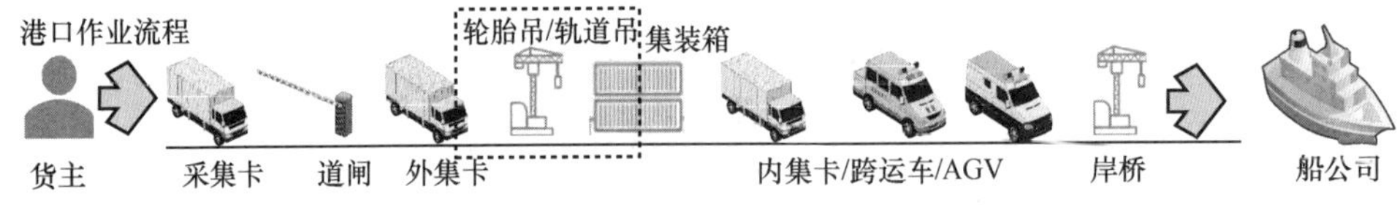

图 5-57　港口作业流程

在实施龙门式起重机 5G 远程控制后，一个司机可以通过 5G 网络控制 3～4 辆龙门式起重机，由此降低了约 70%的人工成本，而运用 5G 网络的龙门式起重机的改造时间短于 1 周，对港口作业的影响小，且成本相对低。

5G AVG 远程控制如图 5-58 所示，由于 5G 具有大带宽和低时延的特点，能够支持基于云的 AGV 控制。5G 提供 AGV 大规模调度联网功能，通过对 AGV 的集中控制，大大降低了单个 AGV 的成本。运用上述技术能够实现港口无人运输系统的构建，系统通过 5G 专网实现实时控制信令传输，通过车路协同技术与高精度定位技术等实现港内卡车自动驾驶（代替地磁），通过多路车载高清摄像头保障故障场景下的远程驾驶。

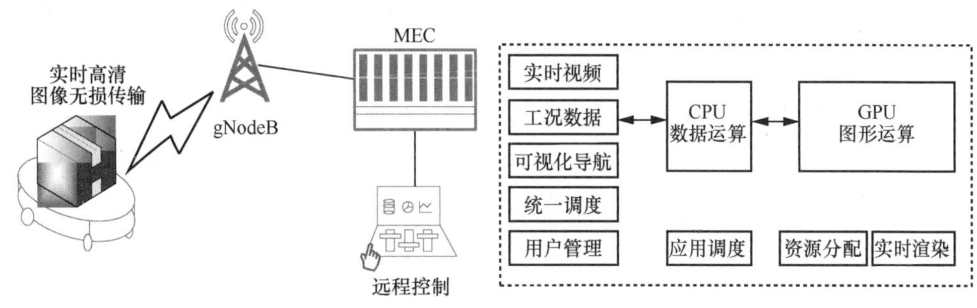

图 5-58 5G AVG 远程控制

智慧港口需要进行人员智能监控及集装箱监控与识别等工作，然而港区很多区域无法部署光纤，且很多场景处于移动状态，因此，想实现上述业务需要部署无线回传摄像头。智慧港口相关解决方案可以利用 5G 网络的大带宽能力回传高清视频图像，单小区可同时回传多路高清视频。同时，通过 5G+云+人工智能的联合运用，可以将检测结果直接应用于日常作业流程中。无线回传摄像头具有部署灵活、调整便捷等优势，能很好地降低运营成本。

4．智慧园区解决方案

“5G+云计算+人工智能”的技术组合可以实现工业园区的智慧化转型。5G 智慧园区解决方案能够提供园区通用服务、园区公共服务及企业生产的相关服务。通过一系列新型信息技术的加持，智慧园区能够实现资源的有效组合，统一管理，助力园区智能化转型。通过搭建一网通办的园区生活服务网络，助力园区工作生活便捷化。智慧化园区同样能够助力企业的数字化转型与智能制造，提高企业的办公效率。

5G 智慧园区空地立体式安防巡检如图 5-59 所示。案例中的 5G 安防巡检机器人通过 5G CPE 连入 5G 网络，按照预设路径进行自主感知、自主行走、自主保护、互动交流，从而达到安防巡检的目的。安防巡检也可以通过高清无人机进行，首先令 5G 网络进行低空覆盖，然后通过高清无人机进行空中飞行巡视，完成视频采集。高清巡检画面通过 5G CPE 回传，进行 4K 高清视频投屏。5G 安防巡检机器人能够通过园区内预设的路径完成 360°安防巡检、自主移动（自主绕障、自主充电）、自主任务执行（气体检测、火灾预警等）、自动告警（联网报警、异常反馈）等一系列任务，有效地消除了监控盲区，提升了巡检效率。

在智慧园区解决方案中，依托 5G 网络，可以在类似于穿梭巴士、港口运输等固定线路上，或是在矿区、地基压实、垃圾处理、废料处理、煤层压实等恶劣的工作环境中，利用远程遥控的无人驾驶车进行工作。运用无人驾驶车能够在保障人身安全的同时在相对恶劣的环境中提高作业效率，降低成本。5G 智慧园区无人驾驶车辆控制如图 5-60 所示。无人驾驶车通过车上的车载工控机与 CPE 相连，车端 CPE 通过无线的方式接入 5G 网络，通过边缘云与核心网，将车辆采集的周围环境视频发送至后台的车辆管理平台上，平台通过 ToD 驾驶舱对无人车进行控制，从而达到远程驾驶的目的。因为 5G 网络相比 4G 网络，可降低至少 100ms 的时延，因此在 30km/h 的车速下，基于 5G 网络的遥控无人驾驶比基于 4G 网络的无人驾驶进行刹车操作能够少行驶至少 1m，能够大幅提高工作的安全性。

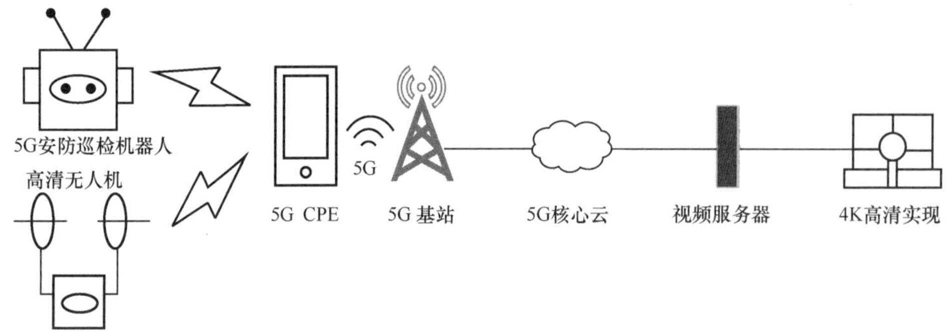

图 5-59 5G 智慧园区空地立体式安防巡检

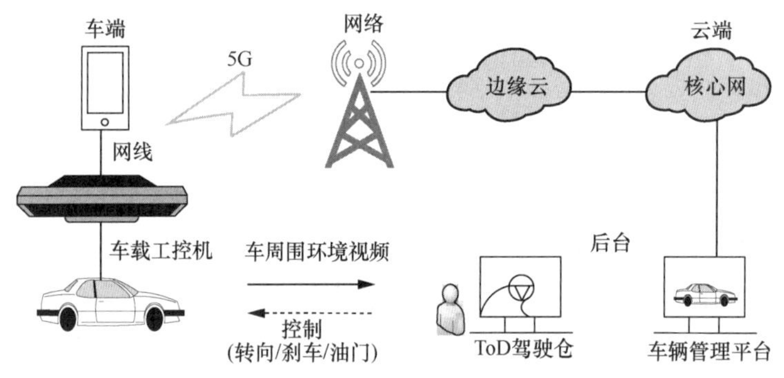

图 5-60 5G 智慧园区无人驾驶车辆控制

在智慧园区解决方案中，还可以依托 5G 室内精准定位，实现资产的高效管理。在传统的仓储体系中，设备与资产的管理面临诸多痛点。首先，南向设备和子系统各自独立，协议繁多，布线复杂，总线架构无法和 IP 设备统一管理。其次，园区内设备和子系统运行方式的变更与改造更新频繁，亟须实现设备信息与台账的快速更新同步。最后，园区内设备资产难以定位，盘点困难，无法实现有效跟踪。在智慧园区解决方案中，针对上述问题，运用 5G 网络对园区定位系统与办公系统和物联网进行整合，具有“一键搜资”“一键盘点资产”等功能，5G 智慧园区高效资产管理如图 5-61 所示。“一键搜资”是利用 RFID 插卡和标签实时通信来实现资产实时监控。另外还能依托监控，通过输入资产编号和时间，在线查询资产轨迹。“一键盘点资产”通过 5G 网络能够实现仅用 30s 盘点数十万件资产，从而提升了员工工作效率和账实相符管理水平。与此同时，5G 结合物联网 AP 能够感知贵重资产出门与进门，通过联动视频系统，自动录制并保留视频，在有异常的情况下实现及时告警，从而保障了园区资产安全。

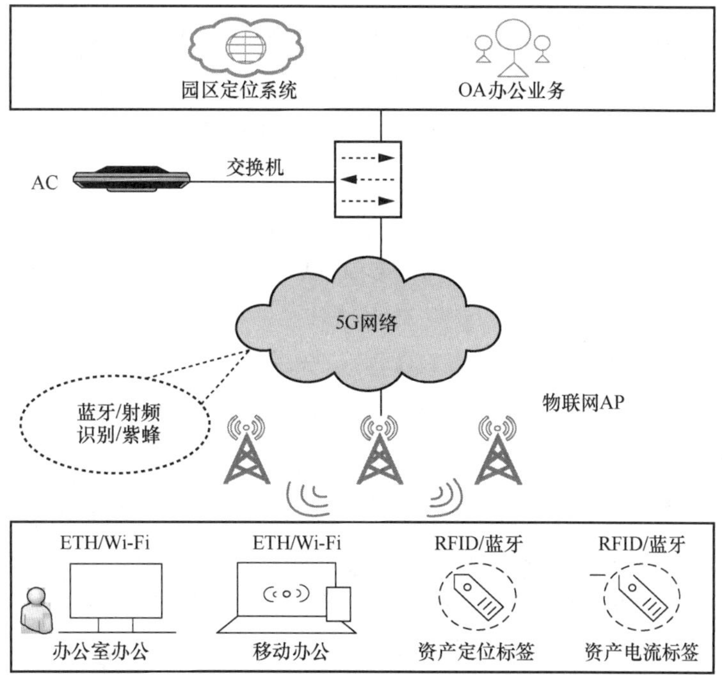

图 5-61　5G 智慧园区高效资产管理

在智慧园区中还可以实现高密度的物联网接入，提升采集与检测效率。大量的传感器、控制器、智能表计及定位标签等设备通过 5G 网络连入智慧园区物联网，高效地完成包括能耗管理、电力监控、温度监控、湿度监控、静电监控等在内的一系列业务。在智慧园区解决方案中，本地物联网应用通过进行本地化部署来降低时延。IoT Agent 负责设备和接入管理、规则引擎服务、数据管理服务等一系列工作。通过将数据功能移到边缘，实现数据既可以在本地处理，又可以利用云端的 IoT 云平台进行处理，数据分析等对时延不敏感的非实时业务可以通过 IoT 云平台进行云端部署。统一的 API 提供了云边协同能力，能够实现云边协同，从而全面覆盖 IoT 应用场景。高密度物联网接入需要 5G 网络对工厂进行全面覆盖，同时提供每百平方米连接几千个设备的连接密度。当然，同很多高可靠性业务相比，高密度物联网接入对可靠性要求较低，但也需要达到 99.5%的可靠水平并实现小于 10ms 的时延。

5.4　本章小结

本章介绍了 5G 行业应用及解决方案，主要包括 5G 在垂直行业中的应用和发展趋势，利用 5G 满足行业应用需求的方法，车联网相关解决方案，华为公司在智能电网、智慧医疗、智慧教育及智能制造等领域中的解决方案。5G 以其独有特点，可以为用户提供极具吸引力的商业模式。为了支撑这些商业模式，未来网络必须能够针对不同服务等级和需求，高效地提供各种新服务和应用，且要快速将这些服务和应用商业化。5G 的大带宽、低时延、大连接等特点，给用户带来了超越光纤的传输速度、超越工业总线的实时能力及全空间的连接，5G 必将开启一个充满机遇的新时代。

参考文献

[1] 仲来红. 5G 网络技术特点及其无线网络规划思路研究[J]. 中国新通信, 2021, 23(4): 36-37.

[2] 李小平, 孙清亮, 张琳, 等. 5G 的发展历程、特点及其对教育理论的延伸[J]. 现代教育技术, 2019, 29(9): 26-32.

[3] 代修文, 蒲毅, 艾达梅. 5G 中 CU-DU 网络部署建议[J]. 通信与信息技术, 2019(6): 19-21.

[4] 李飞. 5G 通信技术应用场景与关键技术研究[J]. 现代信息科技, 2019, 3(22): 58-59, 62.

[5] 丁聪. 5G 通信技术应用场景和关键技术探讨[J]. 中国新通信, 2019, 21(14): 121-122.

[6] 周雪松. 自动驾驶发展迅速, 智慧交通十万亿市场开启[N]. 中国经济时报, 2022-05-26(002).

[7] 庄良. 5G 通信技术应用场景和关键技术[J]. 电子技术与软件工程, 2019, (12): 20.

[8] 李来存. 物联网技术在智能电网中的应用[J]. 无线互联科技, 2022, 19(14): 93-95.

[9] 李珊, 刘嘉薇. 5G 行业应用规模化发展阶段与分析方法探析[J]. 电信科学, 2022, 38(S1): 28-35.

[10] 严炎. 基于 C-V2X 的车路云协同系统架构及场景化部署方法研究[J]. 广东通信技术, 2022, 42(12): 35-39, 43.

[11] 汪况伦, 王宇欣, 崔波, 等. 车联网 V2X 部署策略及方案研究[J]. 电信科学, 2019, 35(S1): 55-58.

[12] 黄辰. TD-LTE 大用户负荷场景保障方案的研究[D]. 南京: 东南大学, 2017.

[13] LIN X. An overview of 5G advanced evolution in 3GPP release 18[J]. IEEE Communications Standards Magazine, 2022.

[14] 吴北平. GPS 网络 RTK 定位原理与数学模型研究[D]. 北京: 中国地质大学, 2003.

[15] 邹华, 赵悟, 肖夏敏, 等. 基于智能驾驶的室内外无缝衔接高精定位研究[J]. 长江信息通信, 2022, 35(10): 12-14.

[16] 刘海蛟, 刘硕, 刘文学, 等. 北斗+5G 融合定位技术研究[J]. 信息通信技术与政策, 2021, 47(9): 41-46.

[17] 文华. 国网浙江电力携手华为赋能 5G 智能电网[J]. 通信世界, 2022 (3): 43-44.

[18] 徐群, 程琳琳, 孟建, 等. 5G 在智能电网的应用研究[J]. 信息通信技术, 2022, 16(4): 55-62.

[19] 曹亮, 赵保珠, 尹璇, 等. 新型电力系统精准负荷控制供电恢复策略研究[J]. 电工电气, 2023(1): 67-70.

[20] 荆圣媛, 韩勇, 孟学文, 等. 移动 AR+VR 支持下旅游 GIS 系统的设计与实现[J]. 测绘通报, 2019, 502(1): 79-84.

[21] 程恩旺，石绍震，赵小川. 5G+行业应用助力先进制造行业发展探析[J]. 通信世界，2021，883(21): 47-48.

[22] 李宏涛，曹茂诚. 5G 技术赋能医疗联合体智慧化[J]. 中国电信业, 2022(11): 78-80.

[23] 成静静，魏鸿斌，陈浩源. 基于 5G 边缘云技术赋能智慧医疗应用创新[J]. 数据通信，2023，(1): 14-16.

[24] 陆杰，肖岚，肖三保. 5G 多场景智慧教育应用专网建设探讨[J]. 江西通信科技, 2022 (2): 31-33.

[25] 李克. 推进 5G 与教育双向赋能和融合创新[N]. 光明日报, 2022-01-29(010).

缩略语

5G

公用电话交换网	Public Switched Telephone Network	PSTN
国际电报和电话咨询委员会	Consultative Committee International Telegraph and Telephone	CCITT
高级移动电话系统	Advanced Mobile Phone System	AMPS
频分多址	Frequency-Division Multiple Access	FDMA
码分多址	Code-Division Multiple Access	CDMA
时分多址	Time-Division Multiple Access	TDMA
通用分组无线业务	General Packet Radio Service	GPRS
增强型数据速率 GSM 演进技术	Enhanced Data Rates for Evolution of GSM	EDGE
国际移动通信-2000	International Mobile Telecommunications-2000	IMT-2000
国际电信联盟	International Telecommunications Union	ITU
时分同步码分多路访问	Time Division-Synchronous Code Division Multiple Access	TD-SCDMA
多输入多输出	Multiple-Input Multiple-Output	MIMO
软件定义网络	Software Defined Network	SDN
运营性支出	Operating Expense	OPEX
资本性支出	Capital Expenditure	CAPEX
增强移动宽带	Enhanced Mobile Broadband	eMBB
大规模机器类通信	Massive Machine Type Communication	mMTC
高可靠低时延通信	Ultra-Reliable Low-Latency Communication	URLLC
虚拟现实	Virtual Reality	VR
增强现实	Augmented Reality	AR
载波聚合	Carrier Aggregation	CA
服务质量	Quality of Service	QoS
端到端	End-to-End	E2E
自动导引车	Automated Guided Vehicle	AGV
可编程逻辑控制器	Programmable Logic Controller	PLC
时间敏感网络	Time Sensitive Network	TSN
用户平面功能	User Plane Function	UPF
会话管理功能	Session management function	SMF
认证管理功能	Authentication Management Function	AMF
调制和编码方案	Modulation and Coding Scheme	MCS
分组数据汇聚层协议	Packet Data Convergence Protocol	PDCP
分组数据单元	Packet Data Unit	PDU
甚低频	Very Low Frequency	VLF
低频	Low Frequency	LF
中频	Medium Frequency	MF
高频	High Frequency	HF
新空口	New Radio	NR

频率范围	Frequency Range	FR
美国联邦通信委员会	Federal Communications Commission	FCC
无线接入网	Radio Access Network	RAN
频谱咨询机构无线电频谱政策小组	Radio Spectrum Policy Group	RSPG
非独立组网	Non-Standalone Architecture	NSA
独立组网	Standalone Architecture	SA
分布式能源资源	Distributed Energy Resources	DER
全球移动通信系统协会	Global System for Mobile communications Association	GSMA
第三代合作伙伴计划	3rd Generation Partnership Project	3GPP
欧洲电信标准化组织	European Telecommunications Standards Institute	ETSI
全球移动通信系统协会	Global System for Mobile communications Association	GSMA
下一代移动网络	Next-Generation Mobile Network	NGMN
组织伙伴	Organizational Partners	OP
市场代表伙伴	Market Representation Partners	MRP
观察员	Observers	
标准开发组织	Standards Development Organization	SDO
美国电信行业解决方案联盟		ATIS
日本无线工业及商贸联合会	Association of Radio Industries and Businesses	ARIB
日本电信技术委员会	Telecommunications Technology Commission	TTC
中国通信标准化协会	China Communications Standards Association	CCSA
印度电信标准发展协会	Telecommunications Standards Development Society India	TSDSI
韩国电信技术协会	Telecommunications Technology Association	TTA
中国无线通信标准研究组	China Wireless Telecommunications Standards group	CWTS
项目协调组	Project Cooperation Group	PCG
技术规范组	Technology Standards Group	TSG
工作组	Work Group	WG
TSG 无线接入网	TSG Radio Access Network	TSG RAN
TSG 服务和系统方面	TSG Service and Systems Aspects	TSG SA
TSG 核心网与终端	TSG Core Network and Terminal	TSG CT
移动性管理	Mobile Management	MM
呼叫控制	Call Control	CC
会话管理	Session Management	SM
研究项目	Study Item	SI
工作项目	Work Item	WI
技术报告	Technical Report	TR
技术规范	Technical Specification	TS

第三代合作伙伴计划 2	3rd Generation Partnership Project 2	3GPP2
美国国家标准学会	American National Standards Institute	ANSI
开放试验规范联盟	Open Trial Specification Alliance	OTSA
下一代核心网	Next Generation Core	NGC
服务化架构	Service-based Architecture	SBA
服务数据适配协议	Service Data Adaptation Protocol	SDAP
无线链路控制	Radio Link Control	RLC
无线电资源控制	Radio Resource Control	RRC
非正交多址接入	Non-Orthogonal Multiple Access	NOMA
集成接入和回程	Integrated Access and Backhaul	IAB
免许可频段的 5G 新空口	5G New Radio in Unlicensed Spectrum	5G NR-U
远端干扰管理	Remote Interference Management	RIM
最小化路测	Minimization of Drive-Test	MDT
网络数据分析功能	Network Data Analytics Function	NWDAF
自组织网络	Self-Organized Network	SON
非地面网络	Non Terrestrial Network	NTN
下一代无线接入网	Next Generation Radio Access Network	NG-RAN
接入与移动性管理功能	Access and Mobility Management Function	AMF
会话管理功能	Session Management Function	SMF
用户平面功能	User Plane Function	UPF
非接入层	Non-Access Stratum	NAS
网络存储功能	Network Repository Function	NRF
移动交换中心	Mobile Switching Center	MSC
漫游位置寄存器	Visitor Location Register	VLR
GPRS 服务支持节点	Service GPRS Support Node	SGSN
GPRS 网关支持节点	Gateway GPRS Support Node	GGSN
面向业务的核心	Service oriented Core	SoC
控制面与用户面分离	Control and User Plane Separation	CUPS
面向业务的架构	Service-based architecture	SBA
分布式无线接入网	Distributed Radio Access Network	DRAN
集中式无线接入网	Centralized Radio Access Network	CRAN
云无线接入网	Cloud Radio Access Network	Cloud RAN
频分双工	Frequency-Division Duplex	FDD
时分双工	Time-Division Duplex	TDD
资源块	Resource Block	RB
部分带宽	Bandwidth Part	BWP
滤波正交频分复用	Filtered-Orthogonal Frequency Division Multiplexing	F-OFDM
设备到设备	Device to Device	D2D
小区特定参考信号	Cell-specific Reference Signal	CRS

辅助上行链路	Supplementary Uplink	SUL
认证头标	Authentication Header	AH
封装安全载荷	Encapsulate Security Payload	ESP
互联网密钥交换	Internet Key Exchange	IKE
经济合作与发展组织	Organization for Economic Cooperation and Development	OECD
国际标准化组织	International Organization for Standardization	ISO
物品与物品	Thing to Thing	T2T
人与物品	Human to Thing	H2T
人与人	Human to Human	H2H
消息队列遥测传输	Message Queuing Telemetry Transport	MQTT
通用移动通信系统	Universal Mobile Telecommunications System	UMTS
长期演进	Long Term Evolution	LTE
省电模式	Power Saving Mode	PSM
扩展非连续接收	Extended Discontinuous Reception	eDRX
云计算	Cloud Computing	
网格计算	Grid Computing	GC
软件即服务	Software as a Service	SaaS
平台即服务	Platform as a Service	PaaS
基础设施即服务	Infrastructure as a Service	IaaS
虚拟化	Virtualization	
无处不在的网络接入	Ubiquitous Network Access	UNA
与位置无关的资源池	Location Independent Resource Pooling	LIRP
快速弹性	Rapid Elastic	RE
移动边缘计算	Mobile Edge Computing	MEC
大数据	Big Data	BD
自然语言处理	Natural Language Processing	NLP
语言技术平台	Language Technology Platform	LTP
文本深度发掘和过滤	Deep Exploration and Filtering of Text	DEFT
数据可视化	Data Visualization	DV
无人驾驶飞行器	Unmanned Aerial Vehicle	UAV
人工智能	Artificial Intelligence	AI
国家人工智能研究资源工作组	National Artificial Intelligence Research Resource	NAIRR
主成分分析	Principal component analysis	PCA
线性判别分析	Linear Discriminant Analysis	LDA
K-近邻	K-Nearest Neighbor	KNN
混淆矩阵	Confusion Matrix	CM
深度学习	Deep Learning	DL
自然语言理解	Natural Language Understanding	NLU

自然语言生成	Natural Language Generation	NLG
混合现实	Mixed Reality	MR
神经处理单元	Neural Processing Unit	NPU
往返时延	Round-Trip Time	RTT
5G 业务质量标识	5G QoS Identifier	5QI
数据无线承载	Data Radio Bearer	DRB
物理资源块	Physical Resource Block	PRB
非公共用途部署的网络	Public Network Integrated Non-Public Network	PNI-NPN
混合自动重传请求	Hybrid Automatic Repeat reQuest	HARQ
保护间隔	Guard Period	GP
信道质量指示	Channel Quality Indicator	CQI
调制编码方案	Modulation and Coding Scheme	MCS
下行控制信息	Downlink Control Information	DCI
上行控制信息	Uplink Control Information	UCI
迷你时隙	Mini-Slot	
用户驻地设备	Customer Premises Equipment	CPE
波束赋形	Beamforming	
波束扫描	Grid of Beam	GOB
基于特征值的波束赋形	Eigenvalue Based Beamforming	EBB
协同波束赋形	Coordinated Beamforming	CB
协同多点	Coordinated Multiple Points	CoMP
蜂窝物联网	Cellular Internet of Things	CIoT
基带单元	Baseband Unit	BBU
高动态范围	High Dynamic Range	HDR
内容分发网络	Content Delivery Network	CDN
扩展现实	Extended Reality	XR
计算机生成动画	Computer-Generated Imagery	CGI
远程遥控飞行器	Remotely Piloted Vehicle	RPV
无人飞行器系统	Unmanned Aircraft Systems	UAS
V2X	Vehicle to Everything	
窄带物联网	Narrow Band Internet of Things	NB-IoT
基于 LTE 演进的物联网	LTE enhanced MTO	eMTC
智能交通系统	Intelligent Transportation System	ITS
电子不停车收费	Electronic Toll Collection	ETC
车载单元	on Board Unit	OBU
路边单元	Road Side Unit	RSU
高级驾驶辅助系统	Advanced Driving Assistance System	ADAS
非视距	Non-Line of Sight	NLOS
车联网	Internet of Vehicle	IoV

车与车	Vehicle to Vehicle	V2V
车与人	Vehicle to Pedestrian	V2P
车与基础设施	Vehicle to Infrastructure	V2I
车与网络	Vehicle to Network	V2N
蜂窝车联网	Cellular Vehicle-to-Everything	C-V2X
专用短程通信	Dedicated Short Range Communication	DSRC
美国联邦通信委员会	Federal Communications Commission	FCC
直接通信	Direct Communication	DC
网络通信	Network Communication	NC
设备到设备	Device to Device	D2D
邻近服务	Proximity Service	ProSe
演进的 UMTS 陆地无线接入网	Evolved UMTS Terrestrial Radio Access Network	E-UTRAN
旁路	Sidelink	SL
上行链路	Uplink	UL
下行链路	Downlink	DL
机器间通信	Machine to Machine	M2M
邻近发现	ProSe Discovery	
邻近通信	ProSe Communication	
直接发现	Direct Discovery	
演进的分组核心	Evolved Packet Core	EPC
EPC 等级发现	EPC-Level Prose Discovery	
车载中的无线接入	Wireless Access in the Vehicular Environment	WAVE
半永久性调度	Semi-Persistent Scheduling	SPS
单小区点对多点	Single-Cell point-to-multipoint	SC-PTM
物理下行控制信道	Physical Downlink Control Channel	PDCCH
物理下行共享信道	Physical Downlink Shared Channel	PDSCH
组无线网临时标识	Group-Radio Network Temporary Identifier	G-RNTI
小区无线网临时标识	Cell-Radio Network Temporary Identifier	C-RNTI
移动管理实体	Mobility Management Entity	MME
服务网关	Serving-GateWay	S-GW
分组数据网络网关	Packet Data Network GateWay	P-GW
归属用户服务器	Home Subscriber Server	HSS
多媒体广播/组播业务	Multimedia Broadcast/Multicast Service	MBMS
广播组播业务中心	Broadcast Multicast Service Center	BM-SC
临时移动组标识	Temporary Mobile Group Identity	TMGI
用户为中心的无蜂窝无线接入	User Centric No Cell Radio Access	UCNC Radio Access
发射接收节点	Transmission Reception Point	TRP

全球小区识别码	Cell Global Identifier	CGI
多接入网技术双连接	Multi-RAT Dual Connectivity	MR-DC
业务管理功能	Service Management Function	SMF
服务数据适配协议	Service Data Adaption Protocol	SDAP
数据无线电承载	Data Radio Bearer	DRB
QoS 流	QoS Flow	
无线链路层控制	Radio Link Control	RLC
分组数据汇聚协议	Packet Data Convergence Protocol	PDCP
物理直通链路控制信道	Physical Sidelink Control Channel	PSCCH
物理直通链路共享信道	Physical Sidelink Shared Channel	PSSCH
物理直通链路广播信道	Physical Sidelink Broadcast Channel	PSBCH
物理直通链路反馈信道	Physical Sidelink Feedback Channel	PSFCH
到达时间差	Time Difference of Arrival	TDOA
观测到达时间差	Observed Time Difference of Arrival	OTDOA
到达角	Angle of Arrival	AOA
网络功能虚拟化	Network Functions Virtualization	NFV
实时动态	Real-Time Kinematic	RTK
全球导航卫星系统	Global Navi-gation Satellite System	GNSS
LTE 定位协议	LTE Positioning Protocol	LPP
LTE 定位协议 A	LTE Positioning Protocol A	LPPa
定位参考信号	Positioning Reference Signal	PRS
车载自动诊断系统	On-Board Diagnostic	OBD
地理信息系统	Geographical Information System	GIS
同步定位与地图构建	Simultaneous Localization and Mapping	SLAM
射频识别	Radio Frequency Identification	RFID
应用程序接口	Application Program Interface	API